中等职业教育计算机网络技术专业创新型系列教材

网络技术基础实训教程

（修订版）

唐志根　谢淑明　主　编
冯书刚　李　明　副主编

科学出版社
北　京

内 容 简 介

本书以网络技术应用为主线，共包含九个单元，内容涉及基本组网技术、IP网络管理技术和网络安全技术等内容，体现了理论与实践技能相结合的特色。

本书适合作为中等职业学校计算机相关专业教材，也适合作为社会各级各类计算机培训或自学用书。

图书在版编目(CIP)数据

网络技术基础实训教程（修订版）/唐志根，谢淑明主编. —北京：科学出版社，2017

ISBN 978-7-03-031705-6

I. 网… II. ①唐… ②谢… III. ①计算机网络-中等专业学校-教材 IV. ①TP393

中国版本图书馆CIP数据核字（2011）第120424号

责任编辑：陈砺川/责任校对：王万红

责任印制：吕春珉/封面设计：东方人华平面设计部

科学出版社 出版

北京东黄城根北街16号

邮政编码：100717

http://www.sciencep.com

铭浩彩色印装有限公司印刷

科学出版社发行　各地新华书店经销

*

2011年7月第 一 版　开本：787×1092 1/16

2017年12月修 订 版　印张：13 3/4

2020年2月第十四次印刷　字数：305 000

定价：38.00元

（如有印装质量问题，我社负责调换〈铭浩〉）

销售部电话 010-62134988　编辑部电话 010-62135763-8020

丛书序

当今世界，以信息技术为代表的科技创新日新月异，深刻改变着人类社会的生产生活形态。信息技术的飞速发展，特别是互联网、大数据、物联网和人工智能等新一代信息技术与人类生产、生活深度交汇融合，催生出现实空间与虚拟空间并存的信息社会，构建出智慧社会的发展前景。信息技术已成为支持经济社会转型发展的主要驱动力，是建设创新型国家、制造强国、网络强国、数字中国、智慧社会的基础支撑。

职业教育作为一种类型教育，一直为我国经济社会发展提供着重要的人才和智力支撑。随着我国进入新的发展阶段，产业升级和经济结构调整不断加快，各行各业对技术技能人才的需求越来越紧迫，职业教育的重要地位和作用越来越凸显。随着产业的转型升级和技术的更新迭代，技术技能人才培养定位也在不断调整，引领着职业教育专业及课程的教学内容与教学方法变革，推动其不断推陈出新、与时俱进。

“互联网+”“智能+”时代的到来，特别是新一代信息技术的发展和应用，对职业院校信息技术相关专业及普及型应用人才的培养提出了新的要求。信息技术相关专业与课程的教学需要顺应时代要求，把握好技术发展和人才培养的最新方向，推动教育教学改革与产业转型升级相衔接，突出“做中学、做中教”的职业教育特色，强化教育教学实践性和职业性，实现学以致用、用以促学、学用相长。

2019 年，教育部发布了《中等职业学校信息技术课程标准（征求意见稿)》，并在 2010 年颁布的专业目录基础上，增设了“网络信息安全、移动应用技术与服务、物联网技术应用、服务机器人装调与维护”等信息技术类专业。全国工业和信息化职业教育教学指导委员会随后也启动了与信息技术相关的 23 个专业教学标准和专业核心课程标准的编制工作。与此同时，随着国家“1+X”试点工作的推进，“Web 前端开发、云计算平台运维与开发、电子商务数据分析、网店运营推广”等职业技能等级标准陆续颁布，这些都为职业院校信息技术应用人才的培养提供了标准和依据。

为落实国家职业教育改革的要求，使国内优秀职业院校积累的宝贵经验得以推广，科学出版社组织编写了本套信息技术类专业创新型系列教材，并陆续出版发行。

本套教材贯彻“立德树人”的根本要求，依据教育部提出的“深化教师、教材、教法改革，建设符合项目式、模块化教学需要的教学创新团队，开发体现新技术、新工艺、新规范等的高质量教材，引入典型生产案例，推广现代学徒制试点经验，普及项目教学、案例教学、情境教学、模块化教学等教学方式，广泛运用启发式、探究式、讨论式、参与式等教学方法，推广翻转课堂、混合式教学、理实一体教学等新型教学模式，推动课堂教学革命”的“三教”改革要求，兼顾职业教育“就业和发展”人才培养定位，在教学体系的建立、课程标准的落实、典型工作任务或教学案例的筛选，以及教材内容、结构设计与素材配套等，进行了精心设计。在教材编写过程中，倾注了数十所国家示范学校一线教师的心血，将基层学校教学改革成果、经验、收获转化到教材的编写内容和呈现形式之中，为教材提供了丰富的内容素材和鲜活的教学活动案例。

本套创新教材集中体现了以下特点。

1．体现立德树人，培育职业精神。教材编写以习近平新时代中国特色社会主义思想为指导，贯彻党的十九大精神和全国教育大会精神，落实《国家职业教育改革实施方案》要求，将培育和践行社会主义核心价值观融入教材知识内容和设计的活动之中，充分发挥课程的德育功能，推动课程与思政形成协同效应，有机融入职业道德、劳动精神、劳模精神、工匠精神教育，培育学生职业精神。

2．体现校企合作，强调就业导向。注重校企合作成果的收集和使用，将企业的生产模式、活动形态和岗位要求整合融入到教材内容与编写体例之中，对接最新技术要求、工艺流程、岗位规范，有机融入“1+X”证书等内容，以此推动校企合作育人，创新人才培养模式，构建复合型技术技能人才培养模式，提升学生职业技能水平，拓展学生就业创业本领。

3．体现项目引领，实施任务驱动。将职业岗位典型工作任务进行拆分，整合课程专业基础知识与技能要求，转化为教材中的活动项目与教学任务。以项目活动引领知识、技能学习，通过典型的教学任务学习与实施，学生可获得职业岗位所要求的综合职业能力，并在活动中体验成就感。

4．体现内容实用，突出能力养成。本套教材根据信息技术的最新发展应用，以任务描述、知识呈现、实施过程、任务评价以及总结与思考等内容作为教材的编写结构，并安排有拓展任务与关联知识点的学习。整个教学过程与任务评价等均突出职业能力的培养，以“做中学，做中教”“理论与实践一体化教学”作为体现教材辅学、辅教特征的基本形态。

5．体现资源多元，呈现富媒体化。信息化教学深刻地改变着教学观念与教学方法。基于教材和配套教学资源对改变教学方式的重要意义，科学出版社开发了网站，为此次出版的教材提供了丰富的数字资源，包括教学视频、音频、电子教案、教学课件、素材图片、动画效果、习题或实训操作过程等多媒体内容。读者可通过登录出版社提供的网站 www.abook.cn 下载并使用资源，或通过扫描书中提供的二维码，打开资源观看。依据课程及资源的性质不同，这两种资源的使用形式均可能出现。提供的丰富的资源，不仅方便了教师教学，也能帮助学生学习，可以辅助学校完成翻转课堂的教学活动。

6．体现学生为本，符合职业教育特点。本套教材以培养学生的职业能力和可持续性发展为宗旨，体例设计与内容的表现形式充分考虑到中等职业学校学生的身心发展规律，案例难易程度适中，重点突出，体例新颖，版式活泼，便于阅读。

本套教材的开发受限于时间、作者能力等因素，还有很多不足之处，敬请各位专家、老师和广大读者不吝赐教。希望本系列教材的出版能进一步助推优秀教学改革成果的呈现，为我国职业教育信息技术应用人才的培养和教学改革的探索创新做出贡献。

全国工业和信息化职业教育教学指导委员会　委员
全国工业和信息化职业教育教学指导委员会
计算机专业教学指导委员会　副主任委员
计算机专业教学指导中职分委员会　主任委员

前　言

随着计算机及网络技术的迅猛发展，计算机网络应用已渗透到社会各个领域，并影响和改变着人们的生活和工作方式。在计算机网络化的今天，学习和掌握网络技术就显得至关重要和迫切。

本书贯彻《国家中长期教育改革发展规划纲要（2010—2020 年）》的指导思想，充分体现教育以人为本，坚持“以服务为宗旨，以就业为导向”的指导思想，努力体现以职业能力为本位、以学生为主体的教学理念，突出以就业为导向，以实践技能为核心，通过项目案例的实践活动，帮助学生积累实践经验，全面提高学生职业实践能力和职业素养。

本书的重点内容是计算机网络操作系统的设置和网络设备配置。目前，教授网络技术基础的教材很多，但大多数侧重理论知识，距离读者解决实际问题的需求相差较远。针对中职教育的特点，本书以网络理论的知识、网络体系结构和 TCP 协议、局域网技术等为基础，重点介绍网络操作系统的设置、交换机和路由器的配置、网络安全与病毒防治以及网络建设与管理等。

本书作者都是从事中等职业计算机专业教学的高级讲师，他们具有丰富的教学经验和网络实践经验。在编写过程中，以培养学生的实战技能为出发点，按理实一体化教学的思路编写，实践性强、可操作性强、学生上手快，可使学生取得事半功倍的效果。

单元一和单元八由唐志根编写，单元二和单元三由谢淑明编写，单元四和单元五由李明编写，单元六、单元七和单元九由冯书刚编写。

书中所设各实训内容均经过反复推敲，多次实践，但是，由于技术的不断发展以及作者水平有限，错误之处在所难免，敬请广大读者批评指正。

目 录

单元三 局域网技术 35

单元四 网络操作系统 55

单元五 网络配置与管理 69

单元六 配置应用服务器 105

1 单元一 计算机网络概述

单元导读

计算机网络是计算机科学技术与通信技术逐步发展、紧密结合的产物，是信息社会的基础设施，是信息交换、资源共享和分布式应用的重要手段。随着信息社会的蓬勃发展和计算机网络技术的不断更新，计算机网络的应用已经渗透到了各行各业，并且不断改变着人们的思想观念、工作模式和生活方式。

学习要点

- 计算机网络的概念和功能
- 计算机网络的组成
- 计算机网络的分类

1.1 计算机网络的概念

随着计算机应用的不断深入，人们已经不再满足于单机系统独自运行，如何使不同计算机连接起来，以实现资源共享和信息传递，成为一种客观需求，通信技术的飞速发展使得这种需求有了实现的可能。通信技术和计算机技术的相互结合，产生了计算机网络技术，从最早的简单互连到现在无处不在的 Internet，计算机网络的发展大体上经历了四个发展阶段：面向终端的计算机网络→多主机互联的计算机网络→标准计算机网络→全球化的 Internet。如今网络正不断地影响着我们的工作和生活，也必将改变我们的未来。

1.1.1 计算机网络的定义

凡将地理位置不同，并具有独立功能的多个计算机系统通过通信设备和线路而连接起来，且以功能完善的网络软件（网络协议、信息交换方式及网络操作系统等）实现网络资源共享的系统，可称为计算机网络。我们平时所接触的办公网络、校园网络，以及我们访问的 Internet，都属于计算机网络。网络的规模可大可小，最小的计算机网络可以是两台计算机的互联，最大、最复杂的计算机网络是全球范围的计算机互联。

网络是计算机的一个群体，是由多台计算机组成的，这些计算机是通过一定的通信介质互联在一起的。计算机之间的互联是指它们彼此之间能够交换信息。互联通常有两种方式：一种是计算机间通过双绞线、同轴电缆、电话线、光纤等有形通信介质连接；另一种是通过红外光、激光、微波、卫星通信信道等无形介质互联。

计算机网络的定义包括如下几个基本要素。

1）至少存在两个以上的具有独立操作系统的计算机，相互间需要共享资源、信息交换与传递。

2）两个以上能独立操作的计算机之间要拥有某种通信手段或方法进行互联。

3）两个以上的独立实体之间要做到互相通信，就必须制定各方都认可的通信规则，也就是所谓的通信协议。

4）需要有对资源进行集中管理或分散管理的软件系统，即所谓的网络操作系统。

上述四个要素是充分必要的，缺一不可。

目前，计算机网络的发展，正在进一步引起世界范围内产业结构的变化，促进全球信息产业的发展。计算机越普及、应用范围越广，就越需要将计算机互联起来构成网络。在信息技术高速发展的今天，“计算机就是网络，网络就是计算机”的概念越来越被人们所接受，计算机应用正在进入一个全新的网络时代。

1.1.2 计算机网络的产生与发展

早在 1952 年，当计算机还处于第一代的电子管时期，美国就建立了一套 SAGE 系统，即半自动地面防空系统。该系统将远距离的雷达和其他设备的信息，通过通信线路汇集到一台旋风型计算机，第一次实现了利用计算机远距离地集中控制和人-机对话。SAGE 系统的诞生被誉为计算机通信发展史上的里程碑。从此，计算机网络开始逐步形成并发展。

计算机网络的形成大致可分为三个阶段：计算机终端网络、计算机通信网络和计算机网络。

1. 计算机终端网络

计算机终端网络又称为分时多用户联机系统，其结构如图 1-1 所示。

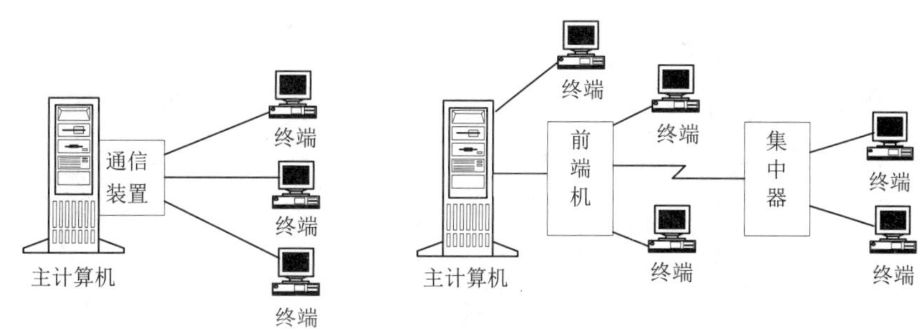

图 1-1　多用户联机系统

早期的计算机系统规模庞大、价格昂贵，设置在专用机房，并利用通信设备和线路连接多个终端设备。在通信软件的控制下，各个用户可以在自己的终端上分时轮流地使用中央计算机系统的资源，这样既克服了到机房排队等待的现象，又提高了计算机的效率和系统资源的利用率。

终端设备是用户访问中央计算机系统的窗口，它具有特殊的编辑和会话功能。一台计算机所能连接的终端的数量随其中央主计算机的性能而定，处理能力强且运行速度快的计算机连接的终端设备就多些，而处理能力低且运行速度稍慢的计算机，连接终端设备就相对要少一些。

20 世纪 50 年代末期，随着集成电路的发展，这种单一计算机系统连接多个终端的网络大量出现，从而形成计算机网络发展的第一个阶段。

面向终端的网络存在以下两个缺点：

1）主计算机的负荷较重，它既要承担多终端系统的通信控制和通信数据的处理工作，同时还要执行每个用户的作业。

2）由于终端设备的速率低，操作时间长，尤其是在远距离时，每个用户独占一条通信线路，因此花费高。另外，这种操作方式需要频繁地打扰主计算机，影响了其工作效率。

2. 计算机通信网络

20 世纪 60 年代中期，计算机获得日益广泛的应用。在一些大型公司、企事业部门和军事部门中，往往拥有若干个分散的计算机终端网络系统，系统之间迫切需要交换数据、进行业务联系。为了满足应用的需要，将多个计算机终端网络连接起来，就形成了以传输信息为主要目的的计算机通信网络。

计算机终端网络是以中央计算机为核心的集中式系统，只有“终端-计算机”之间的通信，而计算机通信网络是含有前端处理器（CCP，又叫通信控制处理器）的多机系统，它不仅在系统内部而且在互联的系统间，实现了“计算机-计算机”之间通信，其结构模型如图 1-2 所示。

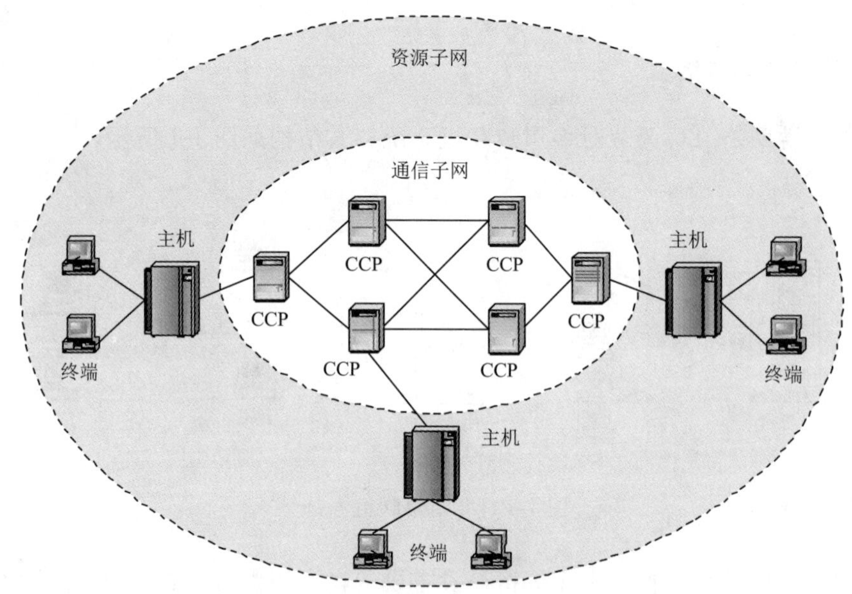

图 1-2　具有前端处理机的多机系统

计算机通信网络的工作过程是这样的，终端设备先把信息送到集中器，并由集中器集中存储、装配成用户的作业信息，然后再传给前端处理器，前端处理器以中断方式把收到的数据送给主计算机进行处理。当主计算机要向终端发送数据时，先送到前端处理器，然后由前端处理器传给集中器，再由集中器按照信息中指定的终端设备地址分配给相应的终端用户。

在计算机通信网络中，主机系统之间的数据传输都是通过各自的前端处理器实现的，由于全网缺乏统一的软件控制信息交换和资源共享，因此它仍属于计算机网络的低级形式，这一时期被视为计算机网络发展的第二个阶段。

3. 计算机网络

20 世纪 60 年代末期，美国国防部高级研究计划局成功地开发了 ARPA 网络（Advanced Research Project Agency Network），它是世界上第一个以资源共享为主要目的的计算机网络，它的诞生标志着计算机网络的发展进入到第三个阶段。ARPA 网络在 1969 年建立时仅有 4 个节点，到 1976 年便发展为在全国有 60 个 IMP（接口信息处理机）和 100 个主机系统，并在地理上从美国本土延伸到夏威夷和欧洲。到 20 世纪 80 年代，又发展成为具有 100 个 IMP 和 300 个主机系统的世界网络。虽然 ARPA 网络已于 1990 年退役，但它为今天的 Internet 的诞生与发展奠定了基础。

计算机网络与计算机通信网络的硬件组成一样，都是由主计算机系统、终端设备、通信设备和通信线路四大部分组成的。在结构上都是将若干个多机系统用高速通信线路连接起来，使它们的主计算机之间能相互交换信息、调用软件以及调用其中任一主计算机系统的任何资源。

计算机网络与计算机通信网络的根本区别是，计算机网络是由网络操作软件来实现网络资源的共享和管理的；而计算机通信网络中，用户只能把网络看成是若干功能不同的计算机系统之集合，为了访问这些资源，用户需要自行确定其所在的位置，然后才能调用。因此，计算机网络不只是计算机系统的简单连接，还必须有网络操作系统的支持。

计算机网络是计算机应用的高级形式，它充分体现了信息传输与分配手段和信息处理手段的有机联系。从功能角度出发，计算机网络可以看成是由通信子网和资源子网两个部分构成的，如图 1-3 所示。从用户角度来看，计算机网络则是一个透明的数据传输机构，网络上的用户不必考虑网络的存在而访问网络中的任何资源。

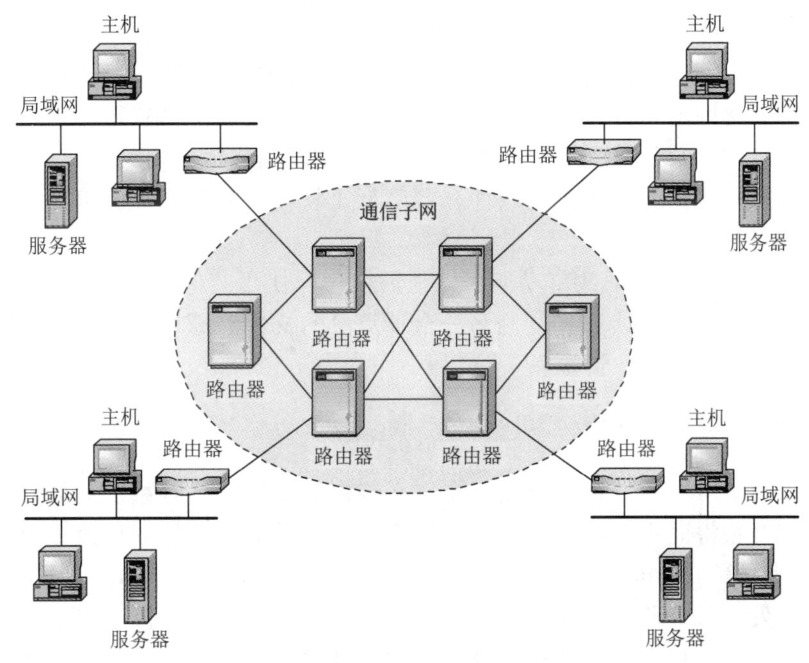

图 1-3　通信子网和资源子网

需要说明的是，上述计算机网络三个阶段的划分并不是绝对的，各个阶段之间也是不能迥然分得很清的。如第一阶段以面向终端为主，而第二阶段也属面向终端的范畴，第二阶段和第三阶段也同样存在交叉，甚至有的书刊并不把它们分开，而都视为计算机网络。

1.1.3　计算机网络的功能

随着计算机网络技术的不断发展和日益普及，计算机网络的应用已渗透到社会各个领域，其功能也得到不断扩展。归纳起来，计算机网络的功能主要有以下几个方面。

1. 数据通信

计算机网络为我们提供了最快捷、最经济的数据传输和信息交换的手段。例如在一个企业网内部可以非常方便地将一个文件从一台计算机传递到另一台计算机，而通过互联网可以在几秒内将一封电子邮件由中国传送到世界各地。另外，现在普遍使用的银行系统通存通兑业务、民航及铁路的自动售票系统都是依赖于计算机网络所提供的数据通信功能来实现的。

2. 资源共享

构建计算机网络的主要目的是实现资源共享。所谓资源共享是指所有网内用户均能使用网内计算机系统中的全部或部分资源，使网络中的各计算机能够互通有无、分工协作，从而大大提高系统资源的利用率。在计算机网络中，可共享的资源包括硬件资源、软件资源和数据资源。

1）硬件共享。硬件共享主要指共享网络中的输入/输出设备、存储设备和大型的计算机等资源，如打印机、光驱、硬盘、调制解调器等。通过硬件共享可以避免重复购买各种硬件设备，从而节省经费和便于管理。例如，将网络中打印机共享后，整个网络的所有计算机可以共同使用一台打印机来打印文件，既方便又节省费用。

2)软件共享。计算机网络的软件共享功能可以使我们将软件安装在某一台计算机上，让其他计算机远程调用并使用这个软件，既降低了软件安装和维护的工作量，又方便了用户的使用和管理。

3）数据共享。通过数据共享功能可以使网络用户使用其他计算机的数据。例如，在同一网络中的计算机可以读取和复制另一台计算机的文件。通过互联网，甚至可以共享世界各地的计算机中的文件资源。

3. 提高计算机的可靠性和可用性

在计算机网络中，同一资源可以分布在系统中的多处，一旦系统某部分出现故障，即可从另一部分获得同样资源，从而避免因个别部件或局部故障而导致整个系统失效。这种可靠性对于军事、电力、银行等可靠性要求极高的领域尤为重要。例如，在美国“9·11”事件发生时，某家处于事件现场的银行系统全部被毁，但这家银行的业务并没有停止，因为这家银行在另一处的计算机系统自动接管了这家银行的所有业务。

4. 促进分布式计算与协同工作

利用计算机网络的分布式计算和协同工作的特性，可以将一些大型且复杂的处理任务分散到不同的计算机上，这样既可以使一台计算机负担不会太重，又扩大了单机的功能，从而实现分布式处理和均衡负荷的作用。例如，在开发大型软件时，通常将软件分成若干模块，并由不同人开发各个模块，最后再将不同模块整合到一起来提高软件开发的效率。

1.2 计算机网络的组成和逻辑结构

计算机网络由硬件和软件系统组成。计算机网络从逻辑上可划分为通信子网和资源子网两个层次。

1.2.1 计算机网络的基本组成

和计算机系统一样，一个完整的计算机网络也是由硬件系统和软件系统两大部分组成。

1. 硬件系统

计算机网络的硬件系统一般指网络中的计算机、传输介质和网络连接设备等。

1）计算机。计算机是计算机网络的基本模块，主要完成数据信息的收集、存储、处理和输出等任务，是网络信息的生产者和加工者。计算机网络中的计算机根据其功能分为服务器和工作站。服务器的主要功能是通过网络操作系统控制和协调网络中各工作站的运行，处理和响应各工作站同时发来的各种网络操作请求，提供各种网络服务。服务器通常是网络中配置较好、性能较高的计算机。工作站又称为客户机，是网络中各用户的工作场所，通常是一台微机或终端，其性能一般低于服务器。工作站通常要从服务器获得各种网络服务，并接受服务器的统一管理。

2）传输介质。计算机网络中的传输介质主要负责将网络中的计算机、网络设备连接起来，并提供数据信息的传输通道。常用的传输介质包括同轴电缆、双绞线、光纤和无线介质。

3）网络连接设备。计算机网络中的连接设备主要负责网络中各计算机的互连、数据信息转发、数据格式的转换等。常用的网络连接设备包括网卡、集线器、中继器、交换机和路由器等。

2. 软件系统

计算机网络的软件系统包括网络操作系统、网络通信协议和网络应用软件等。

1）网络操作系统

网络操作系统的作用是管理网络的软/硬件资源，使网络中的计算机可以相互通信。常见的网络操作系统有 UNIX、NetWare、Windows NT/2000/2003 和 Linux 等。

2）网络通信协议

网络通信协议是指网络中计算机在互相通信时所遵循的规则，如 TCP/IP、IPX/SPX 等。详细内容我们会在后面的章节中进一步介绍。

3）网络应用软件

网络应用软件是指为某一应用目的而开发的网络软件。如目前常用的办公自动化系统、数据库管理系统、Internet 通信软件等都属于网络应用软件。

1.2.2 计算机网络的逻辑结构

计算机网络要完成数据处理与数据传输两大基本功能，所以从逻辑上可以将计算机网络划分为两个层次：资源子网与通信子网。

1. 资源子网

资源子网由主机、终端、通信子网接口设备和各种软件与驻处资源组成，负责全网的数据处理并向网络用户提供网络资源和网络服务，是计算机网络的外层。

2. 通信子网

通信子网由网络通信控制处理机、通信设备和通信线路组成，负责全网的数据传输、转发等通信处理工作，是计算机网络的内层。

通信子网与资源子网是相辅相成的。通信子网为网络提供信息传输的通道，而资源子网为网络提供资源和服务。没有通信子网，资源子网的信息无法正常传输；没有资源子网，通信子网的传输功能也就失去意义。

将计算机网络划分为通信子网与资源子网两层结构后，便于研究和设计网络。其中通信子网专门完成数据传输功能，可以单独设计和建设，使网络用户可以集中精力进行资源子网的建设，从而大大促进计算机网络的发展。

1.2.3 两种类型的通信子网

计算机网络的总体结构基本上取决于其通信子网的组成和结构。通信子网的组成和结构与其通信控制方式有着内在的联系。

按照通信控制方式的不同，通信子网有以下两种基本类型。

1. 点对点通信子网

点对点通信子网中包含多条通信线路，每一条通信线路连接两个节点计算机。任意两个非直接互联的节点计算机之间通信必须通过一个以上的节点计算机转接，每个中间节点计算机首先将接收到的信息存储起来，等到所要求的输出线路空闲时再将信息转发出去。因此，点对点通信子网又被称为存储-转发式通信子网。

2. 共享信道通信子网

在共享信道通信子网中，所有的节点计算机共享一条通信线路或信道，任一时刻子网中最多只能有一个节点计算机在发送信息，即任一时刻最多只能有一个信息在网中传送。传送中的信息将被所有的节点计算机接收，若信息的目的地址与接收的节点计算机地址不符，则被丢弃。

通信子网的这两种结构，分别适用于不同的网络系统。一般来说，远程网一般是采用点对点通信方式，而局域网则大多为共享信道通信方式。由于通信控制方式的不同，使得它们在信号编码、网络协议、接口设备、连接方式等诸方面都表现出明显的差异。

1.3 计算机网络的分类

计算机网络可以按不同角度进行分类，如可以按网络覆盖的地理范围分类、按网络的拓扑结构分类、按网络中计算机所处的地位分类等。

1. 按网络所覆盖的地理范围分类

按网络所覆盖的地理范围的不同，计算机网络可分为局域网（LAN，Local Area Network）、城域网（MAN，Metropolitan Area Network）、广域网（WAN，Wide Area Network）三种类型。

1）局域网：是指在较小的地理范围内由计算机、通信线路和网络连接设备组成的网络。局域网的分布范围可以是一个办公室、一幢大楼或一个园区。它的特点是分布距离近、传输速率高、数据传输可靠等。

2）城域网：是指在一个城市范围内由计算机、通信线路和网络连接设备组成的网络。城域网覆盖范围介于局域网与广域网之间，一般从数公里至数十公里，如一个城市的银行系统全市联网，实现全市的通存通兑，这样的网络属于城域网。

3）广域网：当网络的地理范围不断扩大，可以把不同城市、不同地区、不同国家的计算机连接起来的时候，也就形成了广域网。在广域网中，连接着数量众多的计算机。我们经常访问的 Internet 就是一个典型的广域网。

2. 按网络的拓扑结构分类

所谓网络拓扑结构，是以拓扑系统的方法来研究计算机网络的结构。拓扑的概念是从图论中的相关概念演变而来，是一种研究与大小形状无关的点、线、面特点的数学方法。在计算机网络中，抛开网络中的具体设备，把工作站、服务器等网络节点的实体抽象为“点”，把网络中的通信介质抽象为“线”。若从拓扑学的观点看网络系统，抽象出网络系统的具体结构，就形成了点和线组成的几何图形，形成网络拓扑结构概念。

计算机网络系统的拓扑结构主要有总线型、环型、星型、树型和网状。基本网络拓扑主要有三种模式：总线型、星型和环型。

（1）总线型拓扑结构

总线型拓扑结构采用一条单根的通信线路（总线）作为公共的传输通道，所有的节点都通过相应的接口直接连接到总线上，并通过总线进行数据传输，如图 1-4 所示。

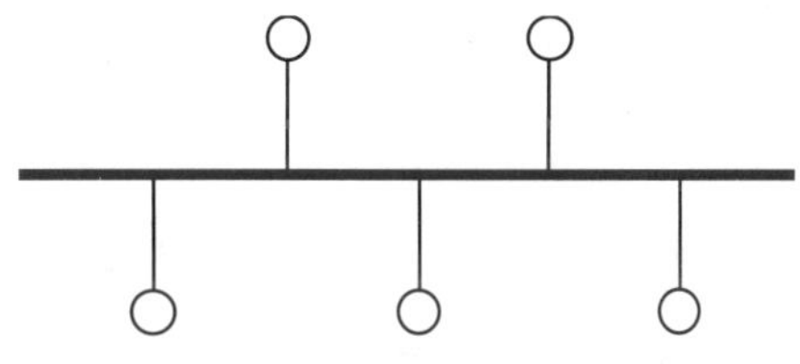

图 1-4　总线型拓扑结构

总线型网络使用广播式传输技术，总线上的所有节点都可以发送数据到总线上，数据沿总线传播。但是，由于所有节点共享同一条公共通道，所以在任何时候只允许一个节点发送数据。当一个节点发送数据，并在总线上传播时，数据可以被总线上的其他所有节点接收。各节点在接收数据后，分析目的物理地址再决定是否接收该数据。粗、细同轴电缆以太网就是这种结构的典型代表。

总线型拓扑结构有如下特点。

1）结构简单灵活，易于扩展。

2）共享能力强，便于广播式传输。

3）网络响应速度快，但负荷重时则性能迅速下降。

4）局部站点故障不影响整体，可靠性较高。但是，总线出现故障，则将影响整个网络。

5）易于安装，费用低。

6）网络效率和带宽利用率低。

7）采用分布控制方式，各节点通过总线直接通信。

8）各工作站点平等，都有权争用总线，不受某站点仲裁。

（2）环型拓扑结构

环型结构是各个网络节点通过环型接口连在一条首尾相接的闭合环型通信线路中，如图 1-5 所示。环型结构有两种类型，即单环结构和双环结构。令牌环是单环结构的典型代表，光纤分布式数据接口（FDDI）是双环结构的典型代表。

环型拓扑结构的特点如下。

1）在环型网络中，各工作站间无主从关系，结构简单。

2）信息流在网络中沿环单向传递，延迟固定，实时性较好。

3）两个节点之间仅有唯一的路径，简化了路径选择。

4）可靠性差，任何线路或节点的故障，都有可能引起全网故障，且故障检测困难。

5）可扩充性差。

（3）星型拓扑结构

星型拓扑结构的每个节点都由一条点到点链路与中心节点（公用中心交换设备，如交换机、HUB 等）相连，如图 1-6 所示。信息的传输是通过中心节点的存储转发技术实现的，并且只能通过中心站点与其他站点通信，星型拓扑结构的主要特点如下。

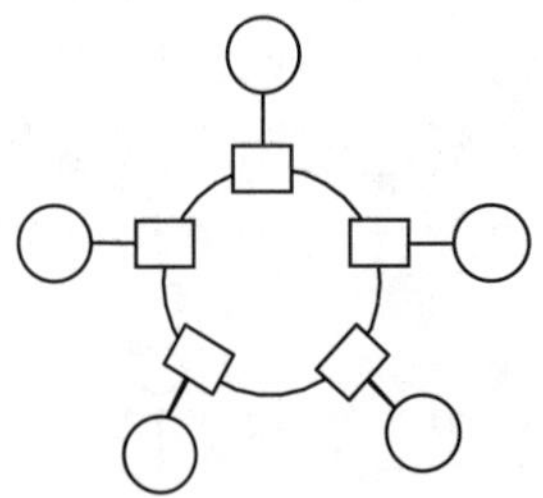

图 1-5　环型拓扑结构

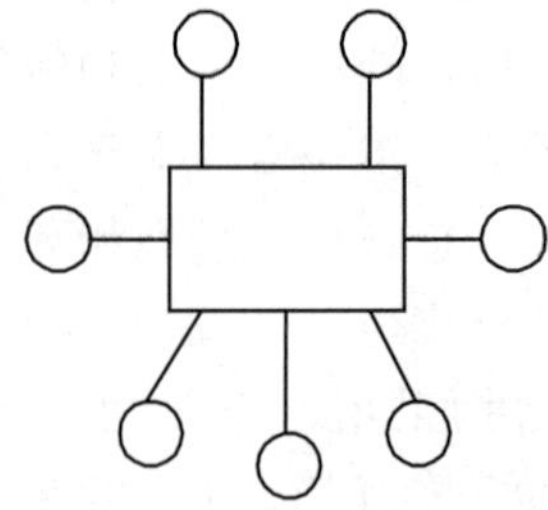

图 1-6　星型拓扑结构

1）星型拓扑结构简单，便于管理和维护。

2）易实现结构化布线。

3）星型拓扑结构易扩充，易升级。

4）通信线路专用，电缆成本高。

5）星型拓扑结构的网络由中心节点控制与管理，中心节点的可靠性基本上决定了整个网络的可靠性。

6）中心节点负担重，易成为信息传输的瓶颈，且中心节点一旦出现故障，会导致全网瘫痪。

（4）树型拓扑结构

树型拓扑结构是从总线型和星型结构演变来的，它有两种类型，一种是由总线型拓扑结构派生出来的，它由多条总线连接而成。另一种是星型拓扑结构的变种，各节点按一定的层次连接起来，形状像一棵倒置的树，故得名树型拓扑结构，如图 1-7 所示。在树型拓扑结构的顶端有一个根节点，它带有分支，每个分支还可以再带子分支。

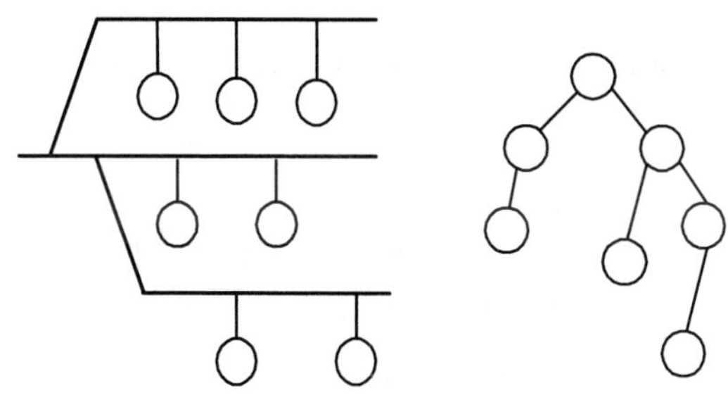

图 1-7　树型拓扑结构

树型拓扑结构的主要特点如下。

1）这种结构是天然的分级结构。

2）易于扩展。

3）易故障隔离，可靠性高。

4）电缆成本高。

5）对根节点的依赖性大，一旦根节点出现故障，将导致全网不能工作。

（5）网状拓扑结构

网状拓扑结构是指将各网络节点与通信线路互联成不规则的形状，每个节点至少与其他两个节点相连，或者说每个节点至少有两条链路与其他节点相连，如图 1-8 所示。大型互联网一般都采用这种结构，如我国的教育和科研计算机网 CERNET，如图 1-9 所示，国际互联网 Internet 的主干网都采用网状拓扑结构。

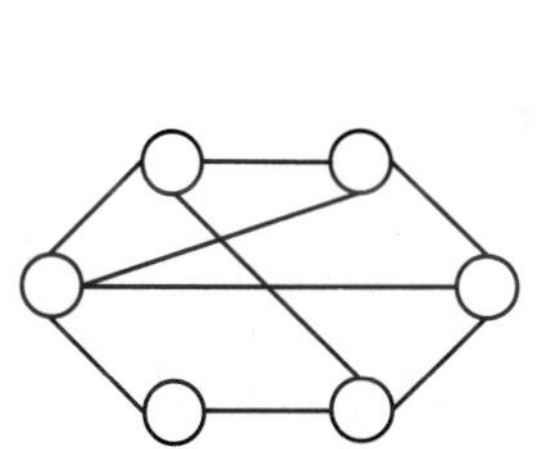

图 1-8　网状拓扑结构

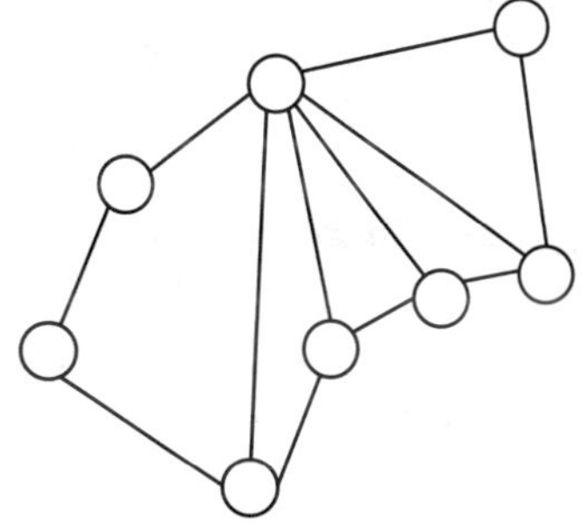

图 1-9　CERNET 主干网拓扑结构

网状拓扑结构的主要特点如下。

1）每个节点都有冗余链路，可靠性高。

2）因为有多条路径，所以可以选择最佳路径，减少时延，改善流量分配，提高网络性能，但路径选择比较复杂。

3）结构复杂，不易管理和维护。

4）适用于大型广域网。

5）线路成本高。

3. 按网络中计算机所处的地位分类

按照网络中计算机所处的地位不同，可以将计算机网络分为对等网和基于客户机/服务器模式的网络。

（1）对等网

在对等网中，所有计算机的地位是平等的，没有专用的服务器。每台计算机既 作为服务器，又作为客户机；既为其他计算机提供服务，也从其他计算机那里获得服务。由于对等网没有专用的服务器，所以在管理对等网时，只能分别管理，不能统一管理，管理起来很不方便。对等网一般应用于计算机数量少，安全要求不高的小型局域网。

（2）基于客户机/服务器模式的网络

在这种网络中，有两种角色的计算机，一种是服务器，一种是客户机。

服务器一方面负责保存网络的配置信息，另一方面也负责为客户机提供各种各样的服务。因为整个网络的关键配置都保存在服务器中，所以管理员在管理网络时只需要修改服务器的配置，就可以管理整个网络了。同时，客户机需要获得某种服务时，会向服务器发送请求，服务器接到请求后，向客户机提供相应的服务。服务器的种类很多，有邮件服务器、Web 服务器、传真服务器、目录服务服务器等，不同的服务器可以为客户机提供不同的服务。在构建网络时，一般选择配置较好的计算机，在其上安装相关服务，它也就成了服务器。

客服机主要用于向服务器发请求，获得相关服务，如客户机向打印服务器请求打印服务，向 Web 服务器请求 Web 页面等。

由于基于客户机/服务器模式的网络有专用的服务器，所以在管理网络时，可以统一管理，管理员可以在某一台计算机（服务器）上管理整个网络。当我们要构建一个复杂的企业网络时，通常可以配置为客户机/服务器模式。

单元小结

本单元主要介绍了计算机网络的概念、功能、组成、分类等基础知识，为后面的学习做好前期准备。

巩固与提高

一、填空题

（1）计算机网络是利用________地理位置分散的具有独立功能的________和________连接起来，在________和________的控制管理下进行通信，以实现数据传输和资源共享的系统。

(2) 组建计算机网络应具备的三个基本要素是________、通信设备与线路介质、网络软件。

(3) 按网络所覆盖的范围分，网络可分为__________、__________ 、__________。

(4) 按照网络中计算机所处的地位的不同，可以将网络分为________、__________。

(5) 星型拓扑结构存在一个中心设备，这个设备可以是集线器、 ______。

(6) 从逻辑结构上讲，计算机网络由____________和________两部分组成。

二、选择题

(1) 在总线型拓扑结构中，为了防止信号反射，我们需要在网络的两端安装(　　)。

A. 中继器　　B. 终结器

C. 集线路　　D. 路由器

(2) 在计算机网络拓扑结构中，目前最常用的拓扑是（　　）。

A. 中继器　　B. 终结器

C. 集线路　　D. 路由器

(3) 在环型拓扑结构中，有一段特殊信息，被称为（　　）。

A. 令牌　　B. 比特

C. 信元　　D. 字节

三、问答题

(1) 什么是计算机网络，其主要功能是什么。

(2) 计算机网络可以从哪几方面分类?

(3) 计算机网络由哪几部分组成?

(4) 计算机网络从逻辑上由哪几部分组成?

(5) 请各举一个你接触过的局域网和广域网的例子。

(6) 对等网和基于客户机/服务器模式的网络有何不同?

(7) 在计算机网络中，服务器和客户机有什么区别?

(8) 找一个你所能接触的计算机网络，了解以下问题:

1) 这个网络所覆盖的范围有多大? 按其所覆盖的范围，它属于局域网还是广域网?

2) 这个网络的拓扑结构是什么类型的? 画出其拓扑图。

3) 这个网络属于对等网? 还是属于客户机/服务器模式的网络?

4) 这个网络所用的网络线缆是什么样的?

5) 这个网络使用了什么网络设备?

6) 这个网络的所有计算机安装了什么操作系统?

读书笔记

2 单元二 网络体系结构与TCP/IP

单元导读

计算机网络是一个涉及计算机技术、通信技术等多个领域的复杂系统。现代计算机网络又渗透到工业、商业、政府、军事等领域以及人们生活中的各个方面。如此庞大而复杂的系统要高效而且可靠地运行，就必须遵循一套合理而严谨的结构化管理规则。计算机网络体系结构就是计算机网络所遵循的结构化管理规则。本单元主要介绍计算机网络体系结构的相关概念、ISO/OSI 参考模型、TCP/IP 协议及其应用技术。

学习要点

- 网络体系结构与网络协议
- ISO/OSI 参考模型
- TCP/IP 体系结构
- IP 地址和子网掩码
- TCP/IP 协议的安装与配置

2.1 网络协议与网络体系结构

1. 网络协议的概念

计算机网络由多个互联的节点组成，节点之间需要不断地交换数据信息和控制信息。要做到有条不紊地交换数据，每个节点都必须遵循一些事先约定好的规则。这些规则明确地规定了所交换数据的格式和时序。这些为网络数据交换而制定的规则、约定和标准称为网络协议。网络协议主要由以下三个要素组成。

1）语法：用于确定协议元素的格式，即数据与控制信息的结构格式。

2）语义：用于确定协议元素的类型，即规定了通信双方需要发出何种控制信息，完成何种动作，以及做出何种应答。

3）定时：用于确定通信速度的匹配和时序，即对事实实现顺序的详细说明。

网络协议从语法和语义上定义了数据信息交换的规则和过程，从时序上定义为通信双方通信速度的匹配。总之，网络协议是通信双方共同遵守的通信语义、语法和时序的集合。

2. 网络体系结构的概念

在现实生活中处理一些复杂的问题时，人们通常采用层次化的解决方式。例如邮政服务的实现就是一种层次模型。当一个发信人要把一封信寄给一个收信人时，发信人要完成写信、装信封、送邮局等三个环节，也就是三个层次：同样，收信人在收信时也要经过三个环节，即从邮局取信、拆信、读信等三个环节，即三个层次。整个过程如图 2-1 所示。

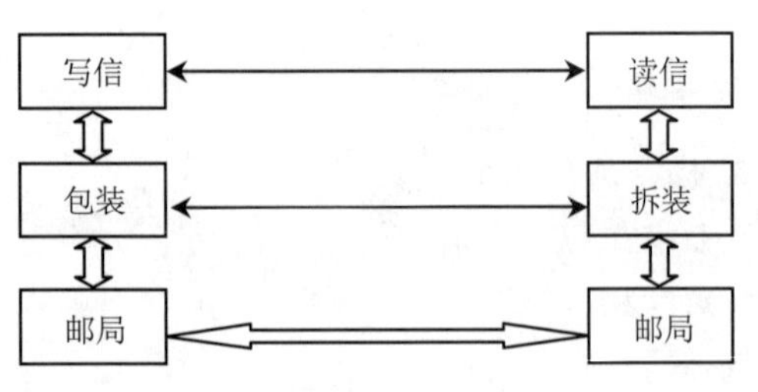

图 2-1 邮政服务的层次模型

层次化的优势在于可以将问题的解决分配到各层中去，每一层解决一个小问题，最终解决整个问题。如图 2-1 中发信方通过写信、包装、送邮局三个层次完成发信的过程，而收信方通过从邮局取信、拆装、读信完成收信的过程。同时，层次之间又保持着密切的联系，高层进行操作时会使用低层的服务，但高层并不需要知道低层服务的具体实现方法。分层模型体现了对复杂问题采取“分而治之”的处理方式，从而降低了处理复杂问题的难度。

计算机网络的通信过程非常类似于邮政服务的实现过程，只不过比这个过程要复杂得多。同样，计算机网络也采用了层次化设计，即把通信过程划分为多个层次，并为每个层次设计一个单独的协议，这些协议通过分层结构进行组织。每层通过特定的协议完成一种功能，多层叠加完成整个信息的发送和接收过程。同时，层与层之间通过层间接口联系起来，每一层可以从下层获得服务，并为上层提供服务。各层又具有相对独立性，各层只是简单地使用其他层的服务，但不需要知道其他层是如何实现相应功能的。

我们将计算机网络的这种层次结构模型和各层协议的集合称为计算机网络体系结构。

计算机网络体系结构对计算机网络应该实现的功能进行了精确定义，而这些功能用什么硬件与软件去完成是具体的实现问题。体系结构是抽象的，而实现是具体的。有了完善的网络体系结构，再去使用相应的硬件与软件来实现这些功能也就比较容易了。

计算机网络体系结构采用分层模型的优点如下。

1）高层不需要知道低层是如何实现的，只需要知道低层所提供的服务，以及本层向上层提供的服务，各层独立性强。

2）当任何一层发生变化时，只要层间接口不发生变化，那么这种变化就不会影响到其他层，适应性强。

3）整个系统已被分解为若干易于处理的部分，这种结构使得一个庞大而复杂的系统实现和维护起来更容易。

4）每层的功能与所提供的服务都有精神的定义和说明，有利于促进标准化。

2.2 OSI 参考模型

2.2.1 OSI 参考模型简介

在网络技术发展的早期，世界各大型计算机厂商分别推出适应于自身网络产品的网络体系结构。由于它们没有遵循通用的标准，导致使用这些标准组建的不同结构的网络无法实现互联，这阻碍了网络的进一步发展，同时也给用户带来很多不便。为了协调各种网络体系结构，国际标准化组织（ISO）和国际电报电话咨询委员会（CCITT）分别提出“开放系统互联参考模型”，试图推出一种全世界统一的网络体系结构。

1974 年，ISO 发表了著名的 ISO/IEC7498 标准，也就是开放系统互联参考模型（ISO’OSI RM，Open System Interconnect Reference Model）。该模型定义了不同计算机互联的标准，成为设计和描述计算机网络通信的基本框架。在 OSI 框架中，进一步详细规定了每一层功能，以实现开放系统环境中的互联性、互操作性与应用的可移植性。这使得 OSI 模型成为真正“开放”的异构网络系统互联参考模型，即只要遵循 OSI 标准，任何网络系统之间都可以轻松实现互联。CCITT 的建议书 X.4 也定义了一些相似的内容。有了国际统一的网络体系结构标准，使计算机网络的发展进入了标准化时代。

OSI 参考模型是一种层次结构，它将整个网络的功能划分为七层，从低层到高层分别为：物理层、数据链路层、网络层、传输层、会话层、表示层和应用层，如图 2-2 所示。

在 OSI 参考模型中，层与层之间的联系是通过各层之间的接口进行的，上层通过接口向下层提出任务请求，而下层通过接口向上层提供服务。两台计算机在通过网络进行通信时，除物理层之间通过媒体进行真正的数据通信外，其余各对等层之间均不存在直接的通信关系，而是通过各对等层进行通信。

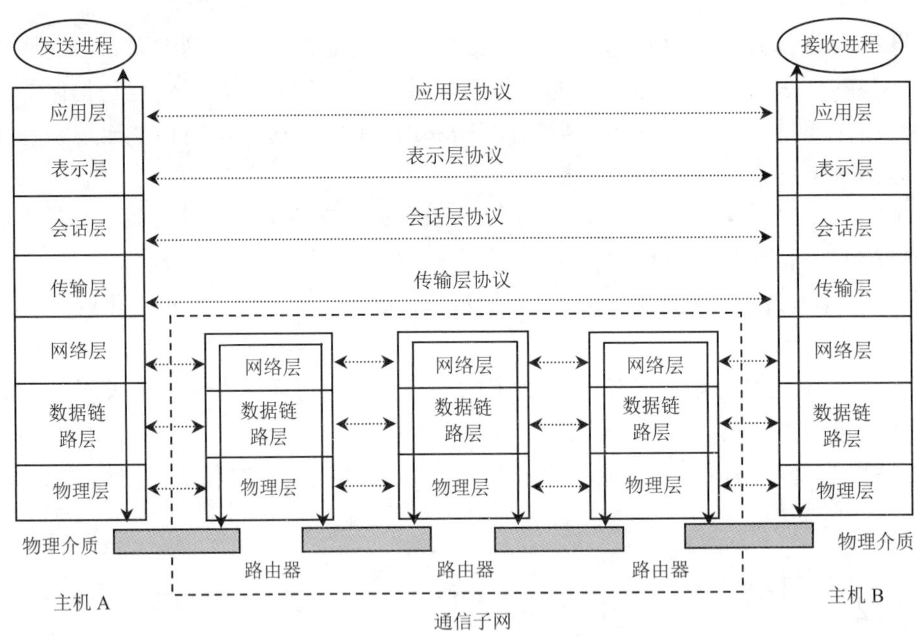

图 2-2 OSI 参考模型的结构

2.2.2 OSI 参考模型各层的功能

1. 物理层

物理层是 OSI 分层结构体系中最重要、最基础的一层，它建立在传输媒介基础上，实现设备之间的物理接口。物理层只是接收和发送一串比特流，不考虑信息的意义和信息的结构。

它包括对连接到网络上的设备描述其各种机械的、电气的和功能的规定，还定义电位的高低、变化的间隔、电缆的类型、连接器的特性等。物理层的数据单位是位。

物理层的功能是实现实体之间的按位传输，保证按位传输的正确性，并向数据链路层提供一个透明的位流传输。在数据终端设备、数据通信和交换设备等设备之间完成对数据链路的建立、保持和拆除操作。

2. 数据链路层

数据链路层实现实体间数据的可靠性传送。通过物理层建立起来的链路，将具有一定意义和结构的信息正确地在实体之间进行传输，同时为其上面的网络层提供有效的服务。在数据链路层中对物理链路上产生的差错进行检测和校正，采用差错控制技术保证数据通信的正确性；数据链路层还提供流量控制服务，以保证发送方不致因为速度快而导致接收方来不及正确接收数据。数据链路层的数据单位是帧。

数据链路层的功能是实现系统实体间二进制信息块的正确传输。为网络层提供可靠无错误的数据信息。在数据链路中，需要解决的问题包括信息模式、操作模式、差错控制、流量控制、信息交换过程控制和通信控制规程。

3. 网络层

网络层也称通信子网层，是高层协议与低层协议之间的界面层，用于控制通信子网的操作，是通信子网与资源子网的接口。网络层的主要任务是提供路由，为信息包的传送选择一条最佳路径。网络层还具有拥塞控制、信息包顺序控制等功能。在网络层交换的数据单元是包。

网络层的功能是向传输层提供服务，同时接受来自数据链路的服务。其主要功能是实现整个网络系统内连接，为传输层提供整个网络范围内两个终端用户之间数据传输的通路。它涉及到整个网络范围内所有节点、通信双方终端节点和中间节点几方面的相互关系。所以网络层的任务就是提供建立、保持和释放通信连接手段，包括交换方式、路径选择、流量控制、阻塞与死锁等。

4. 传输层

传输建立在网络层和会话层之间，实质上它是网络体系结构中高低层之间衔接的一个接口层。传输层不仅是一个单独的结构层，它还是整个分层体系协议的核心，没有传输层，整个分层协议就没有意义。

传输层获得下层提供的服务包括：发送和接收顺序正确的数据分组序列，并用其构成传输层数据；获得网络地址，包括虚拟信道和逻辑信道。

传输层向上层提供的服务包括：无差错的有序的报文收发，提供传输连接，进行流量控制。

传输层的功能是从会话层接受数据，根据需要把数据切成较小的数据片，并把数据传送给网络层，确保数据片正确到达网络层，从而实现两层间数据透明传送。

5. 会话层

会话层用于建立、管理以及终止两个应用系统之间的会话。它是用户连接到网络的接口。它的基本任务是负责两主机间的原始报文的传输。

会话层为表示层提供服务，同时接受传输层的服务。为实现在表示层实体之间传送数据，会话连接必须被映射到传输连接上。

会话层的功能包括：会话层连接到传输层的映射；会话连接的流量控制；数据传输；会话连接恢复与释放；会话连接管理、差错控制。

会话层提供给表示层的服务包括：数据交换；隔离服务；交互管理；会话连接同步和异常报告。

会话层最重要的特征是数据交换。与传输连接相似，一个会话分为建立链路、数据交换和释放链路三个阶段。

6. 表示层

表示层向上对应用层服务，向下接受来自会话层的服务。表示层是为在应用过程之间的信息提供表示方法的服务，它关心的只是发出信息的语法与语义。表示层要完成某些特定的功能。主要有不同数据编码格式的转换，提供数据压缩、解压缩服务，对数据进行加密、解密。

表示层为应用层提供的服务包括：语法选择、语法转换等。语法选择是提供一种初始语法和以后修改这种选择的手段。语法转换涉及代码转换和字符集的转换、数据格式的修改以及对数据结构操作的适配。

7. 应用层

网络应用层是通信用户之间的窗口，为用户提供网络管理、文件传输、事务处理等服务。其中包含了若干个独立的、用户通用的服务协议模块。网络应用层是 OSI 的最高层，为网络用户之间的通信提供专用的程序。应用层的内容主要取决于用户的各自需要，这一层涉及的主要问题是：分布数据库、分布计算机技术、网络操作系统和分布操作系统、远程文件传输、电子邮件、终端电话及远程作业登录与控制等。目前应用层在国际上几乎没有完整的标准，是一个范围很广的研究领域。在 OSI 的七个层次中，应用层是最复杂的，所包含的应用层协议也最多，有些还正在研究和开发之中。

提 示

在 OSI 参考模型的七层中，物理层、数据链路层、网络层属于通信子网，主要完成数据传输的功能；传输层、会话层、表示层、应用层则属于资源子网，主要完成数据处理的功能，并为用户提供与网络之间的接口。

在具体的网络通信过程中，源主机的程序首先试图将数据发送到网络上。这时源主机的每一层都会对数据添加相应的控制信息并传给下一层，数据经过层层“包装”最终到达物理层并发送到网络上；而在接收方，目的主机会将收到的数据进行层层的“解包装”，即去掉每层的控制信息，最终将“原始”的数据传给目标程序。在这个过程中，发送方和接收方所进行的操作是互逆的，即发送方是“包装”，而接收方是“解包装”。

最后需要强调的是，OSI 参考模型只是为研究、设计与实现计算机网络系统提供了概念和功能上的框架，但目前尚未出台严格按照 OSI 七层模型定义的网络协议集和国际标准。但在制定具体的网络协议标准时，都将其作为参考标准，这正是 OSI 模型的真正意义所在。

2.3 TCP/IP 体系结构

2.3.1 TCP/IP 协议概述

TCP/IP（Transmission Control Protocol/Internet Protocol）是指传输控制协议/网际

协议，是针对 Internet 开发的一种体系结构和协议标准，其目的在于解决异种计算机网络间的通信问题，使得网络在互联时把技术细节隐藏起来，为用户提供一种通用、一致的通信服务。TCP/IP 起源于美国 ARPANET，由它的两个主要协议 TCP 协议和 IP 协议而得名。通常所说的 TCP/IP 协议实际上包含了大量的协议和应用，并且由多个独立定义的协议组合在一起，因此更确切地说，TCP/IP 是一个协议族而不是一种协议。

由于 Internet 在全世界的飞速发展，使得 TCP/IP 协议得到了广泛的应用，虽然 TCP/IP 不是 ISO 标准，但广泛的应用使 TCP/IP 成为一种“事实上的标准”，并形成了 TCP/IP 参考模型。

TCP/IP 协议具有以下特点。

1）TCP/IP 是开放的协议标准，任何厂商和个人都可以直接使用，而不用征得谁的许可。

2）TCP/IP 独立于特定的网络硬件，可以运行在局域网、广域网等各种网络环境。

3）TCP/IP 使用统一的网络地址分配方案，使得整个 TCP/IP 设备在网络中具有唯一的地址。

4）TCP/IP 是标准化的高层协议，可以提供多种可靠的用户服务。

2.3.2 TCP/IP 协议的结构

TCP/IP 协议和 OSI 模型一样，也采用分层体系结构。协议的分层使得各层的任务和目的十分明确，这样有利于软件编写和通信控制。TCP/IP 协议分为四层，由下至上分别是网络接口层、网络层、传输层和应用层，如图 2-3 所示。

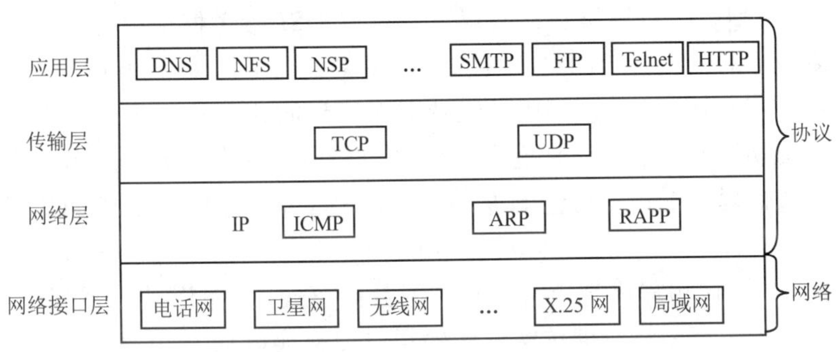

图 2-3　TCP/IP 协议分层结构

1. 网络接口层

TCP/IP 模型的最底层是网络接口层，它包括了能使用 TCP/IP 与物理网络进行通信的协议，对应着 OSI 模型的物理层和数据链路层。其功能是接收和发送 IP 数据包，负责与网络中的传输媒介打交道。TCP/IP 标准并没有定义具体的网络接口协议，目的是能够适应各类型的网络，如以太网、令牌网、帧中继、ATM 等，这也说明了 TCP/IP 协议可以运行在各种网络之上。

2. 网络层

网络层又称网际层，负责相邻计算机之间的通信，它主要包括三个方面的功能。

1）处理来自传输层的请求，收到请求后，将分组装入 IP 数据报，填充报头，选择去往目标网络的路径，然后将数据报发往适当的网络接口。

2）处理输入的数据报，首先检查其合法性，然后进行路由选择。假如该数据报已经到达信宿本地机，则去掉报头，将剩下部分（TCP 分组）交给适当的传输协议；假如该数据报尚未到达信宿，即转发该数据报。

3）处理路径、流量控制、拥塞等问题。另外，网络层还提供差错报告功能。

3. 传输层

TCP/IP 的传输层与 OSI 的传输类似，它的根本任务是提供端到端的通信。传输层对信息流具有调节作用，提供可靠性传输，确保数据能够正确到达。为此，在接收方安排了下一种发回“确定”和要求重发丢失报文分组的机制。传输层软件把要发送的数据流分成若干个报文分组，在每个报文分组上加一些辅助信息，包括用来标示是哪个应用程序发送这个报文分组的标识符（即源端口）、哪个应用程序应接收这个报文分组的标识符（即目标端口）以及给每个报文分组附带校验码，接收方即可使用这个校验码验证收到的报文分组的正确性。在一台计算机中，同时可以有多个应用程序访问网络。传输层同时从几个用户接收数据，然后把数据发送给下一个较低的层。

4. 应用层

在 TCP/IP 模型中，应用层是最高层，它对应 OSI 参考模型中的会话层、表示层和应用层。它使用户的程序访问网络，并获得各种网络服务，如 Web 浏览、电子邮件等。严格来说，应用程序不属于 TCP/IP，但就上面提到的几个常用应用程序而言，TCP/IP 制定了相应的协议标准，所以，把它们也作为 TCP/IP 的内容。当然用户完全可以根据自己的需要在传输层之上建立自己的专用程序，这些专用程序要用到 TCP/IP，但却不属于 TCP/IP。在应用层，用户访问网络的应用程序，该应用程序与传输层协议相配合，发送或接收数据。每个应用程序都应选用自己的数据形式，它可以是一系列报文或字节符，不管采用哪种形式，都要将数据传送给传输层以便交换信息。

应用层的协议很多，依赖关系相当复杂，这种现象与具体应用的种类繁多现象密切相关。应当提出，在应用层中，有些协议不能直接为一般用户所使用，那些能直接被用户所使用的应用层协议往往是一些通用的、容易标准化的东西，例如，FTP、Telnet 等。在应用层中还包含很多用户的应用程序，它们是建立在 TCP/IP 协议族基础上的专用程序，无法标准化。

2.3.3 TCP/IP 各层的协议

前面提到，TCP/IP 并不是一种单一的协议，而是由众多协议组成的协议集合，下面详细介绍 TCP/IP 协议族中的各种协议及其功能。

1. 网络层协议

网络层的协议主要有 IP、ICMP、IGMP、ARP、RARP 等几种协议。

(1) IP (Internet Protocol) 协议

IP 协议是 Internet 上最重要的协议，也是 TCP/IP 协议中两个最重要的核心协议之一，它的主要任务是提供无连接的数据报传输及路由选择的功能。

如前所述，TCP/IP 协议是为了包容各种物理网络技术而设计的，而这种包容性主要体现在 IP 层。IP 协议是无连接的，所谓“无连接”，是指双方在进行数据通信之前，不需要先建立好连接即可通信。IP 协议向传输层提供统一的 IP 数据报，这是 TCP/IP 协议可应用于异种网络互联的最重要的一步。

在网络中传输的基本数据单元是“帧”，因物理网络的不同，帧的格式和地址格式各异。IP 协议不但把不同格式的物理地址转换为 IP 地址，而且把各种不同的帧统一为 IP 数据报。这样，帧的差异性对上层协议便不复存在。这种转换意义非常重要，通过这一转换，实现了在互联网中达到屏蔽底层细节，提供一致的数据包传输。

当一个分组在 Internet 中被传送时，它从一台计算机所在的网络地址出去，到达另一台计算机时，该计算机便取出其中的 IP 数据报，检查该分组的目的地址并决定如何处理。如果网络分组到达一个路由器，而路由器认为该数据报必须送往另一个网络时，它会产生一个新的分组，并将数据报装在其中，再发送出去，直到到达目的地。

IP 协议的另一个重要任务是数据报的路由器选择。一般来说，数据报沿着从源地址到目的地址的一条路径通过互联网络，中间要通过若干路线器。路由器收到该数据报时，首先从数据报中取出目的地址，根据该地址来决定数据报应该发往哪一个地址。

(2) ICMP (Internet Control Message Protocol) 协议

ICMP 协议即网际控制报文协议，它为 IP 协议提供差错报告。

数据在 Internet 中传输时，发生错误的机会是比较多的。例如。通信线路的故障、主机系统或路由器出错、网络出现拥塞等。IP 协议无法检测错误。为了能够处理这些错误，专门设计了 ICMP 协议。在 IP 数据报的传输过程中，如果某个路由器发现了传输错误，则立即向各源主机发送 ICMP 报文，报告出错情况，以便源主机采取措施加以纠正。

(3) IGMP (Internet Group Management Protocol) 协议

IP 协议只是负责网络中点到点的数据报传输，而单点到多点的数据报传输要依靠 IGMP（网际主机组管理协议）来完成。它主要负责报告主机组之间的关系，以便相关的设备（路由器）可支持多播发送。

(4) ARP (Address Resolution Protocol) 和 RARP 协议

在互联的网络中，任何一次从 IP 层（即网络层）以及上层次发出的数据传输都是用 IP 地址进行标识的。由于物理网络本身不认识地址，因此必须将 IP 地址映射成物理地址，才能把数据发往目的地。ARP 协议和 RARP 协议，它们的作用就是将源主机和目的主机的 IP 地址转化为物理地址，或将物理地址转化为 IP 地址。

2. 传输层协议

传输层的协议主要有两个：TCP 和 UDP。

（1）TCP（Transmission Control Protocol）协议

尽管 IP 协议提供了一种使计算机能够发送数据和接收数据的方法，也就是将分组从源地址传送目的地址。但是，IP 协议并没有解决诸如数据报丢失或顺序传递等问题。TCP 协议位于传输层，它解决的 IP 协议不能解决的这个问题。TCP 协议是面向连接的，所谓“面向连接”即在进行数据通信之前，通信双方必须先建立连接，然后才能进行通信。显然，面向连接的服务具有高可靠性，这正是 TCP 协议的特点。因此，IP 协议与 TCP 协议结合在一起，提供了一种在 Internet 上传输数据的可靠方法。

为了实现数据的可靠传输，TCP 协议解决了以下几个问题。

1）如果路由器由于过多的数据报而超载，则必须将一些数据报丢失，结果造成数据报在互联网上传输时可能丢失。TCP 将自动检测丢失的数据报，并将丢失的数据报重发。

2）互联网的内部结构是十分复杂的，一个数据报在传递的过程中，可以通过多条路径到达目的地。而往往又由于路径不同，一些数据报会以一种不同的顺序到达目的地，TCP 便负责自动检测到达的数据报，并将它们按原来的顺序加以排列。

3）由于网络硬件的故障而导致数据报重复出现，这样一来，一个数据报就可能有多个副本到达目的地。TCP 便自动检测重复的数据报，并且只接收最先到达的数据报。

（2）UDP（User Datagram Protocol）协议

UDP 协议是一个无法连接的协议，但是，它增加了提供协议端口的能力，以实现对应用层的服务。由于 UDP 协议是无连接的，因此它不可靠，也不提供错误恢复能力。但是 UDP 协议的特点是效率高，并且比 TCP 协议要简单得多，在实际应用中，在一些特定的环境还是非常有优势的。例如，要发送的信息较短，不值得在主机之间建立一次连接，另外，面向连接的通信通常只能在两个主机之间进行。如果需要实现多个主机之间的一对多或多对多的数据传输，即广播或多播，就需要使用 UDP 协议。

3. 应用层协议

在 TCP/IP 模型中，应用层包括了所有的高层协议，而且不断有新的协议加入，应用层协议主要有以下几种。

1）TELNET（远程终端协议）：TELNET 允许本地主机为仿真终端登录到远程主机并运行应用程序。

2）FTP（文件传输协议）：用于实现主机之间的文件传输。

3）SMTP（简单邮件传输协议）：实现主机之间电子邮件的传送。

4）DNS（域名系统）：实现主机名与 IP 地址之间的转换。

5）DHCP（动态主机配置协议）：实现 IP 地址的自动分配。

6）RIP（路由信息协议）：用于网络设备之间交换路由信息。

7）HTTP（超文本传输协议）：用于 Internet 中的客户机与 WWW 服务器之间的数据传输。

8）NFS（网络文件系统）：实现主机之间的文件系统的共享。

9）ANMP（简单网络管理协议）：实现网络的远程监控和管理。

与 OSI 参考模型的应用层相同，TCP/IP 应用层中的各种协议都是为网络用户或应用程序提供特定的网络服务而设计的。正是因为应用层丰富的协议，才使用户可以获得各种网络服务。

2.3.4 TCP/IP 与 OSI 模型的关系

TCP/IP 协议与 OSI 参考模型之间的对应关系如图 2-4 所示，其中应用层对应了 OSI 模型的上三层，网络接口层对应了 OSI 模型的下两层。

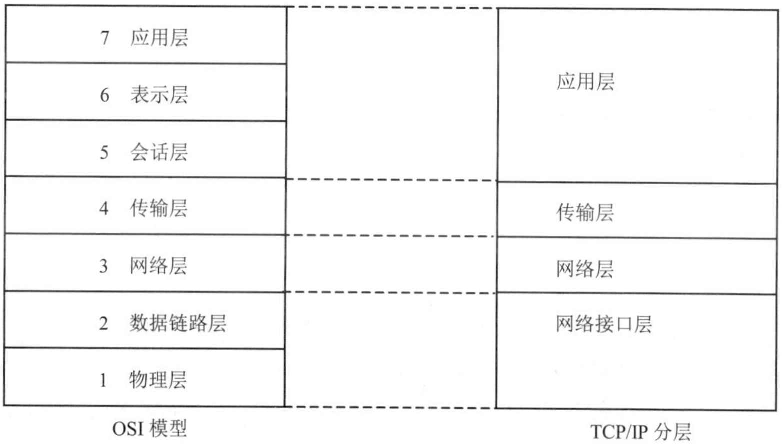

OSI 模型	TCP/IP 分层
7 应用层	应用层
6 表示层	
5 会话层	
4 传输层	传输层
3 网络层	网络层
2 数据链路层	网络接口层
1 物理层	

图 2-4 TCP/IP 协议与开放系统互联参考模型之间的对应关系

值得注意的是，在一些问题的处理上，TCP/IP 与 OSI 有很大不同。

1）TCP/IP 一开始就考虑到多种异构网的互联问题，并将网际协议 IP 作为 TCP/IP 的重要组成部分。但 ISO 和 CCITT 最初只考虑到使用一种标准的公用数据网将各种不同的系统互联在一起。后来，ISO 认识到了网际协议 IP 的重要性，然而已经来不及了，只好在网络层中划分出一个子层来完成类似 TCP/IP 中 IP 的作用。

2）TCP/IP 一开始就将面向连接服务和无连接服务并重，而 OSI 在开始时只强调面向连接服务，过了很长时间之后 OSI 才开始制定无连接服务的有关标准。无连接服务的数据包对于互联网中的数据传送以及分组语音通信（即在分组交换网里传送语音信息）都是十分有利的。

3）TCP/IP 有较好的网络管理功能，而 OSI 到后来才开始考虑这个问题。

2.4 IP 地址

2.4.1 IP 地址和子网掩码

1. 为什么要引入 IP 地址

在网络中，为了实现不同计算机之间的通信，每台计算机都必须有一个唯一的地址。就像日常生活中的家庭地址一样，我们可以通过一个人的家庭住址找到他的家。当然，在网络中要找到一台计算机，进而和它通信，也需要借助于一个地址，这个地址就是 IP 地址。IP 地址是唯一标识一台主要机的地址。

2. 什么是 IP 地址

IP 地址是一个 32 位二进制数，用于标识网络的一台计算机。IP 地址通常以两种方式表示：二进制数和十进制数。

（1）二进制数

在计算机内部，IP 地址用 32 位二进制数表示，每 8 位为一段，共四段。例如

10001100.00001110.01101011.11001000

（2）十进制数

为了方便使用，通常将每段转换为十进制数。如二进制数

10000011.01101011.00010000.11001000

表示的地址转换为十进制数后的格式为 131.107.16.200，这种格式是我们在计算机中所配置的 IP 地址的格式。

3. IP 地址的组成

IP 地址由两部分组成：网络 ID 和主机 ID。

网络 ID：用来标识计算机所在的网络，也可以说是网络的编号。

主机 ID：用来标识网络内的不同计算机，即计算机的编号。

4. IP 地址分类

由于 IP 地址是有限资源，为了更好地管理和使用 IP 地址，国际组织 Internet 网络信息中心 INTERNIC（INTERnet Network Information Center）根据网络规模的大小将 IP 地址分为五类（A、B、C、D、E），如图 2-5 所示。

A 类地址：第一组数（前 8 位）表示网络号，且最高位为 0，这样只有 7 位可以表示网络号，能够表示的网络号有 $2^7-2=126$（去掉全“0”和全“1”的两个地址）个，范围是

1.0.0.0～126.0.0.0

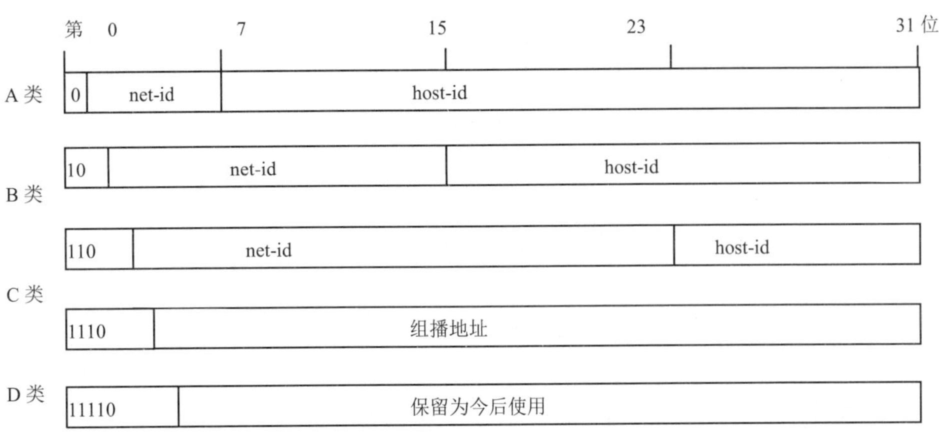

图 2-5 IP 地址的分类

后三组数（24 位）表示主机号，能够表示的主机号的个数是 $2^{24}-2=16777214$ 个，即 A 类网络中可容纳 16777214 台主机。A 类地址只分配给超大型网络。

B 类地址：前两组数（前 16 位）表示网络号，后两组数（后 16 位）表示主机号，且最高位为 10，能够表示的网络号有 $2^{14}=16384$ 个，范围是

128.0.0. 0～191.255.0.0

B 类网络可以容纳的主机数为 $2^{16}-2=65534$ 台主机。B 类 IP 地址通常用于中等规模的网络。

C 类地址：前三组数表示网络号，最后一组数表示主机号，且最高位为 110，最大网络数为 $2^{21}=2097152$，范围是

192.0.0.0～223.255.255.0

可以容纳的主机数为 $2^{8}-2=254$ 台主机。C 类 IP 地址通常用于小型的网络。

D 类地址：最高位为 1110，是多播地址。

E 类地址：最高位为 11110，保留在今后使用。

注 意

在网络中只能为计算机配置 A、B、C 三类 IP 地址，而不能配置 D、E 两类地址。

5. 几个特殊的 IP 地址

主机号全 0：表示网络号，不能分配给主机，如 192.168.4.0 为网络地址。

主机号全 1：表示向指定子网发广播，如 192.168.1.255 表示向网络 192.168.1.0 发广播。

255.255.255.255：本子网内广播地址。

127.X.Y.Z：测试地址，不能配置给计算机。

6. IP 地址的分配

如果需要将计算机直接连入 Internet，则必须向有关部门申请 IP 地址，而不能随便配置 IP 地址。这种申请的 IP 地址称为“公有 IP”。在互联网中的所有计算机都要配置公有 IP。如果要组建一个封闭的局域网，则可以任意配置 A、B、C 三类 IP 地址，只要保证 IP 地址不重复就行了。这时的 IP 称为“私有 IP”，但是，考虑到这样的网络仍然有连

接 Internet 的需要，因此，INTERNIC 特别指定了某些范围作为专用的私有 IP，用于局域网的 IP 地址的分配，以免与合法的 IP 地址有冲突。建议我们自己组建局域网时，使用这些专用的私有 IP，也称保留地址，INTERNIC 保留的 IP 范围如下。

A 类：10.0.0.1～10.255.255.254。

B 类：172.16.0.1～172.31.255.254。

C 类：192.168.0.1～192.168.255.254。

7. 子网的掩码

我们在配置 TCP/IP 参数时，除了要配置 IP 地址外，还要设置子网掩码为“1”，主机位对应的子网掩码设为“0”。例如：对于 IP 地址是 131.107.16.200 的主机，由于是 B 类地址，前两组数为网络号，后两组数为主机号。则子网掩码配置为：11111111.11111111.00000000.00000000，转换为十进制数为 255.255.0.0。由此，各类地址的默认子网掩码如下。

A 类：11111111.00000000.00000000.00000000，即为 255.0.0.0。

B 类：11111111.11111111.00000000.00000000，即为 255.255.0.0。

C 类：11111111.11111111.11111111.00000000，即为 255.255.255.0。

之所以要配置子网掩码，是为了区别 IP 中多少位数表示网络号，多少位数表示主机号。具体的运算方式是：将 IP 地址和子网掩码转换为二进制数后，进行“与”运算，则可算出网络地址与主机地址。

例如：某计算机的 IP 地址为 2.2.2.2，子网掩码为 255.0.0.0，则二者的二进制数表示形式如下。

IP 地址：00000010.00000010.00000010.00000010。

子网掩码：11111111.00000000.00000000.00000000。

与运算结果：00000010.00000000.00000000.00000000。

将结果化为十进制数，2.0.0.0 是网络号，0.2.2.2 是主机号。

8. 关于 IPv6

我们现在使用的 IP 地址规范称为 IPv4。IPv4（IP Version 4）标准是 20 世纪 70 年代末期制定完成的。20 世纪 90 年代初期，WWW 的应用导致 Internet 爆炸性发展，使得 IP 地址资源日趋枯竭，现在的 IP 地址很快就要被用完了。为解决 IP 地址资源日趋枯竭的问题，Internet 工程任务组（IETF）于 1992 年成立了 IPNGB（IP Next GBeneration）工作组，着手研究下一代 IP 网络协议 IPv6。IPv6 使用长达 128 位的地址空间，使 Internet 中的 IP 地址达到 2^{128} 个。这样，IPv6 地址空间是不可能用完的。除此之外，IPv6 具备更强的安全性，更容易配置，从而更适合未来 Internet 的要求。

2.4.2 子网划分

1. 什么是子网

将网络进一步划分成几个独立的组成部分，每个部分称为这个网络的子网。划分子网后，可以分割网络流量，提高网络性能。子网的设计可以简化对网络的管理。划分子网以后，每个子网看起来像一个独立的网络。而对于远程网络而言，子网是透明的。子网划分通常用于将局域网接入 Internet。在将局域网接入 Internet 时，通常只申请一个网络号，即只能将一个网络接入 Internet。但在局域网内部，为了分割网络流量，要将一个网络划分为若干子网。这就要求有多个网络号。为了解决这个问题，可以通过子网划分的方式，将申请的一个网络号划分为多个网号，分配给不同的子网。从而实现用一个网络号（划分为多个子网号）将局域网接入 Internet。

2. 划分子网的方法

划分子网的基本原则：网络位向主机位“借”位。

子网划分的运算公式如下。

1）划分子网的个数：2^n-2，n 是网络位向主机位所借的位数。

2）每个子网的主机数：2^m-2，m 是借位后所剩的主机位数。

3. 子网划分举例

例如：某公司申请了一个 C 类的地址 200.200.200.0，但需要划分为两个子网，应如何划分？

划分子网的步骤如下。

01 确定借位数。

因为要划分为两个子网，借位数为：$2^n-2\geqslant 2$，n＝2，借 2 位，所以

IP：[200.200.200.XX] XXXXXX。

子网掩码：[255.255.255.11] 000000，即 255.255.255.192。

> **注意**
>
> 加框线部分为网络位，其中最后两位为借的位。因最后两位变了网络位，则子网掩码也变为“1”。

02 确定新的子网掩码。

子网掩码：255.255.255.192。

03 确定每个子网的 IP 的范围。

可能的子网号（加框线部分为子网号）：

[200.200.200.XX] XXXXXX。

[200.200.200.00] XXXXXX 非法，子网 ID 全 0。

[200.200.200.01] XXXXXX 子网 1。

[200.200.200.10] XXXXXX 子网 2。

[200.200.200.11] XXXXXX 非法，子网 ID 全 1。

由此，我们得到两个合法的子网。

提 示

目前，技术上已经可以使用全“0”和全“1”的子网 ID 了。大家在实际运算时，也可以不减 2。

提 示

子网划分的运算较难理解，为便于计算，读者也可以用专门的软件来计算子网的 IP 地址范围。

可能的主机号:

200.200.200.XXXXXXXX

200.200.200.XX00000

200.200.200.XX000001

…

200.200.200.XX111110

200.200.200.XX111111

因主机号不能全“0”和全“1”，所以去掉第一个值和最后一个值，则子网 1 的 IP 范围为

200.200.200.01000001～200.200.200.01111110

将最后一组数转换为十进制后的结果为

200.200.200.65～200.200.200.126

子网 2 的 IP 范围为

200.200.200.10000001～200.200.200.10111110

将最后一组数转换为十进制后的结果为

200.200.200.129～200.200.200.190

2.5 TCP/IP 协议的安装与配置实训

1. 实训目的

通过本次实训,让学生熟悉在具体网络操作系统中,安装和配置 TCP/IP 协议的过程。

2. 实训内容

查看 TCP/IP 参数、安装和配置 TCP/IP 协议。

3. 实训步骤

(1) 查看 TCP/IP 参数的步骤

1) 选择“开始”下的“运行”，输入“CMD”。

2) 在命令提示符窗口中键入命令：ipconfig /all，记录有关信息，如表 2-1 所示。

表 2-1 ipconfig/all 命令执行结果

计算机名字	xsm
工作组名字或域名	workgroup
IP 地址	192.168.1.10
子网掩码	255.255.255.0
默认网关	192.168.1.1
DNS 服务器地址	202.96.128.86 202.96.128.133

(2) 安装和配置 TCP/IP 协议

安装和配置 TCP/IP 协议操作步骤如下。

01 安装 TCP/IP 协议。

1) 右击桌面上“网上邻居”，选择“属性”，打开“网络和拨号连接”窗口。

2）在窗口中，右击“本地连接”，选择“属性”。

3）在“属性”窗口中，检查是否有 TCP/IP 协议，若有，说明 TCP/IP 协议已安装。若无，单击“安装”按钮，选择“协议”，再单击“添加”按钮，选择正确的协议后，单击“确定”按钮完成添加协议过程，“选择网络协议”对话框如图 2-6 所示。安装其他协议的步骤与安装 TCP/IP 相同。

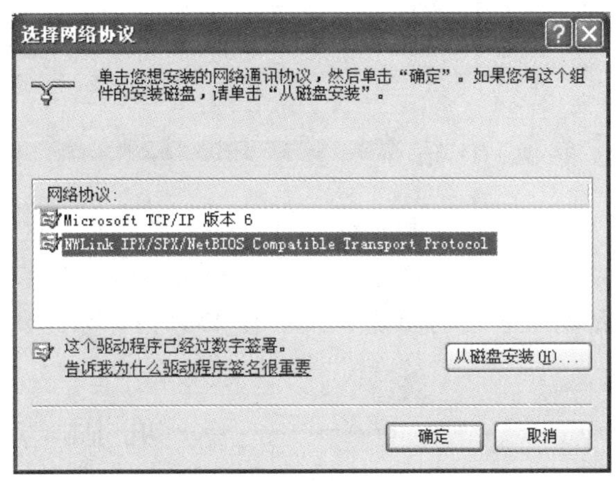

图 2-6 “选择网络协议”对话框

02 为 TCP/IP 协议配置 IP 地址。

在安装了 TCP/IP 协议后，接下来要为计算机配置 IP 地址，我们可以通过手工方式和自动分配两种方式来配置 IP 地址。

手工方式：即手工为计算机设置 IP 地址，这种方式适用于小型局域网。

自动分配：当网络规模较大时，为了配置 IP 地址方便，可以安装一台 DHCP 服务器，通过 DHCP 服务器为客户机分配 IP 地址。

手工方式配置 IP 地址的具体操作步骤如下。

1）在桌面上，右击“网上邻居”，选择“属性”，打开“网络和拨号连接”窗口。

2）右击“本地连接”，选择“属性”。

3）在“属性”窗口中，双击“Internet 协议（TCP/IP）”，即可打开 IP 地址配置对话框。

4）选择“使用下面的 IP 地址”，并输入 IP 地址和子网掩码，单击“确定”按钮，即完成了 IP 地址的配置，IP 地址配置界面如图 2-7 所示。

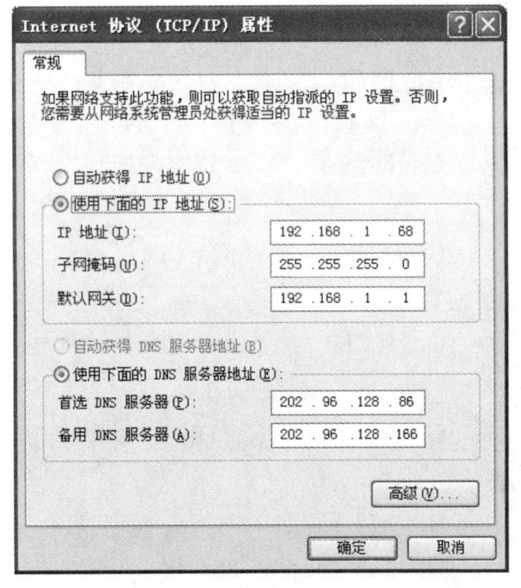

图 2-7 IP 地址配置界面

（3）测试 TCP/IP 配置

在完成 IP 地址的配置后，要测试配置是否正常，可以在命令提示符状态下通过两个命令来验证和测试 IP 地址的配置，这两个命令是：ipconfig 和 ping 命令。

ipconfig：用于查看 TCP/IP 的配置信息，如 IP 地址、子网掩码等。

ping：用于测试网络连通情况，通常 ping 有以下几个地址。

1）ping 127.0.0.1：测试网卡是否正常。

2）ping 本机 IP：测试本机的配置是否正常。

3）ping 其他计算机 IP：测试本机与其他计算机是否连通。

单元小结

本单元主要介绍 ISO/OSI 参考模型、TCP/IP 协议及其应用技术。通过本章学习，读者可以了解网络体系结构与网络协议的基本概念，理解 ISO/OSI 参考模型的层次结构及各层的功能、TCP/IP 协议的体系结构及配置技术。

巩固与提高

一、填空题

（1）所谓协议，是网络中的计算机之间进行通信的__________，协议的三要素是__________、__________、__________。

（2）网络体系结构是____________________。

（3）OSI 全称是____________________。

（4）OSI 参考模型中，属于通信子的层是_____，属于资源子网的层是______。

（5）OSI 参考模型中网络层的最主要功能是__________。

（6）TCP/IP 分层模型中的网络接口层对应 OSI 模型的______和______。

（7）ICP/IP 分层模型中传输层的协议包括________和________。

（8）IP 地址由________和________两部分组成。

（9）在 Windows 系统中用于查看 TCP/IP 协议配置参数的命令是______。

二、选择题

（1）在 OSI 参考模型中，（　　）是计算机网络与最终用户的接口。

A．物理层　　B．数据链路层　　C．网络层　　D．应用层

（2）OSI 参考模型中的应用层、表示层、会话层对应于 TCP/IP 参考模型中的（　　）。

A．物理层　　B．数据链路层　　C．网络层　　D．应用层

（3）TCP 协议是（　　）协议。

A．面向连接　　B．无连接　　C．应用层　　D．网络层

（4）下列协议不属于 TCP/IP 参考模型中应用层协议的是（　　）。

A．FTP　　B．UDP　　C．HTTP　　D．FTP

（5）IP 地址是一个（　　）位的二进制数。

A．16　　B．32　　C．48　　D．64

（6）在下列 IP 地址中，属于 C 类 IP 地址的是（　　）。

A．10.0.0.1　　B．172.16.0.10

C．192.168.0.1　　D．255.255.255.255

（7）在下列 IP 地址中，主要用于网络测试，而不能配置在计算机中的 IP 地址的是（　　）。

A．10.0.0.1　　　　B．172．16.0.10

C．192.168.0.1　　　　D．255.255.255.255

（8）在下列 IP 地址中，属于合法的 IP 的是（　　）。

A．127.1.1.1　　　　B．196.128.4.200

C．192.168.4.255　　　　D．196.128.4.0

（9）在下列网络测试命令中，可用于测试网络连通性的命令的是（　　）。

A．ipconfig　　B．ping　　C．netstat　　D．tracert

三、问答题

（1）什么是协议？协议的三要素是什么？

（2）什么是网络体系结构？

（3）比较 OSI 参考模型与 TCP/IP 参考模型的不同处。

（4）简述 A、B、C 三类 IP 地址的范围、适用环境。

（5）简述 ipconfig 和 ping 命令的功能和用法。

（6）尝试将 C 类地址 200.200.200.0 划分为三个子网。

读书笔记

3 单元三 局域网技术

单元导读

局域网产生于20世纪70年代，由于微型计算机的发明和迅速流行，计算机应用的迅速普及，计算机网络应用的不断深入，以及人们对信息交流、资源共享和高带宽的迫切需求，都直接推动着局域网的发展。目前，局域网常常被用于连接企业、工厂和学校内的一个办公室、一栋大楼和一个园区里的数据通信设备，以便共享资源和交换信息。

学习要点

- 局域网体系结构与IEEE 802标准
- 局域网媒体访问控制技术
- 典型的局域网技术
- 局域网传输介质
- 局域网连接设备
- 局域网通信协议
- 网络体系结构与网络协议

3.1 局域网概述

1. 局域网的产生和发展

在 20 世纪 70 年代，随着微型计算机的发展和应用，在计算机之间实现短距离高速通信以实现资源共享的需求日益迫切，许多面向小区域范围的计算机网络应运而生，其中英国剑桥大学于 1974 年研制的剑桥环网和美国 Xerox（施乐）公司于 1975 年推出的实验性以太网就是两个典型代表。

到了 20 世纪 80 年代，局域网获得了高速发展。多种局域网技术不断涌现，局域网应用不断深入。为了规范局域网的技术与应用，IEEE 成立了 802 委员会，负责制定和促进局域网技术标准，并推出一系列局域网规范。而首次将以太网标准化的是 Xerox、DEC 和 Intel 公司共同制定的以太网规范，随后又推出了第二代以太网产品。Zilog 公司推出 N-net，3COM 公司推出了 3+以太网等。

进入 20 世纪 90 年代，局域网获得了高速发展，使用普通双绞线并达到 10Mb/s 传输速率的 10Base-T 以太网问世，使太网技术上了一个新台阶，从而更有力地促进了局域网技术的发展和应用。1995 年，应用 FDDI 技术使光纤局域网传输速率达到 100Mb/s。以铜质 5 类双绞线作为传输介质并达到 100Mb/s 速率的快速以太网 100Base-T 也产生了，从而进入了快速以太网时代。进入 21 世纪，以 100Mb/s 传输速率全速运行的交换式以太网和千兆位乃至万兆位以太网已经得到普及。

网络传输速率的提高和多媒体技术的发展对局域网技术提出了更高的要求，一个集数字化、高速度且高质量的传输文本、语音、动画及影像等多媒体信息的局域网时代已经到来。

2. 局域网的特点

从局域网的应用角度来看，局域网主要有以下几个特点。

1）局域网所覆盖的地理范围相对较小，通常在几千米以内。如一家公司、一个企业、一所校园、一个小区等所有计算机和网络设备联网，都属于局域网。

2）局域网是高速、低出错率的数据网络，网络速度从几十兆位、几百兆位、几千兆位乃至上万兆位，远远高于广域网的数据传输速度。

3）局域网采用一系列技术措施，以保证较低的误码率和高质量的数据传输。

决定局域网特性的主要技术有三个方面，分别是用于传输数据的通信介质、进行设备互联的拓扑结构，以及所采用的介质访问控制方法。

3.2 局域网体系结构与 IEEE 标准

1. 局域网参考模型

在局域网的发展过程中，局域网标准化委员会（IEEE 802 委员会）起着举足轻重的作用。在局域网发展初期，由于没有统一的局域网体系结构，各公司的网络产品无法直接通信，实现资源共享。针对这一情况，IEEE 制定了一系列局域标准，称为 IEEE 802 标准，并被标准化组织所采纳，为局域网发展奠定了基础。IEEE 802 委员会制定的局域网参考模型如图 3-1 所示。

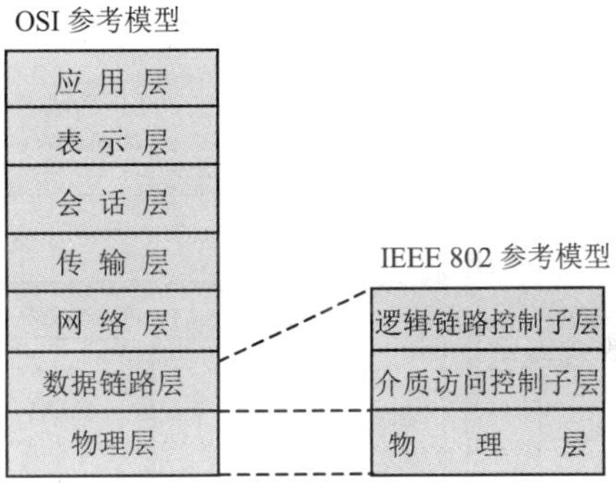

局域网的体系结构与前面介绍的 OSI 七层模型之间存在很大差异。局域网的参考模型只相当于 OSI 模型的物理层和数据链路层两层，并且将数据链路层划分为两个不同的子层，分别为逻辑链路控制子层 LLC（Logical Control）和介质访问控制子层 MAC（Media Access Control）。

MAC 子层的主要功能是帧的封装与拆装、物理介质传输的差错测试、寻址并实现介质访问控制协议。LLC 子层的主要功能是连接管理（建立或释放连接）、与高层的接口、帧的可靠性检测及流量控制。

图 3-1 IEEE 802 参考模型与 OSI 参考模型的对应关系

2. IEEE 802 标准

IEEE 802 委员会为局域网制定了一系列标准，这些标准统称为 IEEE 802 标准，各标准的具体内容如下。

802. 1：定义了局域网体系结构、网络管理和网络互联。

802. 2：定义了逻辑链路控制（LLC）子层的功能和服务。

802. 3：定义了带冲突检测的载波侦听多路访问（CSMA/CD）方法和物理层规范（以太网）。

802. 4：定义了令牌总线介质访问方法和物理层规范（TOKEN BUS）。

802. 5：定义了令牌介质访问方法和物理层规范（TOKEN RING）。

802. 6：定义了城域网介质访问方法和物理规范（DQDB）。

802. 7：定义了宽带技术咨询和物理层课题与建议实施。

802. 8：定义了光纤传输技术。

802.9：定义了综合语音与数据综合局域网技术。
802.10：定义了互操作 LAN 安全标准（SILS）。
802.11：定义了无线局域网（Wireless LAN）技术。
802.12：定义了 100VG-ANYLAN 网。
802.14：定义了交互式电视网（包括 cable modem）标准。
802.15：定义了简单、低耗能无线连接的标准（蓝牙技术）。
802.16：定义了无线城域网（MAN）标准。
以上各标准之间的关系如图 3-2 所示。

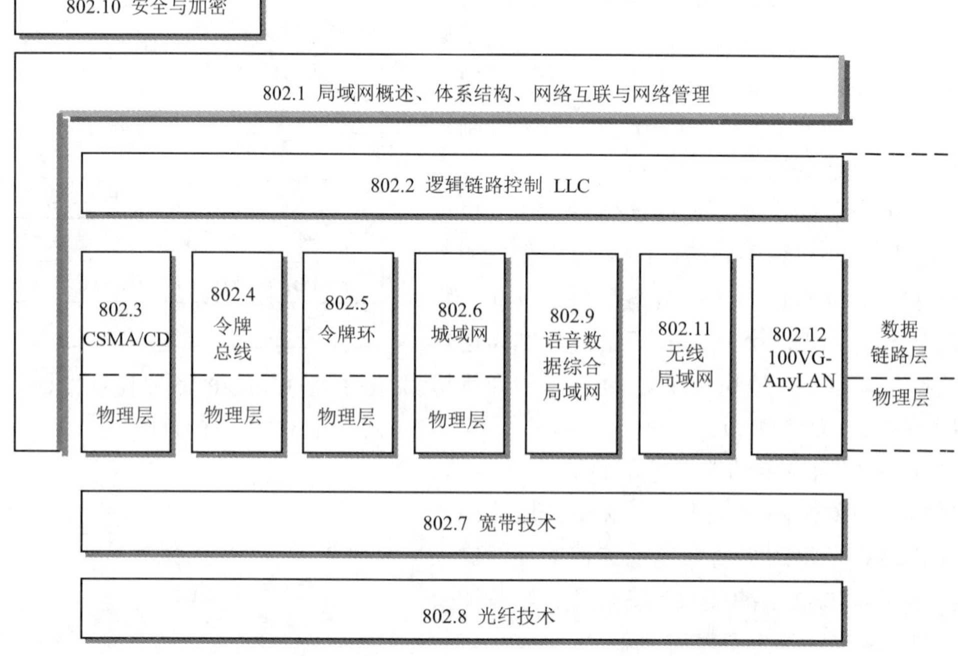

图 3-2 IEEE802 各分委员会结构关系与局域网标准图

3.3 局域网介质访问控制方法

在局域网中使用的通信方式是广播式传输，即通信信道是各节点共享的，为了避免信道上的信息冲突，必须根据不同的网络结构采用相应的介质访问控制技术。所谓介质访问控制方法就是控制网络中节点如何使用局域网共享通信信道发送数据的方法，又称为信道访问控制方法。

IEEE 802 规定了局域网中最常用的介质访问方法：IEEE 802.3 载波监听多路访问/冲突检测（CSMA/CD）、IEEE 802.5 令牌环（Token Ring）和 IEEE 802.4 令牌总线（Token Bus）。

3.3.1 CSMA/CD 介质访问控制方法

CSMA/CD 是具有冲突检测（CD）功能的载波监听多路访问（CSMA）介质访问控制方法，它解决了多节点共享总线的问题，是一种随机争用型介质访问控制方法，广泛应用于以太网中，并已成为以太网的核心技术。IEEE 802 委员会制定的 IEEE 802.3 标准，定义了 CSMA/CD 总线介质访问控制子层和物理层规范。

1. CSMA 载波监听多路访问

使用载波多路监听访问协议时，每节点在使用信道发送信息之前，都会对信道的使用情况进行检测，即检查是否在信道中存在载波。如果存在，说明此信道正在被某个节点所使用，处于忙状态，就暂不能发送数据，否则就发送数据。这种检测方式可以大大减少信道中发生冲突的可能性。

2. CD 冲突检测

当超过一个节点检测到信道处于空闲状态时，就会同时发送出各自的数据信息，因而在信道中会发生碰撞，产生冲突。另外，当一个节点的数据信息还未到达目的地时，另一个要发送数据的节点可能因为时间延迟的原因监听到信道处于空闲状态，并开始发送数据，这种情况也会导致数据信息发生碰撞冲突。在节点检测到冲突发生之后，产生信息碎片，数据无法继续正常传送。为了确保数据的正确传输，每个网络上的节点在发送数据时边发送边检测冲突，在检测到冲突发生时立即取消传输，停止数据发送。

冲突检测的实现方法有多种，一种是使用硬件对因信号叠加引起的接收信号电平摆动变化情况进行判断：一种是在发送的同时进行信号的接收，比较发送与接收的信号波形是否一致，如果不一致则说明信道中存在两个或两个以上发送信号，证明发生冲突。

3. CSMA/CD 介质访问控制方法

具有冲突检测功能的载波监听多路访问介质访问控制方法（CSMA/CD）是在传统的 CSMA 基础上增加了冲突检测的功能。它的数据传送原理可以概括为 4 个主要部分：先监听后发送，边监听边发送、检测到冲突发生即停止发送、等待随机延迟后重新发送数据。

在采用 CSMA/CD 介质访问控制的局域网中，每个节点在利用公用传输信道进行数据发送前，首先要监听当前的传输信道是否处于空闲状态。如果一个节点已经准备好发送的数据信息，并且此时信道恰好处于空闲状态，节点即可发送信息。为了避免同时有其他节点发送信息，节点在发送信息的同时进行冲突检测。如果节点没有检测到冲突信号，节点将在发送结束后进入正常结束状态；如果在发送数据信息的过程中检测到了冲突的发生，发生冲突的各个节点会立即停止数据的发送。在停止数据发送后，各个节点要继续发送一串固定格式的阻塞信号，以便使冲突强化，保证所有的节点都能知道信道中已经发生了冲突。在发出阻塞信号后，节点按照 Backoff 策略计算等待时间，在等待一个时间后再将数据信息重新发送一次。如果在发送过程中再次产生了冲突，则重复监听、等待、重传的操作步骤，在以太网中规定重传的次数不允许超过 16 次。CSMA/CD 的工作原理如图 3-3 所示。

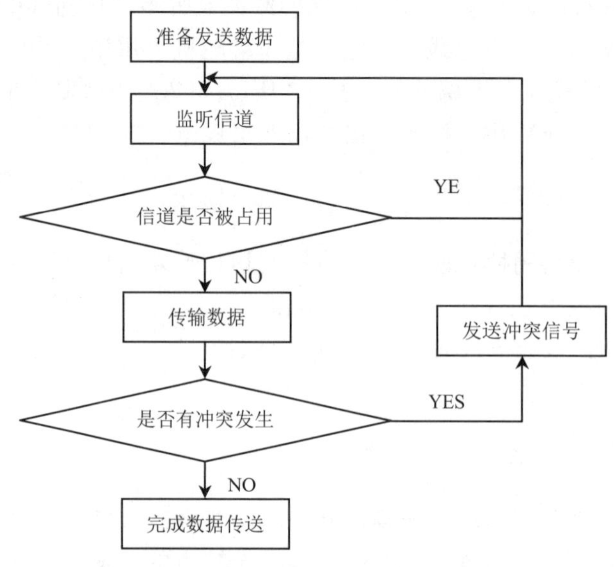

图 3-3 CSMA/CD 的工作原理

CSMA/CD 的优点是结构简单、网络维护方便、增/删节点容易，用于网络节点数较少的情况下效率较高，但随着网络中节点数量的增加，以及节点传递信息量的增大，信道中发生冲突的概率也会增加，局域网的整体性能也会明显下降。

3.3.2 令牌环介质访问控制方法

令牌环介质访问控制技术是环状拓扑结构中广泛使用的介质访问方法，最早是在 1969 年由 IBM 公司提出的。1985 年，IEEE 802 委员会制定的 IEEE 802.5 标准，定义了令牌环介质访问控制子层和物理层规范。

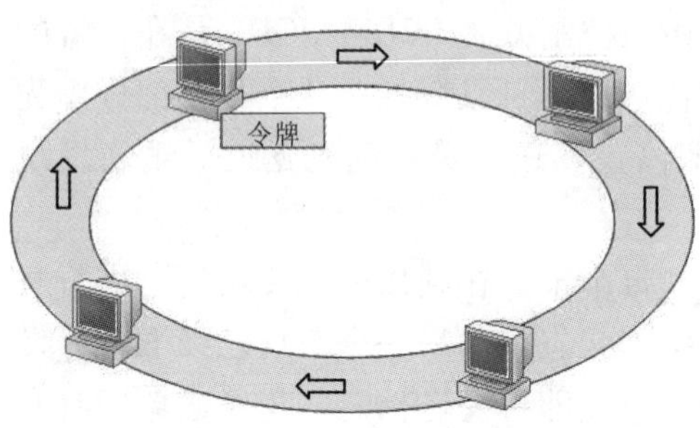

图 3-4 令牌环的基本工作原理

令牌环介质访问控制方法是一种非挣用型的介质访问控制方法，其特点是在访问控制中使用了一个沿着环路循环的令牌。令牌是一种特殊的数据帧，用于控制网络节点的数据发送权，网络中的节点只有在获得令牌时才能发送数据，没有获取令牌的节点不能发送数据。由于发送节点在得到发送权后就将手中的令牌删除掉，在整个环路中不会再有令牌出现，其他节点也不可能再得到令牌，保证在拓扑环中只有一个节点在发送数据，因此在使用令牌环的局域网中不会产后冲突。令牌环的基本工作原理如图 3-4 所示。

令牌环介质访问控制方法的主要不是要对令牌进行维护，当网络发生丢牌或是多令牌时都会使网络无法正常工作。因此，必须在环中设置监控站以确保环中只有一个令牌。

3.3.3 令牌总线介质访问控制方法

CSMA/CD 介质访问控制方法是一种随机争用型方法，在网络轻负载下延迟较小，但在重负载时冲突发生的可能性变大，性能下降；与之对应的是，令牌环介质访问控制方法是一种确定型方法，在网络重负载时，对各节点公平，效率更高。令牌总线介质访问控制方法就是在综合两种介质访问控制方法的优点的基础上形成的一种介质访问控制方法，即将令牌访问用于总线局域网中。

令牌总线介质访问控制方法，从物理连接上看，它是总线结构的局域网；但从逻辑上看，连接到总线上的所有节点组成了一个逻辑环，它又是环型拓扑结构，如图 3-5 所示。

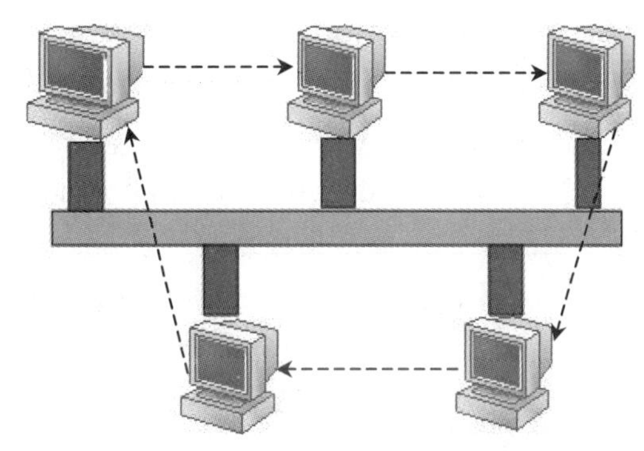

图 3-5 令牌总线的工作过程

与令牌环工作方式相同，在没有数据发送时，令牌在逻辑环上依次传递。每个节点只有取得令牌后才能进行数据帧发送，总线上的所有节点都可能监测到数据，并对数据进行识别，但只有目标节点才可以接收并处理数据。当节点发送完数据后，就要将令牌传送给下一个节点。

但在令牌的传递次序上，令牌环与令牌总线存在一定的差别。在令牌环网络中，令牌是沿物理位置上靠近的节点进行传递的；而在令牌总线网络中，每个节点被赋予一个顺序逻辑地址，令牌由高地址的节点传送到低地址的节点，最后再由最低的地址向最高地址传递，形成一个逻辑环，令牌的传递与实际节点的物理位置无关。

令牌总线介质访问控制方式同样适用于重负载的网络中，其数据发送的延迟时间确定，适合实时性的数据传输，不同之处在于网络管理复杂，使用前网络必须进行初始化操作，为令牌传递生成逻辑地址。

3.4 典型的局域网技术——以太网

3.4.1 以太网简介

在计算机网络发展过程中，产生过许多局域网技术，其中大部分技术在发展过程中逐渐被淘汰，保留下来的几种网络技术成为目前最为广泛的局域网技术，以太网就是其中之一。

以太网（Ethernet）是最早的局域网，也是目前应用最为广泛的局域网，其核心技术是 CSMA/CD，采用冲突检测功能的载波监听多路访问介质访问控制方法。

3.4.2 以太网的技术特性

概括起来，以太网主要有以下技术特性。

1）以太网使用的局域标准是 IEEE 802 委员会制定的 802.3，它定义了 CSMA/CD 总线介质访问控制子层与物理层规范。

2）以太网分为共享式以太网和交换式以太网。其中共享式以太网中的各个节点共享传输通道，共享带宽。一个节点发送的数据帧可以被网络中的其他任何节点接收，整个网络的带宽是固定的，每个节点平均分配带宽。即网络的节点数目越多，每个节点所能获得的平均带宽就越少。而交换式以太网中的每个节点独享一条传输信道，每个节点并不平均分配带宽。

3）当前以太网使用的拓扑结构有总线型和星状结构两种，以星状拓扑结构为主，使用的网络设备主要是集线器与交换机。

4）传输速率较高，从最初的 10Mb/s，发现到现在的万兆位以太网。

5）以太网所使用的传输介质包括同轴电缆、双绞线和光纤。

3.4.3 100Mb/s 以太网

1995 年 6 月，IEEE802 委员会正式批准了快速以太网 IEEE 802.3u 快速以太网的数据传输速率可达到 100Mb/s。它保留了传统 100Mb/s 速率以太网的所有特征，即具有相同的数据格式，使用相同的介质访问控制 CSMA/CD 和相同的组网方法，两者的区别只是在于每个二进制数据位发送的时间快慢上，快速以太网将每个二进制数据位发送时间由传统以太网的 100ns 降低到 10ns。

IEEE 802.3u 标准在 LIC 子层仍然是 IEEE 802.2 标准，在 MAC 子层使用的也仍是 CSMA/CD 方法，只是在物理层进行了一些调整，定义了新的物理层标准 100Base-T。

100Base-T 可以支持多种传输介质，目前制定了 4 种有关传输介质的标准：100Base-TX、100Base-T4、100Base-FX、100Base-T2。

1. 100Base-TX

100Base-TX 使用的传输介质与 100Base-T 一样，都是双绞线。但由于传输信号的频率较高，需要使用较高质量的双绞线，通常为 UTP-5 类或匹配电阻为的 50Ω 的 STP，使用 UTP-5 时最大的传输距离为 100m, 100Base-TX 是市场上最早使用的 100Mb/s 以太网产品，也是目前使用最为广泛的网络产品。

2. 100Base-T4

100Base-T4 同样使用双绞线作为传输介质，例如 UTP-5、UTP-4、UTP-3 双绞线，但因为它采用半双工传输模式，而且推出的时间较晚，因此市场上很难见到相关的产品。

3. 100Base-FX

使用光纤作为传输介质，传输距离与所使用的光纤类型及连接方式有关。若使用多模光纤，在点对点的连接方式下，传输距离可达 2000m；而使用单模光纤以点对点连接方式传输，其距离可达到 10000m。

4. 100Base-T2

使用 3 类双绞线作为传输介质，能以全双工的模式进行传输数据，兼具了 100Base-TX 与 100Base-T4 的优点，但由于实现的硬件电路较为复杂，成本相对较高，在目前应用中并不是很广泛。

3.4.4 1000Mb/s 以太网产品

尽管快速以太网具有高可靠性、易扩展性、低成本等优点，已经成为高速局域网方案中的首选技术。但在数据仓库、视频会议、3D 图形和高清晰图像的应用中，100Mb/s 以太网已无法满足速度的需要，人们对计算机网络在数据传输速度和网络吞吐量等方面的要求不断提高，迫切需要出现高带宽的局域网，千兆位以太网就是在这种背景下产生的。

与快速以太网技术相比，千兆位以太网仍旧使用传统以太网 10Base-T 的所有特征，即相同的数据模式、相同的介质访问控制方法 CSMA/CD 和相同的组网方法：不同之处仅在于千兆位以太网把每个比特的发送时间由 100ns 降低到 1ns。

20 世纪 90 年代末，IEEE 公布了 4 种千兆位以太网的标准。

1. 1000Base-SX

短波光纤以太网，传输介质是多模光纤。在采用 62.5m 的多模光纤全双工模式时，最长的传输距离为 275m；如果使用的是 50 m 的多模光纤全双工模式时，最长的传输距离为 550m。

2. 1000Base-LX

长波光纤以太网，传输介质是单模光纤或多模光纤。使用多模光纤时，在全双工模式下，最长的传输距离为 550m；如果使用单模光纤，在全双工模式时，传输距离可以高达 5000m。

3. 1000Base-CX

使用屏蔽双绞线作为传输介质。因为按照这种标准组建的局域网，最长的传输距离仅为 25m，故主要用于两台服务器之间的连接。

4. 1000Base-T

使用 5 类非屏蔽双绞线作为传输介质，1000Base-T 使用 4 对 5 类非屏蔽双绞线，其最长的传输距离为 100m，它与 100Base-T 完全兼容，使千兆位以太网应用于桌面成为可能。

由于 10/100Mb/s 以太网与千兆位以太网有很多相似之处，且很多企业已经大量使用了 10/100Mb/s 以太网，这些企业的局域网系统可以很容易升级到千兆位以太网，并且不需要对其网络技术人员重新培训。

1000Mb/s 以太网使用了许多新的技术，以克服以太网在高带宽下传输距离越来越短的问题。目前 1000Mb/s 以太网主要用于构建大型企业网、园区网的主干网。

3.4.5 万兆位以太网

2002 年 6 月，IEEE 802.3ae10G 以太网标准发布，以太网的发展势头又得到了增强。确定万兆位以太网标准的目的是，将 802.3 协议扩展到 10Gb/s 的工作速度，并扩展以太网的应用空间，使之能够包括 WAN 链接。

万兆位以太网在技术和性能方面有了实质性的提高，也正因如此，以太网正在从局域网逐步延伸至城域局和广域网，在更广阔的范围内发挥其作用。

3.5 局域网传输介质

网络上数据的传输需要有“传输媒体”，即传输介质。常用的网络传输介质可分为两类：一类是有线的，一类是无线的。有线传输介质主要有同轴电缆、双绞线和光纤；无线传输介质主要有无线电波和红外线。

1. 同轴电缆

同轴电缆曾经是局域网中使用最普遍的一种线缆，它的典型特点是传输距离长、抗干扰性强。同轴电缆主要用于总线型网络中，它的结构和闭路电视的传输电缆很相似，只不过在性能和参数上有很大不同。

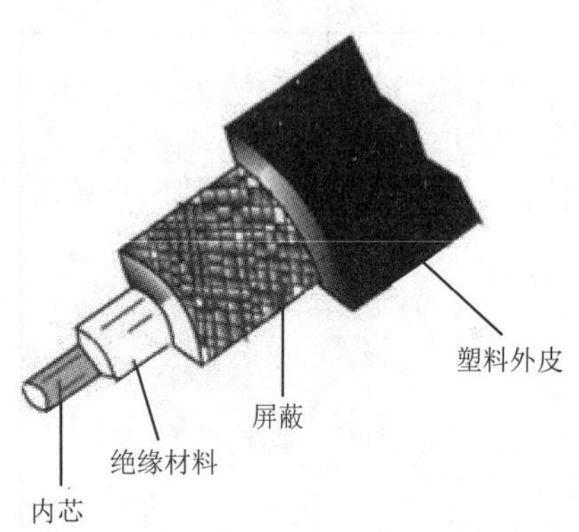

图 3-6 同轴电缆结构图

（1）同轴电缆的组成

同轴电缆由保护层、屏蔽层、绝缘层、核心层（导线）、组成，如图 3-6 所示。

（2）同轴电缆的分类

根据线缆粗细的不同，同轴电缆分为细同轴电缆和粗同轴电缆。

细同轴电缆：细同轴电缆的直径为 0.25 英寸（注：1 英寸＝2.54 厘米，下同），它的最大传输距离为 185m。如果超过此距离则必须添加中继器放大信号，延长传输距离。细同轴电缆的传输速率为 10Mb/s。

粗同轴电缆：粗同轴电缆的直径为 0.5 英寸，最大传输距离为 500m。同样，若超出此距离时则必须添加中继器放大信号，延长传输距离。粗同轴电缆的传输速率也为 10Mb/s。

同轴电缆主要用于组建总线型拓扑结构的网络，因总线型网络维护起来比较困难而逐渐退出，所以同轴电缆目前已很少使用了。

2. 双绞线

图 3-7 双绞线

双绞线由相互绞合在一起的线对组成，如图 3-7 所示。为制作网线时便于区分，每条线都标有不同的颜色。由于基于双绞线的星型拓扑比总线拓扑容易维护，所以双绞线成为目前组建局域网时最常用的一种线缆。

双绞线可以分为屏蔽双绞线（STP）和非屏蔽双绞线（UTP）两类。屏蔽双绞线的抗干扰性优于非屏蔽双绞线。但由于屏蔽双绞线价格较高，而且安装时比非屏蔽双绞线复杂，所以，在组建局域网时通常使用非屏蔽双绞线。非屏蔽双绞线按其电气特性又可分为不同的类别。

1）类双绞线通常不在局域网中使用，主要用于模拟语音。传统的电话线即为 1 类双绞线。

2）类双绞线支持 4Mb/s 传输速率，在局域网中很少使用。

3）类双绞线可用于 10Mb/s 以太网。

4）类双绞线可适用于 16 Mb/s 令牌局域网。

5）类和超 5 类双绞线带宽可达 100Mb/s，用于构建 100Mb/s 以太网，其传输距离是 100m，传输速率是 100Mb/s，用于构建星型拓扑结构的网络，是目前最常用的构建局域网的线缆。

另外还有 6 类线、7 类线，能提供更高的传输速率和更远的传输距离。

3. 光纤

光纤是一种细小、柔韧并能传输光信号的传输介质，相对于其他传输介质来说，光纤具有传输距离长、传输速率高、安全性好等特点，主要适用于长距离、大容量、高速度的场合，如大型网络的主干线等。

光纤由单根玻璃光纤、紧靠纤芯的包层以及塑料保护涂层组成。根据光在光纤中的传播方式的不同，光纤分两种类型：单模光纤和多模光纤。单模光纤纤芯直径较小，一般为 9～10μm，包层外径通常为 125μm。单模光纤的光源是激光二极管，发单色光（彩色光），传输容量大，速度快，传输距离可大于 2000μm；多模光纤纤芯直径较大，一般为 61.5μm 或 50μm，包层外径通常为 125μm。多模光纤的光源是发光二极管，发复色光（白光），相对于单模光纤来说，其传输容量小，速度慢，传输距离在 2000μm 以内。

4. 无线传输介质

除了上述三种传输媒体之外，还可以通过无线的方式进行通信。无线传输主要有无线电波和红外线等。其中红外线的基本速率为 1Mb/s，仅适用于近距离的无线传输，而且有很强的方向性；而无线电波的覆盖范围较广，应用较广泛，是常用的传输媒体。我国一般使用 2.4～2.4835GHz 频段的无线电波进行局域网的无线通信。

3.6 局域网连接设备

在组建局域网时，通常需要用一些网络设备将计算机连接起来。常用的局域网组网设备包括网卡、集线器、交换机和路由器等。

3.6.1 网卡

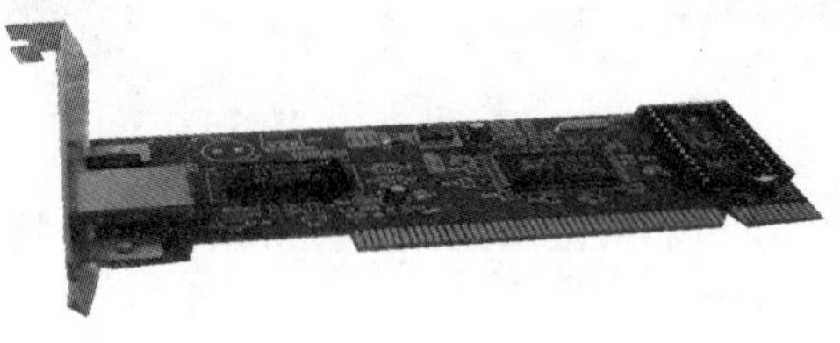

图 3-8 网卡

网卡（NIC，Network Interface Card），也称网络适配器，是计算机连接局域网的基本部件。在构建局域网时，每台计算机上必须安装网卡，普通网卡样式如图 3-8 所示。

1. 网卡的功能

网卡的功能主要有两个：一是将计算机的数据进行封装，并通过网线将数据发送到网络上；二是接收网络上传过来的数据，并发送到计算机中。

2. 网卡的分类

根据网卡的总线类型、端口类型和信息传输速率，可以将网卡分为不同的类型。不同类型的网卡各有不同的特性和用途。

（1）按总线分类

网卡按总线类型可分为 ISA 总线网卡和 PCI 总线网卡。ISA 网卡已被淘汰。目前主要使用的是 PCI-X、PCI-E 等总线网卡。

（2）按端口分类

网卡按端口类型可分为 BNC 端口和 RJ-45 端口，目前主要使用 RJ-45 端口的网卡。

（3）按速率分类

网卡按速率可分为 10Mb/s、10/100Mb/s 自适应、100Mb/s 和 1000Mb/s 网卡，目前使用较多的是 10/100Mb/s 自适应网卡。这种网卡可以按网线和网络设备的速率来确定自己的速率。如所使用的网线和网络设备是 10Mb/s 的，则网卡以 10Mb/s 的速率通信；如所使用的网线和网络设备是 100Mb/s 的，则以 100Mb/s 的速率通信。1000Mb/s 网卡主要用于网络中的服务器。

（4）按用途分类

网卡按用途可分为普通网卡、无线网卡和笔记本网卡。

3. 网卡的选择

在选择网卡时，主要应考虑的因素包括网卡的速率、端口类型、兼容性和价格。现在最常用的网卡是 PCI 总线，速率为 10/100Mb/s 自适应、接口类型为 RJ-45 接口的网卡，价格在 30 元左右。

3.6.2 交换机

交换机也是目前使用较广泛的网络设备之一，同样用来组建星型拓扑的网络。从外观上看，交换机与集线器几乎一样，其端口与连接方式和集线器也是一样的，如图 3-9 所示。

图 3-9 交换机

但是，由于交换机采用了交换技术，其性能大大优于集线器。

（1）交换机的通信特性

由于交换机采用交换技术，使其可以并行通信而不像集线器那样平均分配带宽。如一台 100Mb/s 交换机的每端口都是 100Mb/s，互联的每台计算机均以 100Mb/s 的速率通信，而不像集线器那样平均分配带宽，这使交换机能够提供更佳的通信性能。

（2）交换机的分类

按交换机所支持的速率和技术类型，可分为以太网交换机、千兆位以太网交换机、ATM 交换机、FDDI 交换机等。

按交换机的应用场合，交换机可分为工作组级交换机、部门级交换机和企业级交换机三种类型。

工作组级交换机：最常用的一种交换机，主要用于小型局域网的组建，如办公室局域网、小型机房、家庭局域网等。这类交换机的端口一般为 10/100Mb/s 自适应端口。

部门级交换机：常用来作为扩充设备，当工作组级交换机不能满足要求时可考虑使用部门级交换机。这类交换机只有较少的端口，但支持更多的 MAC 地址。端口的传输速率一般为 100Mb/s。

企业级交换机：用于大型曲网络，且一般作为网络的骨干交换机。企业级交换机一般具有高速交换能力，并且能实现一些特殊功能。

（3）交换机的连接

像集线器一样，交换机的接口也分为 RJ-45 接口和级联口，其中 RJ-45 接口用于连接计算机，级联口用于连接其他交换机或集线器。连接方式也与集线器相同。

（4）交换机的选择

对于普通交换机的选择，主要考虑带宽、端口数、品牌与价格这几个方面。目前主流网络多为 100Mb/s，所以我们通常选择 10/100Mb/s 自适应的交换机。至于端口数量，还是要根据所要组建的网络规模的大小来确定。在组建普通的网络时，可以选择大众化品牌的产品，如 TP-LINK、D-LINK 等。

3.6.3 路由器

路由器并不是组建局域网所必需的设备，但随着企业网规模的不断扩大和企业网接入 Internet 的需求，使路由器的使用率越来越高，路由器如图 3-10 所示。

图 3-10 路由器

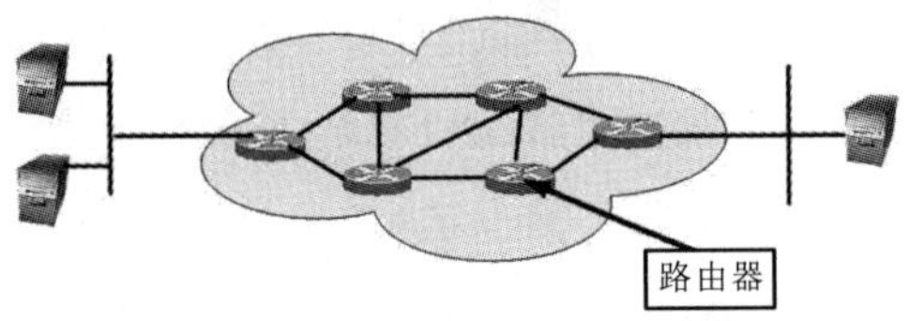

图 3-11 路由器连接的互联网

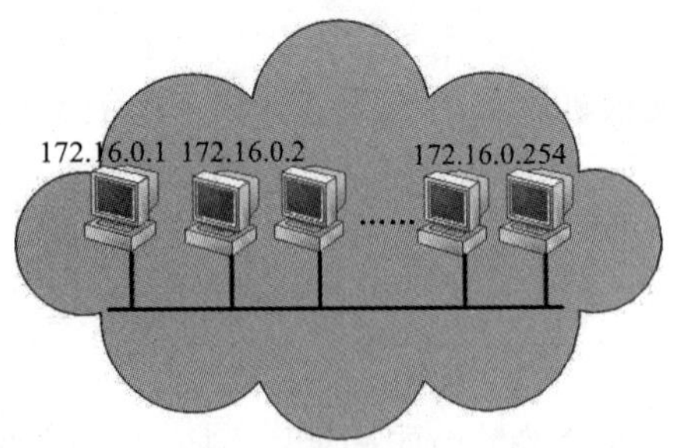

（a）庞大的单一子网

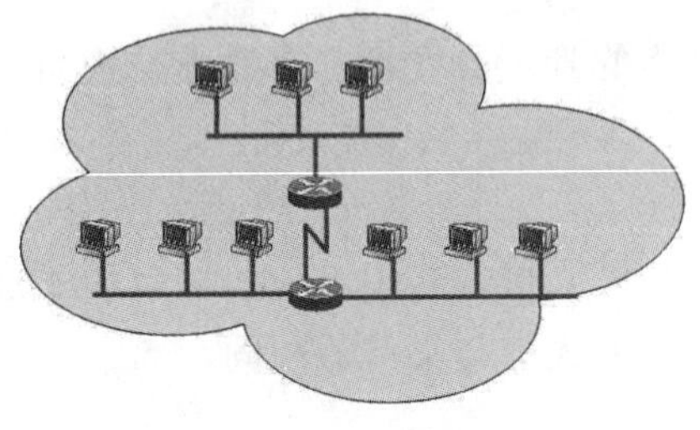

（b）划分后的多个子网

图 3-12 用路由器划分子网

（1）路由器的功能

路由器是工作在网络层的设备，主要用于不同类型的网络的互联。概括起来，路由器的功能主要体现在以下几个方面：

1）路由功能。所谓路由，即信息传输路径的选择。当我们使用路由器将不同的网络连接起来后，路由器可以在不同网络间选择最佳的信息传输路径，从而使信息更快地传输到目的地。事实上，我们访问的Internet就是通过众多的路由器将世界各地的不同网络互联起来的，路由器在Internet中选择路径并转发信息，使世界各地的网络可以共享网络资源，如图3-11所示。

2）隔离广播、划分子网。当我们组建的网络规模较大时，同一网络中的主机台数量过多，会产生过多的广播流量，从而使网络性能下降。为了提高性能，减少广播流量，我们可以通过路由器将网络分隔为不同的子网。路由器可以在网络间隔离广播，使一个子网的广播不会转发到另一个子网，从而提高每个子网的性能，如图3-12所示。当一个网络因流量过大而性能下降时，可以考虑使用路由器来划分子网。

3）广域网接入：当一个较大的网络要访问Internet并要求有较高带宽时，通常采用专线接入的方式，一些大型网吧、校园网、企业网等往往采用这种接入方法。当通过专线使局域网接入Internet时，则需要用路由器实现接入。

（2）路由器的接口

路由器的接口主要有串口、以太口和Console口等。通常，串口连接广域网，以太口连接局域网，而Console口用于连接计算机或终端、配置路由器。路由器在使用前必须进行相应的配置，才能正常工作。通常可以将一台计算机连接到路由器的Console口上，通过计算机对路由器进行相应的配置。

3.7 局域网通信协议

协议是计算机之间进行通信的规则。常用的局域网协议包括 IPX/SPX、NETBEUI、TCP/IP 等。

1. IPX/SPX 及其兼容协议

IPX/SPX（Internet Packet Exchange/Sequenced Packet Exchange）协议是由 Novell 公司开发的，主要用于 NetWare 网络协议。这种协议功能强大，适应性强，适合在大型网络中使用。但由于此协议只能用于 NetWare 网络环境，不能用于其他网络环境，使其普及性差。随着 Novell NetWare 网络操作系统的使用越来越少，使 IPX/SPX 协议的使用也越来越少了。

2. NETBEUI 协议

NETBEUI 是一种体积小、效率高、速度快的协议。这种协议的主要特点是占用内存小、使用方便，在网络中基本不需作任何配置。但由于 NETBEUI 协议不具有路由功能，所以只能在同一网段内部通信，不能跨网段通信，这使得这种协议只能用于单网段的网络环境，不能适合在多网络互联的环境中使用。

3. TCP/IP 协议

由于 TCP/IP 具有跨平台、可路由的特点，可以实现异构网络的互联，同时也可以跨网段通信，这使得许多网络操作系统都将 TCP/IP 作为内置网络协议。我们组建局域网时，一般主要使用 TCP/IP 协议。当然，TCP/IP 协议相对于其他协议来说，配置起来也较复杂，主要是需要配置 IP 地址等参数。

3.8 双绞线制作和网络设备连接实训

3.8.1 双绞线的制作

1. 实训目的

学会直通线、交叉线的制作方法，并测试是否能接通。

2. 实训内容

在制作网线时，要用到 RJ-45 接头，俗称“水晶头”的连接头。在将网线插入水晶头前，要对每条线排序。根据 EIL/TIA 接线标准，RJ-45 接口制作有两种排序标准：EIL/TIA568B 标准和 EIL/TIA568A 标准。

568A 标准的线序为：白绿、绿、白橙、蓝、白蓝、橙、白棕、棕。

568B 标准的线序为：白橙、橙、白绿、蓝、白蓝、绿、白棕、棕。

另外，根据双绞线两端线序的不同，有两种不同的连接法。

1）直接连接法是将电缆的一端按一定顺序排序后接入 RJ-45 接头，线缆的另一端也用相同的顺序排序后接入 RJ-45 接头。直接连接法通常用于不同类型的设备的相互连接。如计算机连接集线器、计算机连接交换机时。

2）交叉连接法是线缆的一端用一种线序排列，如 568B 标准线序，而另一端用不同的线序，如 568A 标准线序。这种排序用于连接同种设备，如两台计算机直接通过网线连接时，必须用交叉连接法来制作网线。

3. 实训步骤

图 3-13 剥去表皮

双绞线制作过程如下：

1）用钳子将网线两端的表皮剥去后，如图 3-13，按前面介绍的线序 568B 为网线排序。

2）将排好序的网线并拢，注意并拢时不要使线序发生变化。

3）将排好序的网线剪齐，去掉外层保护层部分约为 15mm。

4）将网线插入水晶头，注意插入时使插头有金属片的一端对着自己。

5）将网线插入水晶头后，将水晶头放大钳子的压线槽中，合拢钳子，将其压紧。

这样，网线也就制作好了。网线制作好后，需要用测线仪测试是否连通。测试的方法是将制作好的网线的两端插入测线仪的接口，打开电源后观察指示灯是否按顺序点亮，若 8 条线对应的灯都按顺序点亮，说明网线已连通。若有哪个灯不亮，则此条线不通。

3.8.2 网卡安装配置以及星型以太网的连接

1. 实训目的

1）掌握网卡的物理安装。

2）掌握网卡的主要参数及其意义。

3）掌握星型以太网的连接。

2. 实训内容

1）网卡的物理安装。

2）网卡的参数配置。

3）星型以太网的连接。

3. 实训环境要求

计算机：3 台。

网卡：2 块。

交换机：1 台。

直通双绞线：2 根。

IP 地址：192.168.1.1～192.168.1.3。

4. 实训步骤

(1) 网卡安装和配置

01 网卡的物理安装。

目前，Windows 操作系统的计算机都支持即插即用（PNP），而且市场上几乎所有的网卡都使用软件来自动设置中断号（IRQ）及内存的 I/O 地址，用户在购买网卡时，随网卡应该附有一张软盘，里面包含该网卡的驱动程序。

在确认机箱电源在关闭的状态下，打开第一台计算机机箱，将网卡插入一空闲 PCI 插槽，如果条件允许的话，应使网卡与其他卡保持一定的距离。并将螺钉拧好，防止出现短路现象。然后把机箱盖合上，再把网线插入网卡的 RJ-45 接口中。

02 网卡驱动程序的安装。

现在网卡都是支持 PNP 的，操作系统基本上都能自动识别，如果不能识别请插入随卡的驱动程序。

03 网卡安装成功后的配置。

1）在“控制面板”窗口中，双击“系统”图标，进入“硬件”选卡中的“设备管理器”，在“设备管理器”窗口中可以看到刚才安装的网卡出现在“网络适配器”的目录下。这表明已成功地安装了网卡的驱动程序。

2）如果在刚安装好的网卡名称前面出现一个黄色的大问号（“？”），表示该网卡与其他的硬件设备出现了硬件资源的冲突，虽然网卡的驱动程序已安装，但它还是无法正常工作。必须重装或更改网卡现有的参数，以消除硬件冲突。

3）选中网卡名称，然后单击“属性”按钮，进入“属性”窗口，选中“资源”卡，如果在“冲突设备列表”中出现冲突，则需要更改中断请求号（IRQ）。首先，去掉“使用自动设置”选项，然后单击“更改设置”按钮，在这里另选一个与其他硬件设备没有冲突的中断号。如图 3-14 所示。

4）最后，重新启动计算机，新配置将会生效。

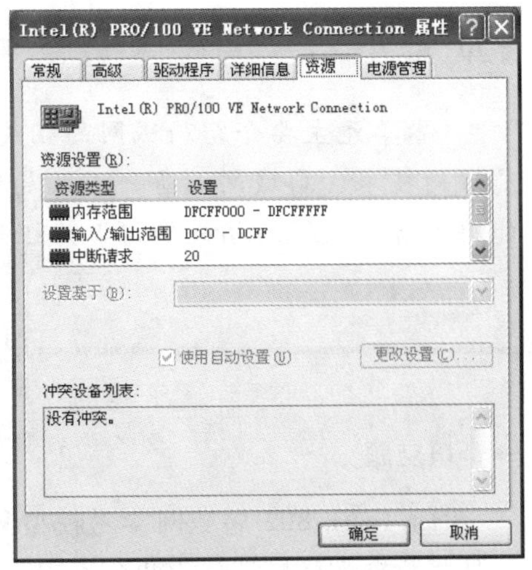

图 3-14　网卡属性窗口

5）设置 IP 地址、子网掩码、网关等。

（2）星型以太网的组建

01 网络接线。

利用两根直通双绞线把两台计算机连接到交换机的两个普通接口上。每根双绞线一端接一台计算机的网卡上，另一端接交换机的一个接口上；把两台计算机都接好，打开计算机和交换机电源，考察交换机和网卡指示灯变化情况。

02 测试网络情况。

测试网络连通情况时，通常使用 ping 命令。

1）在第一台计算机上，单击“开始”，选择“运行”，输入“CMD”命令，进入 DOS 环境。

2）运行 ping 命令检测与另一台计算机的连通情况。

```
ping 192.168.1.2
```

3）如果网络连通性正常，则出现如下信息：

```
ping 192.168.1.2   with 32 bytes of data:
reply from 192.168.1.2 :byte =32 time <10ms TTL=255
reply from 192.168.1.2 :byte =32 time <10ms TTL=255
reply from 192.168.1.2 :byte =32 time <10ms TTL=255
reply from 192.168.1.2 :byte =32 time <10ms TTL=255
```

4）如果网络不通，则会出现如下的信息：

```
request timed out .
request timed out .
request timed out .
request timed out .
```

此时请返回前面，仔细检查网卡安装及网络配置是否正确。

单 元 小 结

本单元主要介绍局域网的相关知识，包括局域网的特点、局域网的通信方式、局域网技术、局域网设备，以及局域网通信协议等内容。通过本单元的学习，读者能够了解局域网的相关知识，为组建局域网奠定理论基础。

巩 固 与 提 高

一、填空题

（1）IEEE 802 局域网参考模型只相当于 OSI 模型的______层和________层两层。并且将数据链路层划分为两个不同的子层，分别为______子层和________子层。

（2）IEEE 802 参考模型的_________标准定义了以太网技术。

（3）局域网的保持访问控制方法分为_____、______、_______三种类型。

（4）10Base-5 中的 10 代表_______、BASE 代表______、5 代表______。

（5）100Base-T 以太网所使用的传输介质为_____，最大传输距离为_______。

（6）局域网中常用的网络传输介质有_______、______、_______、_______。

（7）同轴电缆分为__________ 、_______________。

（8）按抗干扰性能的不同，双绞线一般分为___________和___________。

（9）在制作双绞线时，我们通常遵循的标准是　　　　　，当连接计算机与交换机时，所用网线两端的线序是________，当将两台计算机直接连接起来时，网线两端线序是____________。

（10）常用的局域网协议包括：__________、___________、__________。

二、选择题

（1）在以太网中使用的介质访问控制方法中是（　　）。

A. 时间片　B. 令牌　C. CSMA/CD　D. 并发连接

（2）在计算机网络拓扑结构中，目前最常用的拓扑是（　　）。

A. 总线型　B. 星型　C. 环型　D. 网状

（3）在环型拓扑结构中，有一段特殊信息，被称为（　　）。

A. 令牌　B. 比特　C. 信元　D. 字节

（4）下列传输介质中，（　　）的传输距离可达几十千米甚至上百千米。

A. 同轴电缆　B. 双绞线　C. 光纤

（5）在制作双绞线时，要用到的接头是（　　）。

A. T 型头　B. BNC 接头　C. RJ-45 接头　D. 终结器

（6）在组建较大规模的网络时，因网络过大而使网络性能下降，这时，可采用（　　）设备来隔离广播流量，划分子网，提高网络性能。

A. 集线器　B. 交换机　C. 网卡　D. 路由器

（7）在组建局域网时，为了使计算机能访问 INTERNET，必须为计算机安装（　　）协议。

A. IPX/SPX　B. NETBEUI　C. TCP/IP

（8）在三种常用的局域网协议中，（　　）协议最适合于小型的、不访问 INTERNET 的网络环境。

A. IPX/SPX　B. NETBEUI　C. TCP/IP

三、问答题

（1）简述 IEEE 802 参考模型与 OSI 参考模型的差异。

（2）简述 CSMA/CD 介质访问控制方法的工作原理。

（3）简述以太网技术的特点及分类。

（4）简述双绞线的两种不同连接方法及应用场合。

（5）简述常用的局域网协议的特征和区别。

读书笔记

4 单元四 网络操作系统

单元导读

要使一台计算机具备强大的功能，必须为计算机安装操作系统。同样，要构建一个功能强大、通信自由、管理方便的计算机网络，也要安装相应的操作系统。常用的网络操作系统有 UNIX、NetWare、Windows NT/2000/2003、Linux 等，本单元主要介绍常用的网络操作系统的功能，以及如何安装 Windows Server 2003 操作系统。

学习要点

- 了解网络操作系统概念
- 了解常用网络操作系统
- 掌握 Windows Server 2003 操作系统的安装

4.1 网络操作系统概述

1. 什么是网络操作系统

网络操作系统是使网络中各计算机方便而有效地共享资源，为网络用户提供所需的各种网络服务的软件系统。

网络操作系统是计算机网络中用户与网络资源的接口，由一系列软件模块组成，负责控制和管理网络资源，网络操作系统的优劣，直接影响到计算机网络功能的有效发挥，可以说网络操作系统是计算机网络的中枢神经，处于网络的核心地位。早期的网络操作系统只是一种最基本的文件系统，只能提供一些简单的文件服务和某些安全功能，随着计算机网络的发展，网络操作系统的功能也不断得到丰富、完善和提高。

网络操作系统与单机操作系统的区别在于提供的服务类型不同。一般单机操作偏重于对用户与系统的接口以及在其上运行的各种应用程序的优化，而网络操作系统则以优化与网络活动相关的特性为目的，通过网络管理共享数据、软件应用和外部设备等。

2. 网络操作系统的结构

当前在网络中安装的网络操作系统，基本上都采用客户机/服务器模式。客户机/服务器模式的网络操作系统通常由两部分组成：服务器操作系统和客户机（也称工作站）操作系统。

（1）服务器操作系统

位于网络服务器上的操作系统的主要功能如下。

1）管理服务器上的各种资源，如处理器、存储器、I/O 设备以及数据库服务器等。

2）实现服务器与客户机的通信。

3）提供各种网络服务。

4）提供网络安全管理。常用的服务器操作系统有 Windows NT Server、Windows 2000 Server、Windows Server 2003、Linux、UNIX、NetWare 等。

（2）客户机操作系统

客户机操作系统的功能如下。

1）使客户机上的用户可以使用本地资源和应用程序。

2）实现客户机与服务器之间的通信。很多在单机上运行的操作系统都可以直接作为网络客户机操作系统，如 Windows NT Workstation、Windows 95/98/ME/XP、Windows 2000 Professional 等。

4.2 常见的网络操作系统

1. UNIX 操作系统

UNIX 是美国贝尔实验室开发的一种多用户、多任务的操作系统。作为网络操作系统，UNIX 以其安全、稳定、可靠的特点和完善的功能，被广泛应用于网络服务器、Web 服务器、数据库服务器等高端领域。UNIX 操作系统从最初仅作为科学研究、数学计算等领域逐步发展到今天的商业应用，主要取决于以下几个特点。

1）可靠性高。UNIX 在安全性和稳定性方面具有非常突出的表现，所有用户的数据都有非常严格的保护措施。

2）网络功能强。作为 Internet 技术基础的 TCP/IP 协议就是在 UNIX 上开发出来的，而且已成为 UNIX 不可分割的组成部分。UNIX 还支持所有最通用的网络通信协议，这使得 UNIX 能方便地与单主机、局域网和广域网通信。

3）开放性好。开放性好是 UNIX 的一个最基本的特征和本质特征。

UNIX 的缺点是系统过于庞大、复杂，一般用户很难掌握。加之 UNIX 版本众多，各版本之间兼容性差，限制了 UNIX 的普及。目前，UNIX 主要应用于高端领域。

2. NetWare 操作系统

NetWare 是 Novell 公司开发的网络操作系统，也是以前最流行的局域网操作系统。早期版本主要基于字符界面进行网络管理，有较强的文件和打印共享功能。因其可适应早期网络用户的需求而被广泛应用。但在 Windows NT 诞生之后，以其界面友好、功能强大而逐渐取代了 NetWare 的主导地位。

3. Linux 操作系统

Linux 是一个“类 UNIX”的操作系统，其最早的内核是由芬兰赫尔辛基大学的一名学生开发的。Linux 是自由软件，也称源代码开放软件，用户可以免费获得并使用 Linux 系统。正是因为这个特点，Linux 吸引了世界上众多的程序员、软件公司、黑客参与了 Linux 的开发，使其功能日益强大。目前，安装有 Linux 操作系统的计算机已遍布全世界。

总的来说，Linux 具有以下特点。

1）Linux 是免费的。Linux 属于免费的操作系统，用户可以通过网络免费下载，并可任意修改其源代码，这是其他操作系统做不到的。

2）较低的系统资源需求。Linux 相对于其他操作系统来说，系统资源的要求非常低，一个基本的 Linux 在 386PC 上即可运行。

3）广泛的硬件支持：Linux 系统不仅可以运行在低端 PC 机上，还可以运行于高端的并行计算机上。

4）极强的网络功能：在 Linux 上可以实现其他系统的各种网络服务及功能，甚至有些功能还是其他系统所不具备的。

5）极高的稳定性与安全性：相对于其他系统来，Linux 具有更好的安全性与稳定性。

Linux 的缺点：Linux 的易用性较差，操作起来不很方便。另外，为系统所开发的应用软件相对于 Windows 系列操作系统来说显得不很丰富。目前，Linux 主要应用于一些特殊行业和较专业的部门。

4. Windows 系列操作系统

与其他操作系统相比，Windows 系列操作系统是当前应用最为广泛的操作系统。Windows 系列操作系统主要包括 Windows 9X/ME/CP/NT/2000/2003。

（1）Windows 9X/ME/XP

Windows9X/ME/XP 系列操作系统是微软推出的面向个人计算机的操作系统。严格地说，它并不属于网络操作系统。但是，Windows 系列操作系统都集成了丰富的网络功能，我们可以利用其强大的网络功能组建简单的对等网。

（2）Windows NT4.0

Windows NT 4.0 是微软前一段时间开发的网络操作系统，主要用于局域网开发。因其界面友好、易于使用、功能强大而抢占了几乎 80%的中低端网络操作系统的市场份额（高端主要使用 UNIX。）

Windows NT 4.0 共有两个版本：Windows NT Workstation（工作站版）和 Windows NT Server（服务器版）。工作站主要作为单机和网络客户机操作系统，而服务器版用于配置局域网服务器。

（3）Windows 2000

Windows 2000 是微软 Windows 家庭的一个重量级产品，是微软众多程序员开发者集体智慧的结晶。它在继承原有操作系统优点的同时，吸收了大量的新技术，尤其增强了对 Internet 的支持，使其成为目前应用最为广泛的网络操作系统之一。

（4）Windows Server 2003

Windows Server 2003 是微软于 2003 年 4 月正式推出的。Windows Server 2003 与 Windows 2000 相比速度更快、更稳定和安全，同时增加了一些新功能，如服务、IPv6、NET 技术等。Windows Server 2003 同样分 4 个版本：Web 服务器版、标准版、企业版和数据中心版，全部为服务器版，没有单机版本。

1）Web 服务器版：是微软针对于 Web 开发的操作系统，支持 2 个处理器、2GB 内存，支持 IIS6.0 和 Internet 防火墙，同时提供了对微软 ASP.NET 的支持，是构建 Web 服务器的理想平台。

2）标准版：是微软针对于中小企业服务器的操作系统，相当于 Windows 2000 服务器版，支持 4 个处理器、4GB 内存，可以作为中小企业服务器的操作系统。

3）企业版：是微软针对于大型企业服务器开发的操作系统，相当于Windows 2000 的高级服务版，支持 8 个处理器、32GB 内存，可以作为大企业服务器的操作系统。

4）数据中心版：是微软针对于大型数据仓库开发的操作系统。分两个版本，分别为 32 位版本和 64 位版本。其中 32 位版本支持 32 个处理器、64GB 内存：64 位版本支持 64 个处理器、512GB 内存，可以作为大型数据仓库的操作系统。

（5）Windows Server 2008

2008年3月已发布三款核心应用平台产品：Windows Server 2008、Visual Studio 2008、SQL Server 2008。

Windows Server 2008、Visual Studio 2008和SQL Server 2008为创建和运行高要求的应用程序提供了一个安全可靠的平台。同时，也为下一代Web应用提供了坚实的基础、广泛的虚拟化技术支持以及相关信息的访问能力。进一步改善的安全技术、开发人员对最新平台的支持、改进的管理工具和Web工具、灵活的虚拟化解决方案以及相关信息的访问能力，使得广泛的技术解决方案成为可能。

Windows Server 2008在虚拟化技术及管理方案、服务器核心、安全部件及网络解决方案等方面具有众多创新性能。

1）通过内置的服务器虚拟化技术，Windows Server 2008可以帮助企业降低成本，提高硬件利用率，优化基础设施，并提高服务器可用性。

2）通过Server Core、PowerShell、Windows Deployment Services以及增强的联网与集群技术等，Windows Server 2008为工作负载和应用要求提供功能最为丰富且可靠的Windows平台。

3）Windows Server 2008的操作系统和安全创新，为网络、数据和业务提供网络接入保护、联合权限管理以及只读的域控制器等前所未有的保护，是有史以来最安全的Windows Server。

4）通过改进的管理、诊断、开发与应用工具，以及更低的基础设施成本，Windows Server 2008能够高效地提供丰富的Web体验和最新网络解决方案。

4.3 网络操作系统的选择

在组建网络时，需要根据计算机用户的实际需求来选择合适的网络操作系统，这样才能组建功能完备、应用方便的计算机网络。在选择操作系统时，主要应考虑易用性、易管理性、安全可靠性和对应用软件的支持等因素。

1）易用性：易用性指整个操作系统的安装和使用非常方便，应用界面友好。在这方面，Windows系列操作系统具有绝对的优势。

2）易管理性：易管理性是指整个系统管理及维护非常容易。管理员可以轻松排除相关故障，而且具有一定的故障恢复功能。

3）安全可靠性：安全可靠性是指整个系统可以提供良好的安全性，如对不同用户可以设置不同的访问权限，可以识别不同用户的身份，对用户的操作行为可以进行审核，可以防止黑客入侵等。

4）应用支持：应用支持是指具有丰富的应用软件用于完成相应的功能。

一般情况下，对于企事业单位用户来说，选择Windows系列操作系统较适合，而对于强调高可靠性、高安全性、高性能的部门来说，选择UNIX或Linux是理想的方案。

4.4 Windows Server 2003 操作系统的安装

鉴于 Windows Server 2003 是目前应用最广泛的网络操作系统，所以本书主要介绍 Windows Server 2003 的安装过程，其他 Windows 系列操作系统的安装与之类似。Windows Server 2003 的安装过程如下。

1. 检查计算机硬件是否符合安装要求

Window Server 2003 对硬件的最低配置要求如下。

CPU：P133 或更高的处理器。

内存：最低 128MB（建议不少于 128MB）。

硬盘：不少于 2.9GB，至少有 1GB 可用空间。

2. 从光盘安装 Windows Server 2003 系统

1）重新启动计算机，进入 CMOS 设置，把启动方式改为 CD-ROM 启动。然后把 Windows Server 2003 安装光盘放入光驱，再次重新启动计算机。

2）系统从光驱启动后的安装程序会将相关程序读入内存，然后出“Windows Server 2003 安装程序”画面，如图 4-1 所示，画面中有三个选项。

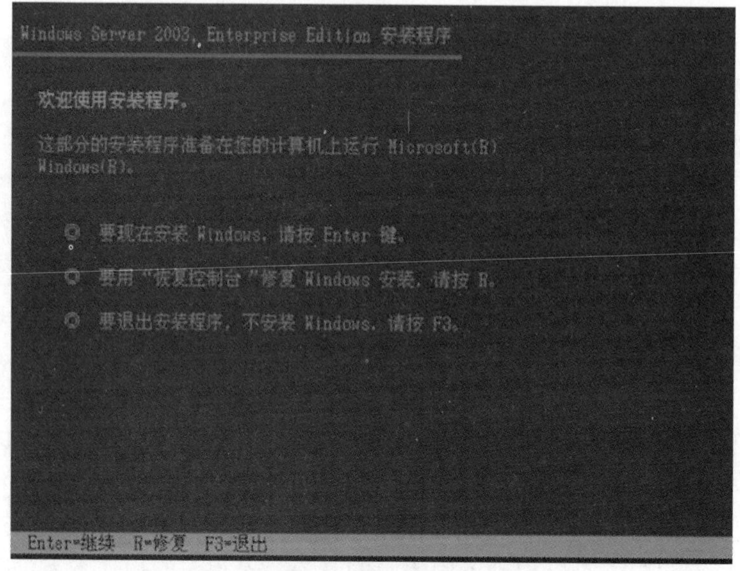

图 4-1 安装程序界面

3）按 Enter 键，开始安装 Windows Server 2003。接下来出现“Windows Server 2003 许可协议”画面，如图 4-2 所示，按 F8 键接受协议。

4）安装程序要求选择系统安装的分区，可按上下键选择相应的分区，也可按 C 键

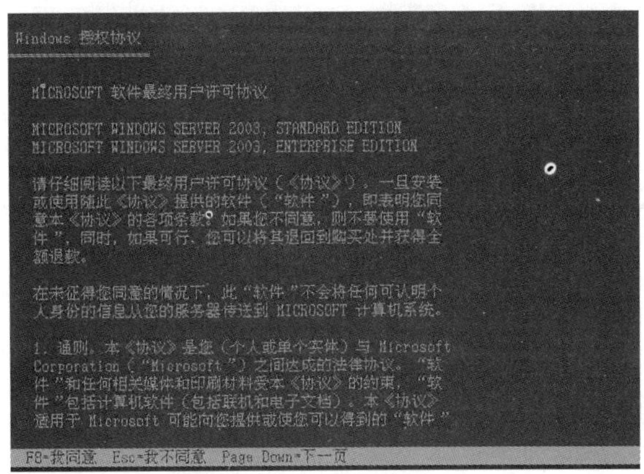

图 4-2　授权协议

新建分区，按 D 键删除原有分区。这里选 C 分区作为安装分区，按 Enter 键继续安装，如图 4-3 所示。

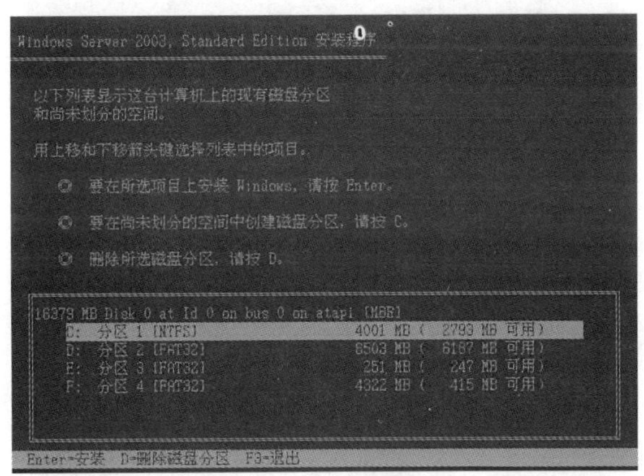

图 4-3　分区

5）安装程序将检查所选分区，如果这个分区已安装 Windows Server 2003，按 C 键。如果选择不同的分区安装 Windows Server 2003，按 Esc 键。

6）按 C 键选用所选的分区，出现如图 4-4 所示的画面，要求选择格式化分区的方式。

7）可按需要选择格式化为 NTFS 文件系统、FAT 文件系统或保持现有系统无变化。建议选择格式化为 NTFS 格式，也可暂时选择格式化为 FAT 格式，在系统安装后再转为 NTFS 格式。

注 意

如果怕损坏硬盘原有数据，应选择“保持现有文件系统（无变化）”。

8）选择适当的格式化方式后，按 Enter 键开始格式化，如图 4-5 所示。

9）格式化后，系统复制安装文件到硬盘，然后重新启动，如图 4-6 所示。

10）系统启动后，出现安装向导画面，单击“下一步”按钮，系统出现“区域和语言选项”对话框，选择默认设置，单击“下一步”按钮，如图 4-7 所示。

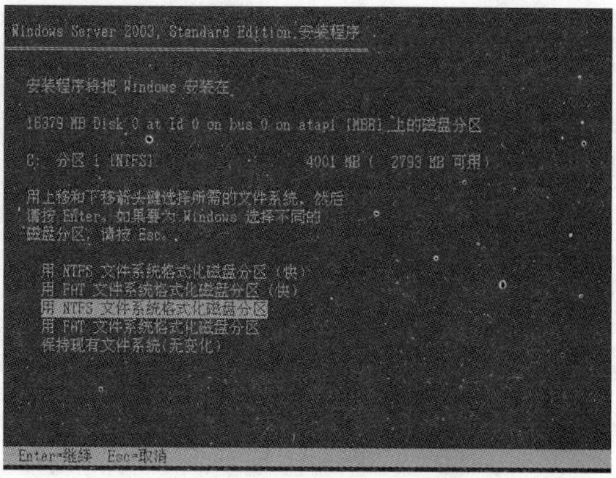

图 4-4　选择格式化分区的方式

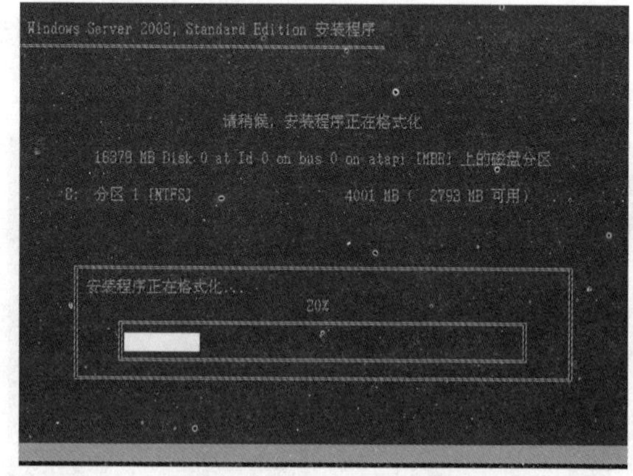

图 4-5　开始格式化

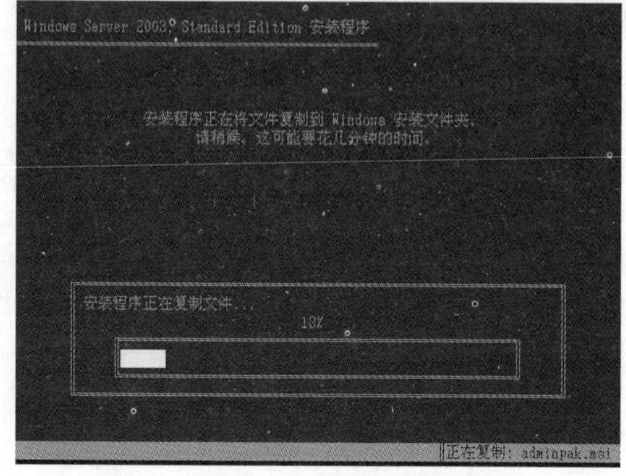

图 4-6　复制安装文件

11）接下来，出现“自定义软件”对话框，安装程序要求输入姓名和单位，如图 4-8 所示。输入适当的名称后单击“下一步”按钮。

12）系统出现“产品密钥”对话框，要求输入产品序列号，正确输入序列号后单击“下一步”按钮，如图 4-9 所示。

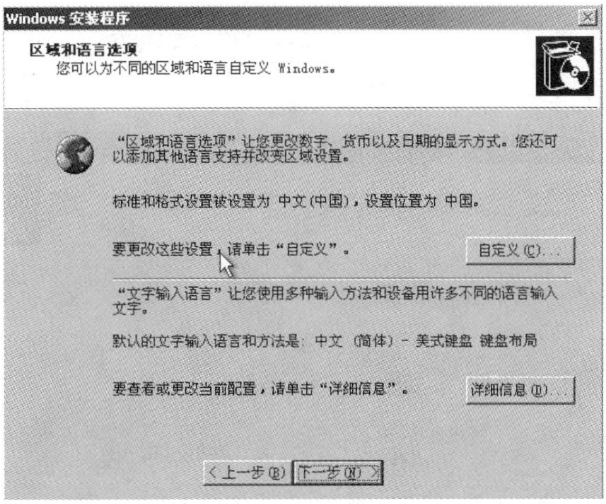

Windows 安装程序

区域和语言选项
您可以为不同的区域和语言自定义 Windows。

“区域和语言选项”让您更改数字、货币以及日期的显示方式。您还可以添加其他语言支持并改变区域设置。

标准和格式设置被设置为 中文(中国)，设置位置为 中国。

要更改这些设置，请单击“自定义”。 自定义(C)...

“文字输入语言”让您使用多种输入方法和设备用许多不同的语言输入文字。

默认的文字输入语言和方法是：中文 (简体) - 美式键盘 键盘布局

要查看或更改当前配置，请单击“详细信息”。 详细信息(D)...

< 上一步(B) 下一步(N) >

图 4-7　“区域和语言选项”对话框

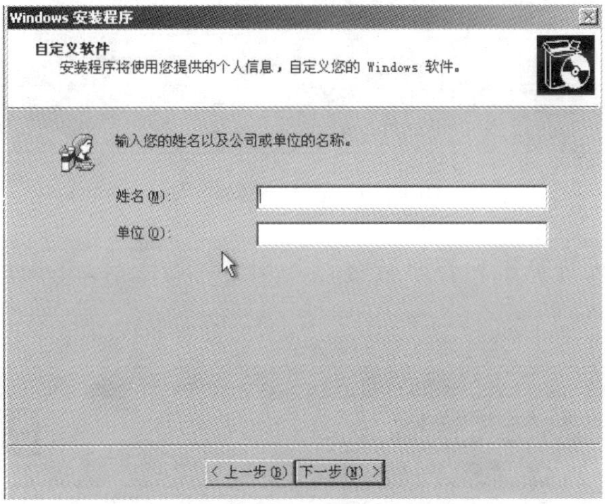

Windows 安装程序

自定义软件
安装程序将使用您提供的个人信息，自定义您的 Windows 软件。

输入您的姓名以及公司或单位的名称。

姓名(M):

单位(O):

< 上一步(B) 下一步(N) >

图 4-8　输入“姓名”和“单位”

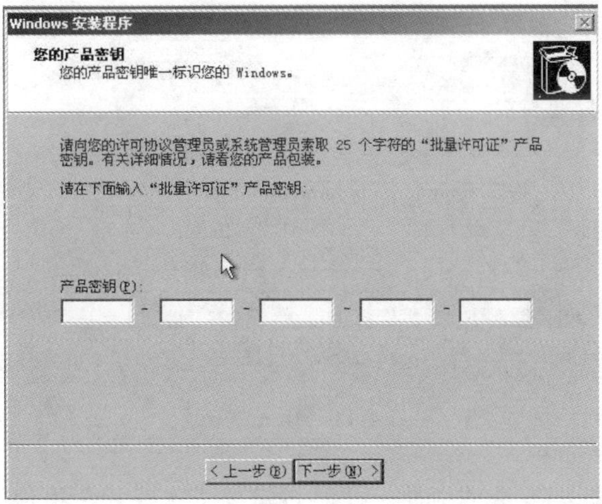

Windows 安装程序

您的产品密钥
您的产品密钥唯一标识您的 Windows。

请向您的许可协议管理员或系统管理员索取 25 个字符的“批量许可证”产品密钥。有关详细情况，请看您的产品包装。

请在下面输入“批量许可证”产品密钥：

产品密钥(P):

< 上一步(B) 下一步(N) >

图 4-9　输入“产品密钥”

13）安装程序要求选择许可证模式，一般选择“每服务器，同时连接数”模式即可，如图 4-10 所示。

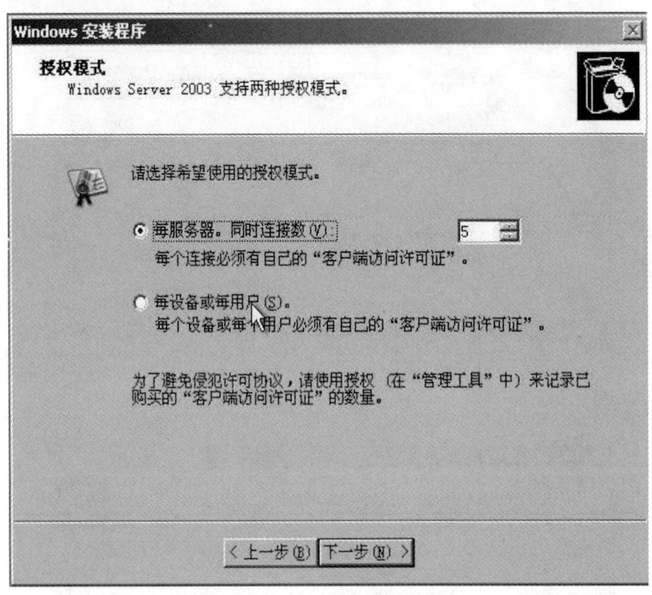

图 4-10 选择授权模式

14）系统要求输入计算机和管理员密码，如图 4-11 所示。正确输入后单击“下一步”按钮。

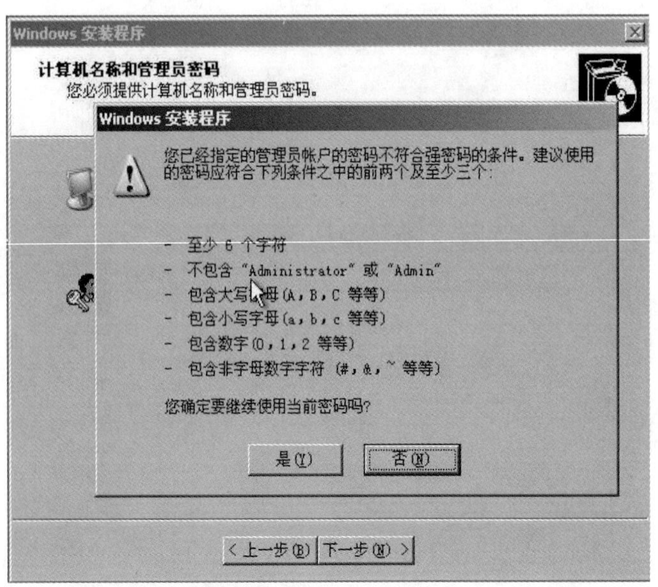

图 4-11 输入密码

15）系统要求选择要安装的组件。此时可按要求选择相关组件，也可在系统安装后再添加相应的组件。按需要选择相应组件后，单击“下一步”按钮，如图 4-12 所示。

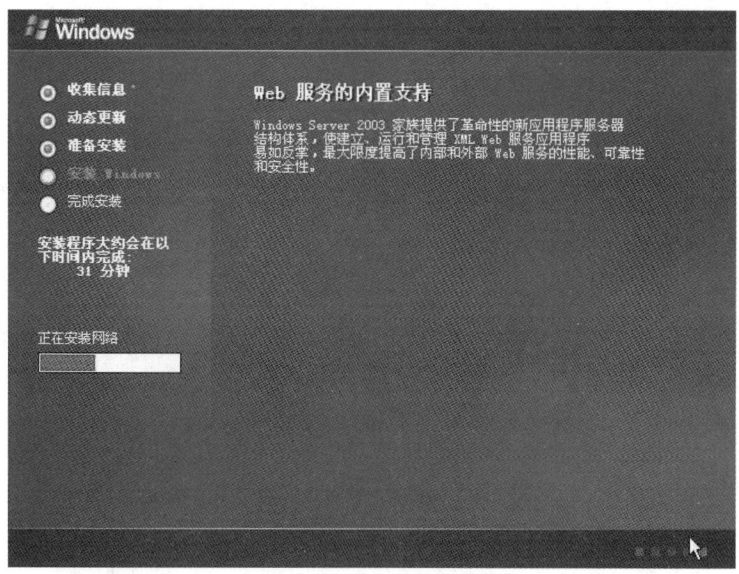

图 4-12　选择相应组件

16）设定日期和时间，正确设定后单击“下一步”按钮，如图 4-13 所示。

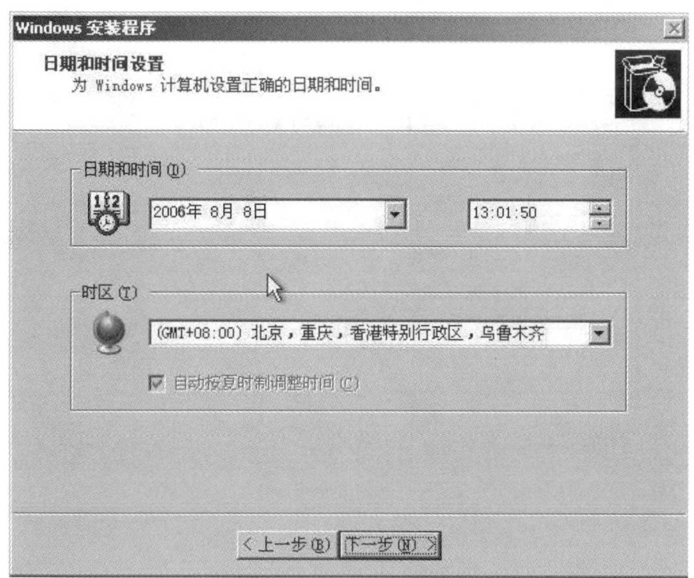

图 4-13　设定日期和时间

17）系统要求设置网络，一般选“典型设置”即可，如图 4-14 所示。

18）安装程序要求选择加入“工作组或计算机域”。一般选择加入工作组即可，如图 4-15 所示，然后单击“下一步”按钮。

19）最后单击“完成”按钮，完成安装过程。

20）此时重新启动系统，启动成功后按提示要求输入用户名和密码即可登录，如图 4-16 所示。

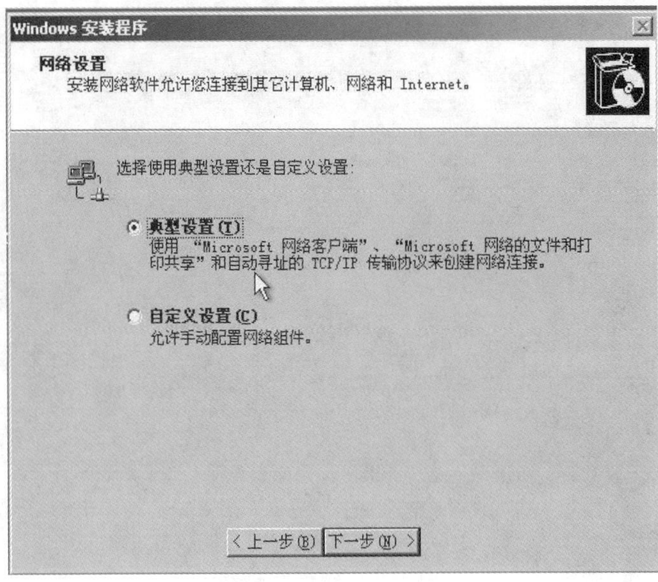

图 4-14　选择“典型设置”

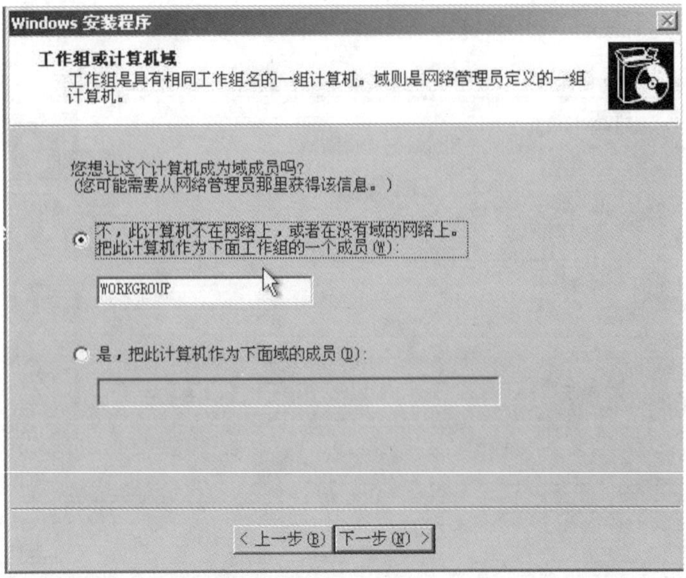

Windows 安装程序

工作组或计算机域

工作组是具有相同工作组名的一组计算机。域则是网络管理员定义的一组计算机。

您想让这个计算机成为域成员吗?
(您可能需要从网络管理员那里获得该信息。)

不，此计算机不在网络上，或者在没有域的网络上。把此计算机作为下面工作组的一个成员(W)：

WORKGROUP

是，把此计算机作为下面域的成员(D)：

< 上一步(B)　下一步(N) >

图 4-15　加入“工作组或计算机域”

图 4-16　重新启动系统

21）以默认的管理员用户登录，登录后，出现配置服务器画面，选中“我将在以后配置这个服务器”单选按钮，单击“下一步”按钮。

22）在接下来的画面中，清除“在登录时不要显示此页”选项，如图 4-17 所示。

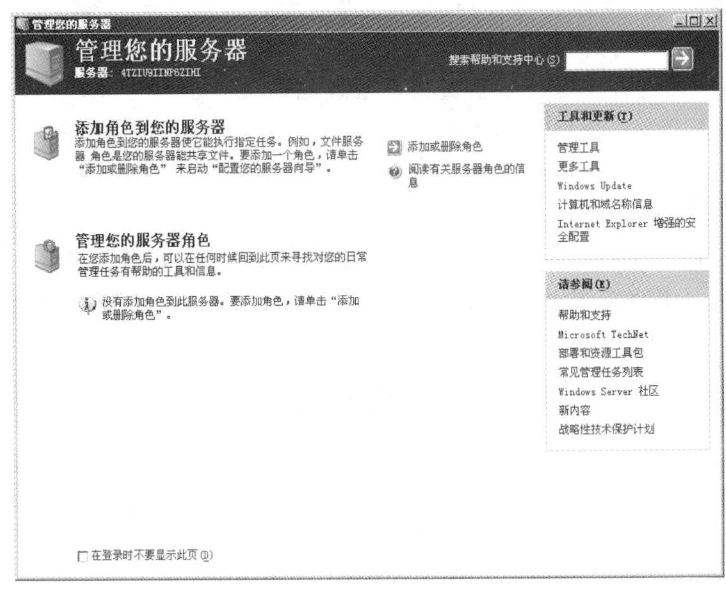

图 4-17 “管理您的服务器”

23）系统再次启动成功，则最终完成 Windows 2003 操作系统的安装过程。

单元小结

本单元主要介绍了网络操作系统的概念、目前常用的网络操作系统及 Windows Server 2003 操作系统的安装过程。读者除了对常用的网络操作系统有所了解外，还应具备独立安装 Windows Server 2003 操作系统的能力。

巩固与提高

一、选择题

（1）在 OSI 参考模型中，（　　）是计算机网络与最终用户的接口。

A．物理层　　B．数据链路层
C．网络层　　D．应用层

（2）Windows 2003 Advanced Server 支持的最大内存是（　　）。

A．2GB　　B．4GB　　C．8GB
D．32GB　　E．64GB

（3）Windows Server 2003 最多支持（　　）个 CPU。

A. 2　　B. 4

C. 8　　D. 16

（4）有一台服务器的操作系统是 Windows 2000 Server，文件系统是 NTFS，无任何分区，现要求对该服务进行 Windows Server 2003 的安装，保留原数据，但不保留操作系统，应使用下列（　　）种方法进行安装才能满足需求。

A. 在安装过程中进行全新安装并格式化磁盘

B. 对原操作系统进行升级安装，不格式化磁盘

C. 做成双引导，不格式化磁盘

D. 重新分区并进行全新安装

（5）某公司计划建设网络系统，该网络有两台服务器，安装 Windows Server 2003 操作系统；40 台工作站，安装 Windows XP，则 Windows Server 2003 的许可协议应选择（　　）模式比较合理。

A. 选择每服务器模式　　B. 选择每客户模式

C. 选择混合模式　　D. 忽略该选项

（6）现要在一台装有 Windows 2000 Server 操作系统的机器上安装 Windows Server 2003，并做成双引导系统。此计算机硬盘的大小是 10.4GB，有两个分区：C 盘 4GB，文件系统是 FAT; D 盘 6.4GB，文件系统是 NTFS。为使计算机成为双引导系统，下列（　　）选项是最好的方法。

A. 安装时选择升级选项，并选择 D 盘作为安装盘

B. 安装时选择全新安装，并且选择 C 盘上与 Windows 作为 Windows Server 2003 的安装目录

C. 安装时选择升级安装，并且选择 C 盘上与 Windows 不同的目录作为 Windows Server 2003 的安装目录

D. 安装时选择全新安装，并选择 D 盘作为安装盘

二、简答题

（1）Windows Server 2003 操作系统包括哪四个版本？

（2）如何判断你的服务器是否可以升级到 Windows Server 2003？

（3）如何判断你的服务器是否可以安装 Windows Server 2003？

（4）说明 boot.ini 文件的主要内容及功能。

（5）在使用计算机的过程中，如何获得 Windows Server 2003 的帮助信息？

三、思考题

（1）要 Windows Server 2003 操作系统能够及时安装补丁和修复程序，应该怎么做？

（2）对于一个拥有 500 台办公用电脑的学校，服务器操作系统应该选择 Windows Server 2003 的哪个版本？请说明理由。

（3）直接修改 boot.ini 文件能不能改变计算机的启动选项配置？

5 单元五 网络配置与管理

单元导读

掌握小型局域网的配置与管理是组建计算机网络的最基础和最实用的技能。小型局域网分为对等网和客户机/服务器网络两类。本单元主要介绍如何组建对等网、组建客户机/服务器网络，以及实现简单的网络管理。

学习要点

- 组建对等网
- 组建客户机/服务器网络
- 文件安全性管理
- 用户和组的管理
- 实现资源共享
- 实现打印机共享

5.1 组建对等网

5.1.1 对等网简介

在一个普通家庭、学生宿舍或小型企业中，如果有若干台计算机（不超过 20 台），就可以将它们联网以实现资源共享。由于这样的网络规模较小，而且对功能及安全性的要求较低，所以没有必要配置专门的服务器，通常将这些计算机配置为对等网模式。

在对等网中，每一台计算机是平等的，没有特定计算机作为服务器。将计算机连接起来后，只需要为每台计算机安装Windows 2003 等适合对等网的操作系统，并进行简单的网络配置，使之能相互通信并共享资源就可以了。因此对等网的组建比较简单，维护起来也很容易。而且组建对等网后，计算机之间可以共享文件资源及打印机，也可以共享一个调制解调器，通过一条通信线路连接上网。当然，对等网也有一定的缺点，因为对等网中没有专用的服务器统一存储网络配置并管理网络，使网络管理起来很不方便。因此，对等网只适用于小型网络，不适用于规模较大、要求较高的网络。

5.1.2 对等网组网规划

在组建对等网之前，首先要进行组网规划，如确定网络设备的类型、网线的类型、网卡、网络操作系统的类型等。

1. 网络设备的选择

组建对等局域网所要考虑的设备主要有集线器和交换机。这两种设备都可以组建星型拓扑的网络，但二者的性能却是不同的。因为集线器是平均分配带宽的，所以网络中每台计算机实际获得带宽的几分之一。如一台 10Mb/s 的交换机，连接 10 台计算机后，每台计算机的带宽只有 1Mb/s。而交换机是并行的，如一台 100Mb/s 的交换机，连接 10 台计算机后，每台计算机的带宽仍是 100Mb/s。所以，为了获得较好的网络性能，最好选择交换机。当然，有时为了降低组网的成本，也可以选择集线器。

另外，因为当前的主流网络是 100Mb/s，所以一般选择性价比较高的 10/100Mb/s 交换机。交换机的端口数量可按网络计算机台数来确定。

2. 网线的选择

组建星型网络一般选择双绞线作为传输介质。双绞线分为 UTP（非屏蔽双绞线）和 STP（屏蔽双绞线）。其中屏蔽双绞线的抗干扰性较好，但价格较贵、安装复杂，所以在组建局域网时很少使用。非屏蔽双绞线价格便宜、安装简单，比较适合于组建小型局域网。按照 EAL-TLA568A/568B 标准，建议选择 5 类或超 5 类双绞线。

3. 网卡的选择

选择网卡主要考虑接口类型和带宽。用双绞线组网，必须选择 RJ-45 接口类型的网卡。带宽有选择 10/100 Mb/s，品牌可以选择大众化的 D-LINK 或 TP-LINK。

4. 网络拓扑结构的选择

组建对等网一般可以采用总线型拓扑结构或者星型拓扑结构。由于总线型对等网的传输速率最多只能达到 10Mb/s，速度不高，且连接的计算机数有限，所以现在已经使用得不多了。目前的对等网主要选择星型拓扑结构，使用双绞线作为通信介质，需要一台集线器或小型交换机作为中心节点，如图 5-1 所示。

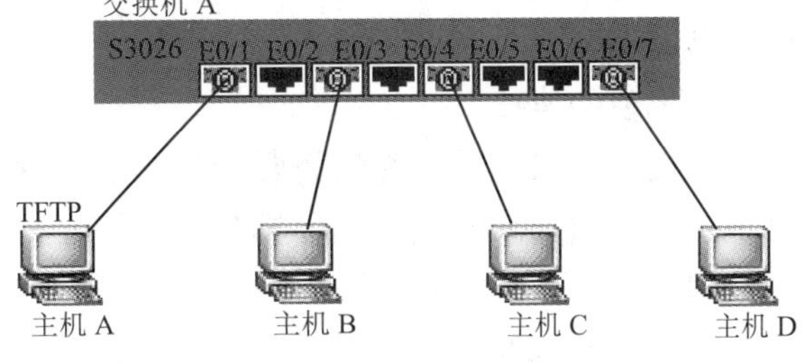

图 5-1 星型拓扑结构

5. 网络操作系统的选择

组建对等网时，一般选择易用性较好的 Windows XP/2000/2003 专业版操作系统。通信协议通常选用 TCP/IP。

5.1.3 对等网的组建及配置

为便于理解，本书以一个组网实例来介绍组建对等网的过程。

1. 网络概况及组网目标

某公司有办公用计算机 5 台，安装 Windows 2003 专业版操作系统。为实现各计算机之间的文件及打印机共享，要将其组成小型办公局域网。要求采用当前最流行的网络设备与网络线缆，网络速度达到 100Mb/s。

2. 方案设计

由于该局域网规模较小，只有 5 台计算机，而且只要求实现文件及打印机共享就可以了。所以组建对等局域网就可以满足组网要求。为实现网络性能上的目标，特选择以下组网硬件。

1）交换机 1 台（端口速率 10/100Mb/s；端口数为 8 个。若要降低组网成本，也可选择集线器）。

2）网卡 5 块（接口类型为 RJ-45 接口；带宽 10/100Mb/s）。

3）5 类或超 5 类非屏蔽双绞线若干。

4）水晶头若干（每台计算机至少准备 2 个）。

5）网线钳 1 把。

6）测线仪 1 台。

因为此网络使用交换机组网，拓扑结构采用星型，网络拓扑结构如图 5-1 所示。

3. 网络组建及配置

完成了网络设计和硬件选型，接下来就可以正式组建网络和配置网络了。一般的组网步骤为：网线制作→硬件连接→配置网络→网络测试。

（1）网线制作

网线的制作通常遵循前面讲过的 ELA/TLA-568/568B 标准。而国内较常使用的线序是 568B 所规定的线序，即：橙白、橙、绿白、蓝、蓝白、绿、棕白、棕。因为此网线用于连接计算机和交换机，应做成两端线序一样的直连线。制作完成后，用测线仪测试是否连通。

（2）硬件连接

网线制作完成后，首先需要安装网卡。将准备好的网卡插入计算机的 PCI 插槽内。接下来，用做好的网线将计算机与交换机连接起来，如图 5-1 所示。连接完成后观察交换机的指示灯是否点亮，网卡的指示灯是否点亮。若点亮，说明已连通；若不亮，说明未连通，应查找原因。

（3）配置网络

01 安装网卡驱动程序。

1）在桌面上，右键单击“我的电脑”，选择“管理”，打开“计算机管理”窗口。

2）单击“设备管理器”，查看窗口右侧中是否列有“网络运配器”，若有，说明系统已经自动完成了网卡驱动的安装。这是因为 Windows 系统本身能自动识别网卡。若没有“网络适配器”目录，说明网卡没有安装，我们需要自己手动安装网卡。可按以下步骤进行安装。

3）单击“开始”/“设置”/“控制面板”，打开控制面板窗口。

4）在窗口中，双击“添加/删除硬件”，启动添加/删除硬件向导，单击“下一步”按钮。

5）选择“添加/排除设备故障”，单击“下一步”按钮。此时计算机进行新硬件检测，若检测到新硬件，系统会自动安装驱动程序。若没有检测到新硬件，执行下一步。

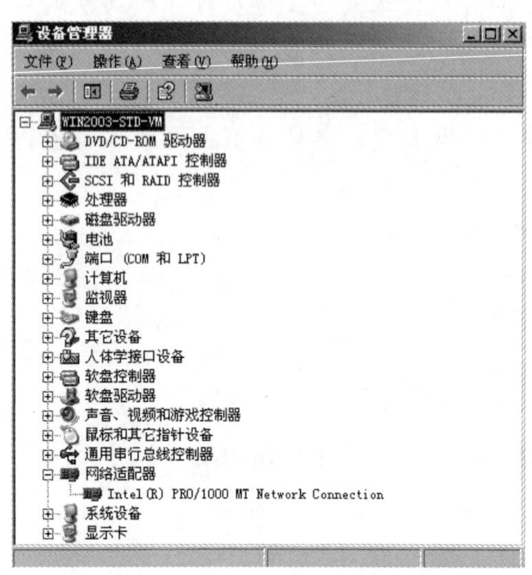

图 5-2 网卡驱动程序已安装好

6）在新出现的对话框中，选择“添加新设备”，单击“下一步”按钮。

7）在查找新硬件界面中，选择“否，我想从列表中选择硬件”，单击“下一步”按钮，这种方法会使安装速度快一些。

8）在硬件类型界面中，选“网络适配置”，单击“下一步”按钮。

9）接下来选择网卡的制造和型号。若系统中没有我们所用的型号，则选择“从磁盘安装”，并单击“浏览”，指向网卡驱动的位置，单击“确定”按钮，系统复制驱动程序后，单击“完成”按钮完成安装过程。此时，可以从设备管理器中看到已安装好的网卡，如图 5-2 所示。

02 安装网络组件。

安装好网卡后，需检查网络组件是否已安装。基本网络组件包括 TCP/IP 协议、微软网络客户、微软文件和打印机共享等。检查的步骤如下。

1）在桌面上，右击“网上邻居”，选择“属性”，打开“网络和拨号连接”窗口。

2）在窗口中，右击“本地连接”，选择“属性”，打开“本地连接中属性”窗口，如图 5-3 所示。

3）在该窗口中，通常会发现系统已完成组件的安装。若没有安装，可单击“安装”按钮，分别选择安装“客户端”、“服务”、“协议”组件，并单击“添加”按钮来安装这三个网络组件，如图 5-4 所示。

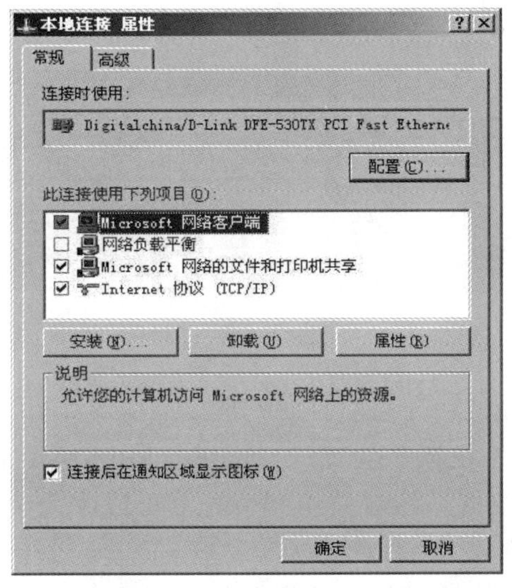

图 5-3 本地连接属性设置

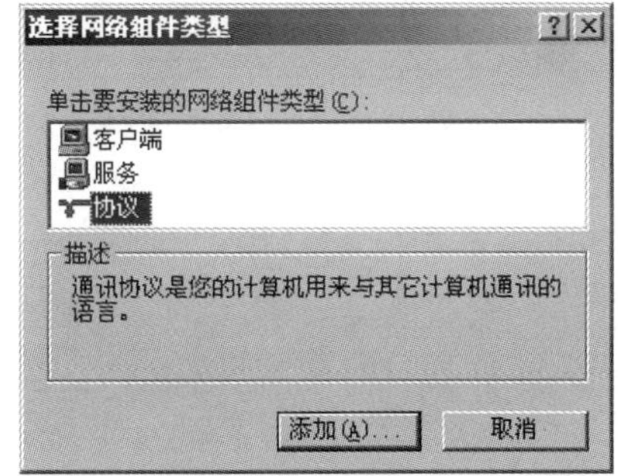

图 5-4 安装协议界面

03 配置 IP 地址。

为了使网络中的计算机之间能够相互通信，必须为计算机配置 IP 地址。由于此网络计算机台数少于 254 台，可使用 C 类的保留 IP 地址。地址范围定为 192.168.0.1～192.168.0.5。配置过程如下。

1）在桌面上，右键单击“网上邻居”，选择“属性”，打开“网络和拨号连接”窗口。

2）在“网络和拨号连接”窗口中，右键单击“本地连接”，选择“属性”。

3）在属性窗口中，双击“Internet 协议（TCP/IP）”，打开 IP 地址配置对话框。

4）单击“使用下面的 IP 地址”选项，并输入如图 5-5 所示 IP 地址和子网掩码，单击“确定”按钮，即完成了 IP 地址的配置，界面如图 5-5 所示。

按此方式，完成其他 4 台计算机的配置。

4. 网络连通性测试

完成网络配置后，需验证和测试网络配置是否正确。测试网络通常使用前面介绍过的 ipconfig 和 ping 命令，具体测试步骤如下。

1）单击“开始”/“运行”，在运行对话框中输入“CMD”命令，打开命令提示窗口，如图 5-6 所示。

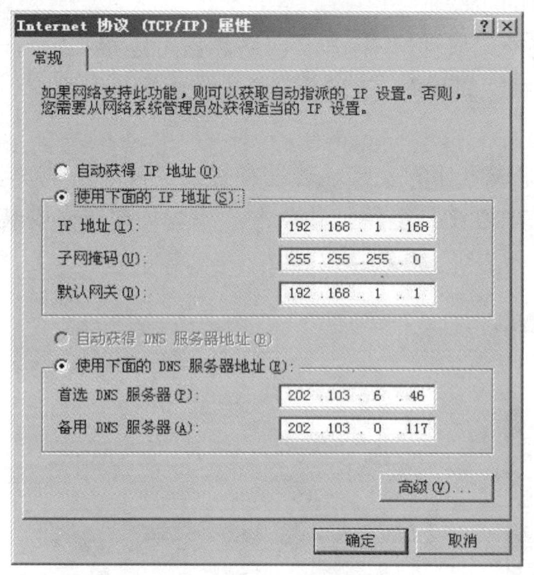

图 5-5 配置 IP 地址界面

图 5-6 运行界面

2）在命令提示窗口中，执行“ipconfig”命令来验证 IP 地址的配置，如图 5-6 所示。需要说明的是，若看到 IP 地址和子网掩码全为“0”，则可能是 IP 地址冲突，即两台计算机的 IP 配置相同，这是不允许的，应将其中一台计算机修改为其他 IP 地址。

3）执行 ping 命令，测试网络是否连通。如在第一台计算机上输入 ping 192.168.0.2 命令测试计算机 1 与计算机 2 是否连通时，若测试结果如图 5-7 所示，则说明网络是连通的。若测试结果如图 5-8 所示，则说明网络不通，应检查原因。

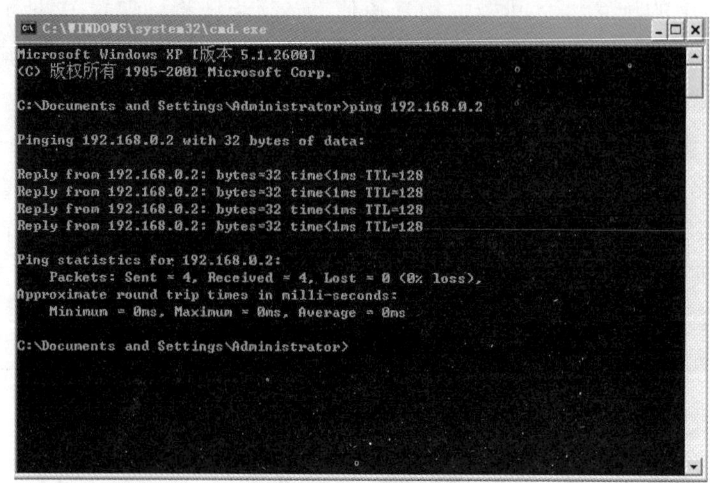

图 5-7 网络连通

```
C:\WINDOWS\system32\cmd.exe
Microsoft Windows XP [版本 5.1.2600]
(C) 版权所有 1985-2001 Microsoft Corp.

C:\Documents and Settings\Administrator>ping 192.168.0.2

Pinging 192.168.0.2 with 32 bytes of data:

Request timed out.
Request timed out.
Request timed out.
Request timed out.

Ping statistics for 192.168.0.2:
    Packets: Sent = 4, Received = 0, Lost = 4 (100% loss),

C:\Documents and Settings\Administrator>
```

图 5-8　网络不连通

5.2 组建客户机/服务器网络

5.2.1　客户机/服务器网络简介

客户机/服务器网络是指在网络中至少有一台服务器。服务器在网络中处于核心和主导地位，其他计算机处于从属地位称为客户机。

在客户机/服务器模式的网络中，服务器的功能主要体现在两个方面：①服务器是网络的管理中心，管理员可以在服务器上为每个用户创建用户帐号，并为不同帐号设置不同的操作权限，从而限制每一个用户的操作行为；②服务器是资源和服务中心。服务器可以为客户机提供各种各样的网络服务，还可以为客户机提供相关资源。

客户机/服务器网络中的客户机始终处于从属地位，它接受服务器的管理，并从服务器获得相关服务。

客户机/服务器网络结构如图 5-9 所示。

当联网计算机台数在几十台、几百台甚至上千台以上，而且对网络安全要求很高的情况下，必须将网络配置为客户机/服务器模式。

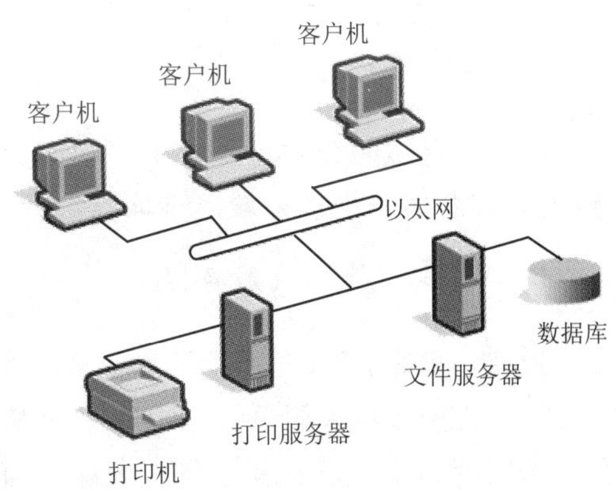

图 5-9　客户机/服务器网络结构图

5.2.2　域简介

域是在 Windows（包括 Windows NT/2000/2003）网络环境下组建客户机/服务器网络的实现方式。所谓域，是由网络管理员定义的一组计算机的集合，也可以理解为就是一个网络。在这个网络中，至少有一台域控制器计算机，充当网络服务器的角色。在控制器中保存着整个网络的帐号信息及网络配置。管理员可以通过域控制器来实施对网络的管理和控制。如控制用户帐号能否登录网络，登录后能执行哪些操作及用户能访问哪些资源等。而域的客户机必须通过域用户帐号（即管理员在服务器中创建的帐号）才能登录域，并访问域的资源。同时，也必须接受管理员的控制和管理。

域模式的网络结构如图 5-10 所示。

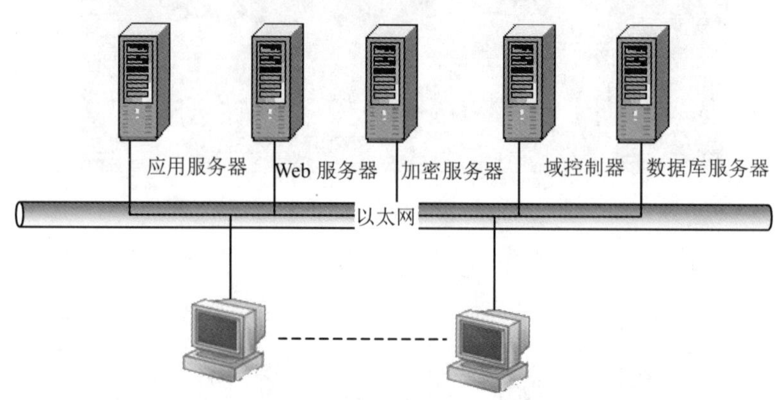

图 5-10　域模式的网络结构图

5.2.3　活动目录简介

通俗地说，活动目录是保存于域控制器计算机中的大型数据库。这个数据库可以保存整个网络的配置信息和资源信息，如网络中的帐号信息、网络配置信息等。有了活动目录，使管理员管理网络更加方便。因为所有的网络配置都集中存储于活动目录中，管理员只要打开活动目录，就可以管理整个网络。同时，活动目录也使用户访问网络资源更加方便。因为活动目录中不但可以保存网络的配置信息，也可以保存整个网络的资源，而且活动目录在网络中无处不在，用户可以从任何一台计算机上打开并访问活动目录，使用户访问网络资源更加方便。前面介绍的域控制器，就是一台安装了活动目录的计算机。

5.2.4　构建域

从前面对域的介绍可以看出，构建域需要执行两步操作：安装至少一台域控制器（服务器），并将客户机加入域。下面详细介绍构建域的步骤。

1. 安装域控制器（服务器）

01 准备工作。

安装域控制器很简单，只要在一台 Windows 2000/2003 计算机上安装活动目录，即安装了域控制器。在安装之前，应首先确定计算机事先没有安装活动目录。方法是右键单击“我的电脑”，选择“属性”，再单击“网络标识”选项卡，确认计算机是工作组成员而不是域控制器，如图 5-11 所示。

同时，为计算机设置固定 IP 地址。为安装方便，将“DNS 服务器”地址设为本机 IP 地址，如图 5-12 所示。

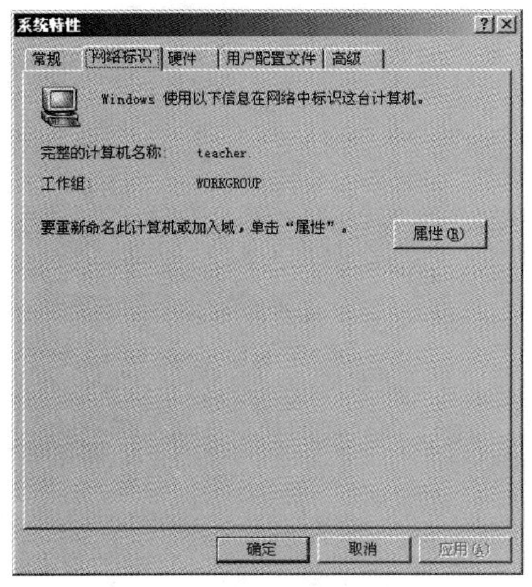

图 5-11 “网络标识”选项卡

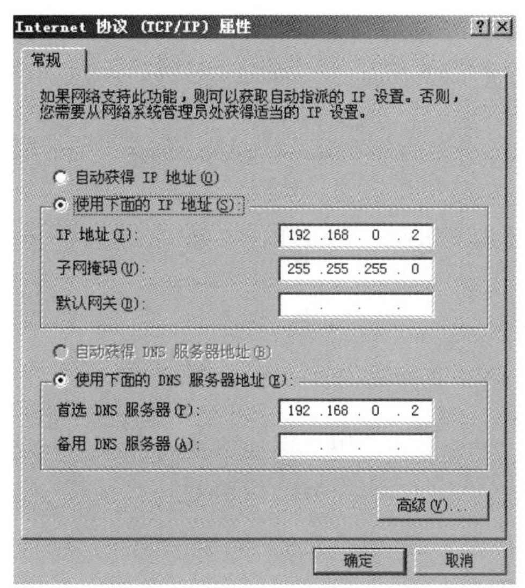

图 5-12 设置固定 IP 界面

02 完成域控制器安装。

完成准备活动后，接下来就可以安装域控制器了。

1）在桌面上，单击“开始”菜单，再单击“运行”命令，打开“运行”对话框。

2）在“运行”对框中输入安装命令“dcpromo”，单击“确定”按钮，如图 5-13 所示。

3）系统打开活动目录安装向导，如图 5-14 所示。单击“下一步”按钮继续安装。

图 5-13 运行 dcpromo 命令

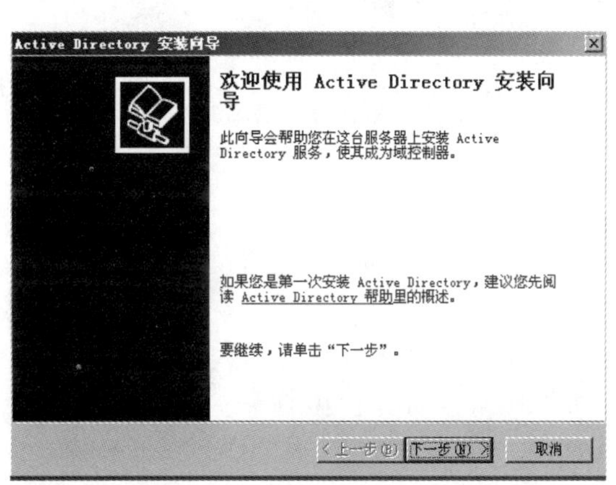

图 5-14 活动目录安装向导

4）系统弹出设置“域控制器类型”对话框。选择“新域的域控制器”单选按钮，单击“下一步”按钮，如图 5-15 所示。

5）系统弹出“创建目录树或子域”对话框，选择“创建一个新的域目录树”，单击“下一步”按钮，如图 5-16 所示。

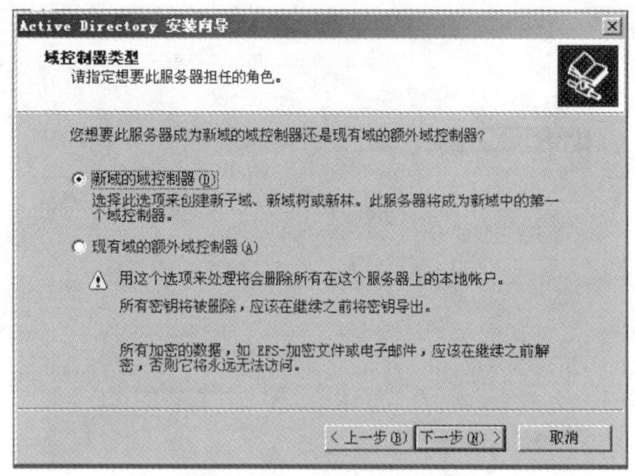

图 5-15 域控制器类型

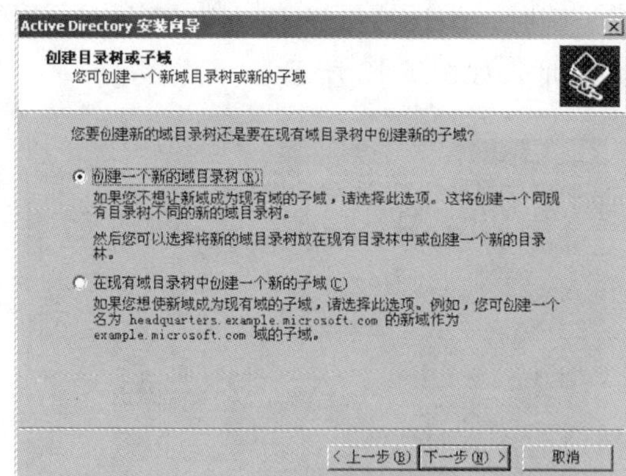

图 5-16 创建目录树或子域

6）系统弹出“创建或加入目录林”对话框，选择“创建新的域目录林”单击“下一步”按钮，如图 5-17 所示。

7）此时系统要求输入新域名。输入适当的域名后，单击“下一步”按钮，如图 5-18 所示。

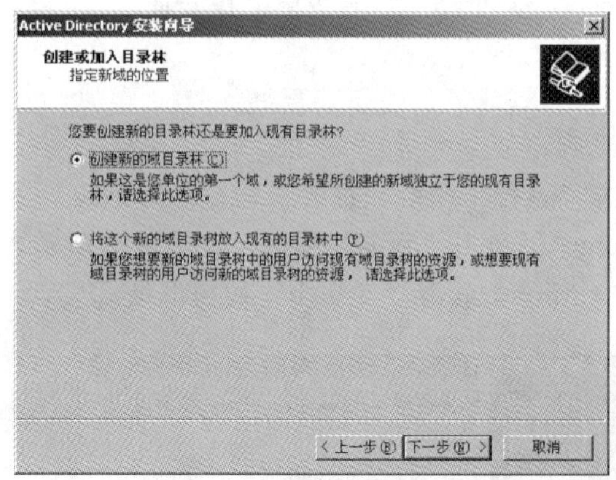

图 5-17 创建新的域目录林

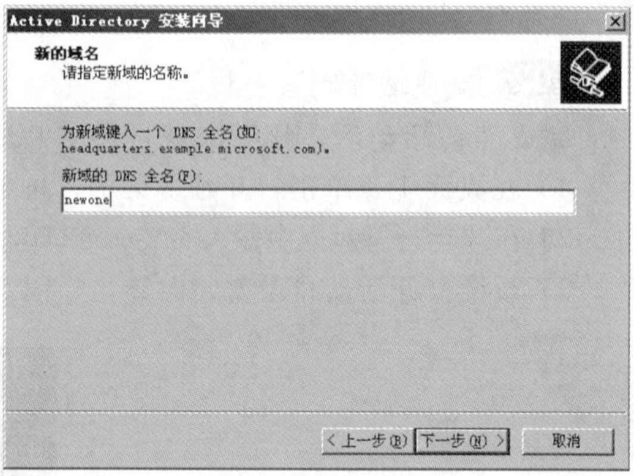

图 5-18 输入新域名

8）系统要求设置域的 NetBIOS 名，以默认设置即可，单击“下一步”按钮，如图 5-19 所示。

9）系统要求指定 Active Directory 数据库和日志文件的位置。修改好路径后，单击“下一步”按钮，如图 5-20 所示。

10）系统要求指定 SYSVOL 文件夹的位置，此文件夹必须位于 NTFS 分区。正确指向后，单击“下一步”按钮，如图 5-21 所示。

11）系统要求设定兼容级别。若网络中有 NT 的域控制器，选择第一项。若网络的域控制器全部为 Windows 2000 或 Windows 2003 系统的域控制器，选择第二项。单击“下一步”按钮，如图 5-22 所示。

12）系统要求设置目录服务恢复模式的管理员密码。输入密码后，单击“下一步”按钮，如图 5-23 所示。

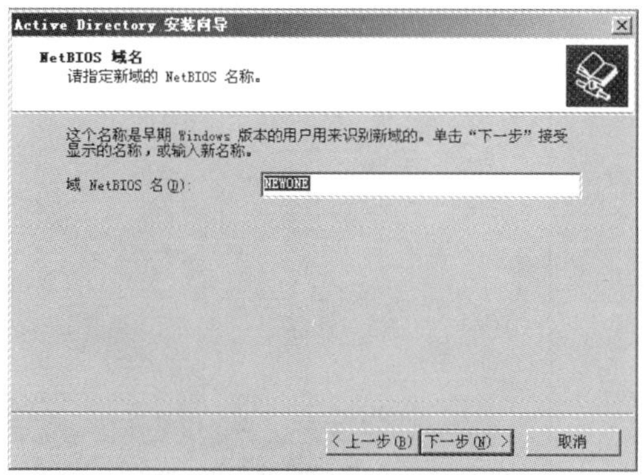

图 5-19 设置域的 NetBIOS 名

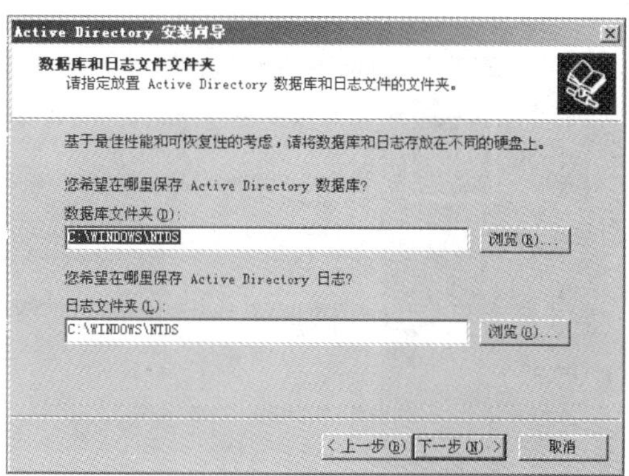

图 5-20 指定 Active Directory 数据库和日志文件位置

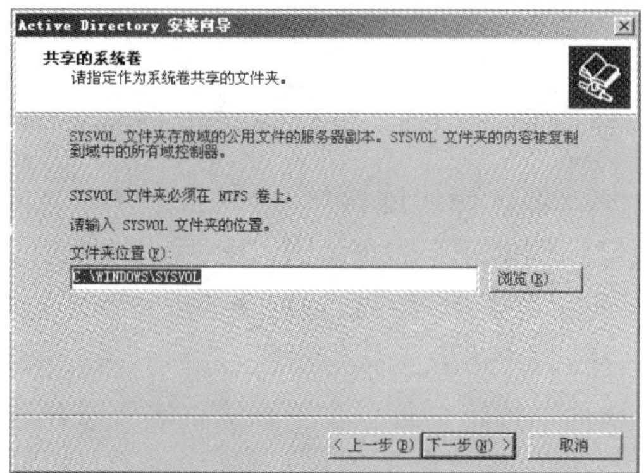

图 5-21 指定 SYSVOL 文件夹位置

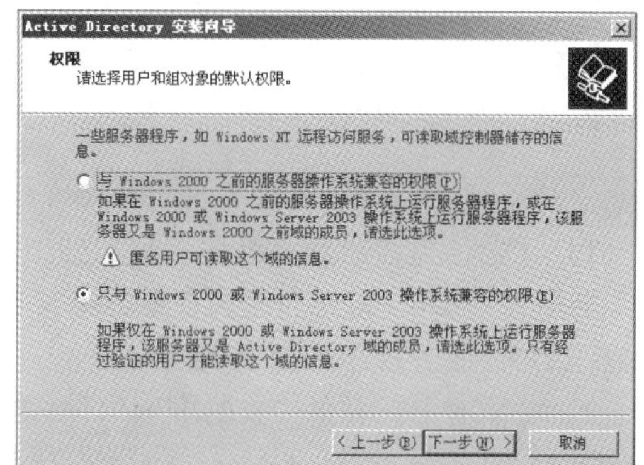

图 5-22 设定兼容性

13）系统显示安装摘要，直接单击“下一步”按钮，系统开始安装活动目录，如图 5-24 所示。

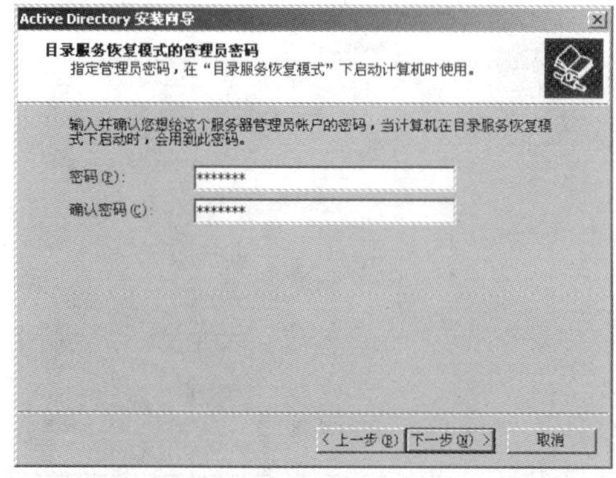

图 5-23 设置管理员的密码

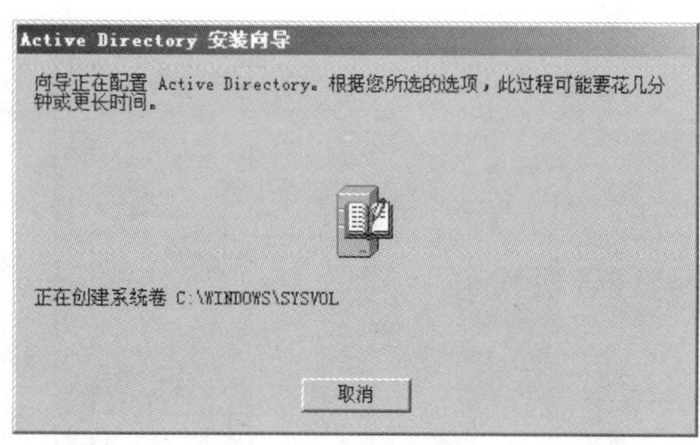

图 5-24 安装活动目录

14）在完成安装后，安装向导提示安装完成，单击“完成”按钮，如图 5-25 所示。

15）此时，系统要求重新启动计算机。单击“立即重新启动”，计算机重新启动，如图 5-26 所示。启动后，则完成了活动目录的安装。此时，这台计算机已成为域控制器。

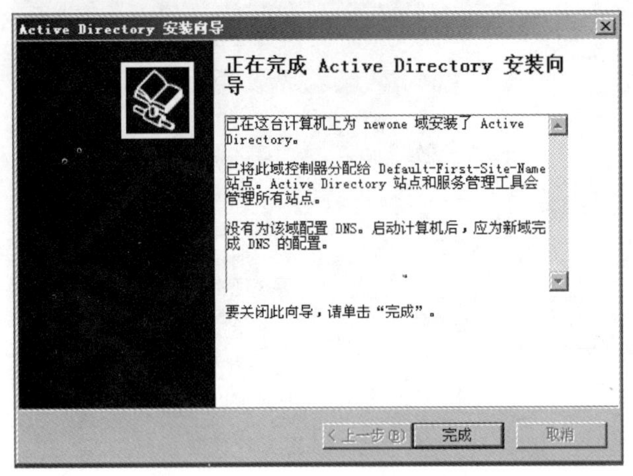

图 5-25 安装完成提示界面

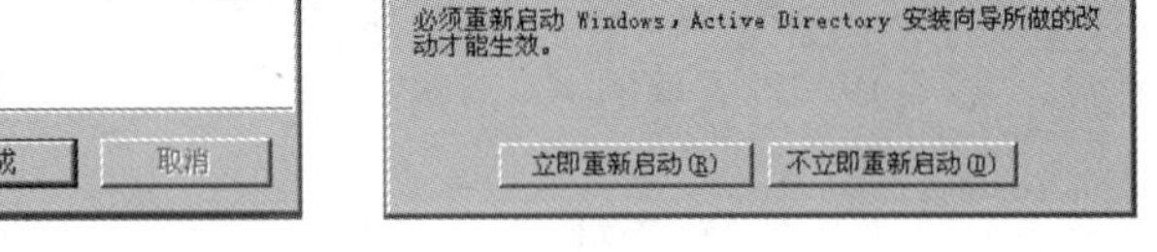

图 5-26 安装完成后的重新启动界面

2. 将客户机加入域

安装了域控制器后，接下来需要将客户机加入域，操作过程如下。

1）首先，为客户计算机配置固定的 IP 地址，同时正确设置首选 DNS 服务器地址。这里将“首选 DNS 地址”设为控制器地址。因为在安装活动目录过程中，域控制器已被配置为 DNS 服务器，如图 5-27 所示。

2）在桌面上，右击“我的电脑”，单击“属性”按钮，再单击“计算机名”选项卡，如图 5-28 所示。

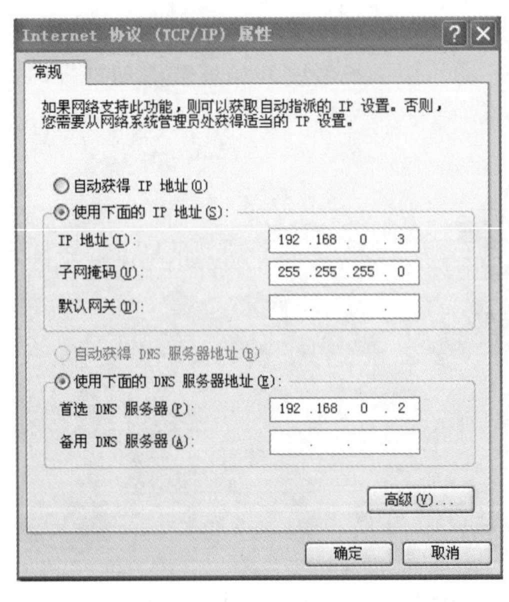

图 5-27 配置客户机 IP 地址

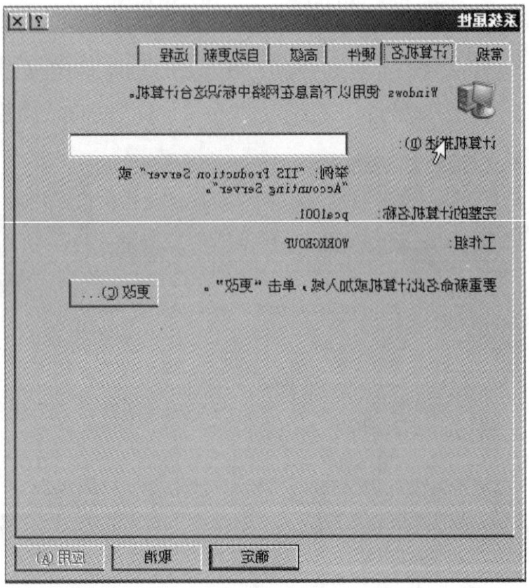

图 5-28 “计算机名”选项卡

3）在网络标识对话框中，单击“属性”按钮，打开“计算机名称更改”对话框。在“隶属于”选项组中单击“域”单选按钮，并输入要加入的域名，最后单击“确定”按钮，如图 5-29 所示。

4）此时系统提示输入域用户的用户名和密码，通常输入域管理员的用户名和密码即可。若网络配置正常，系统会显示“欢迎加入××××域”。重新启动计算机后。计算机则已被加入域，成为域的客户机。

5）构建域后，管理员可以在控制器上为所有的网络用户创建域用户帐号，用户可以在客户机上通过管理员创建的帐号登录到域中，访问域的资源。同时，管理员还可以对每个域用户帐号进行管理和控制，从而实现统一管理。关于域用户帐号的创建和管理，请读者阅读后面的章节。

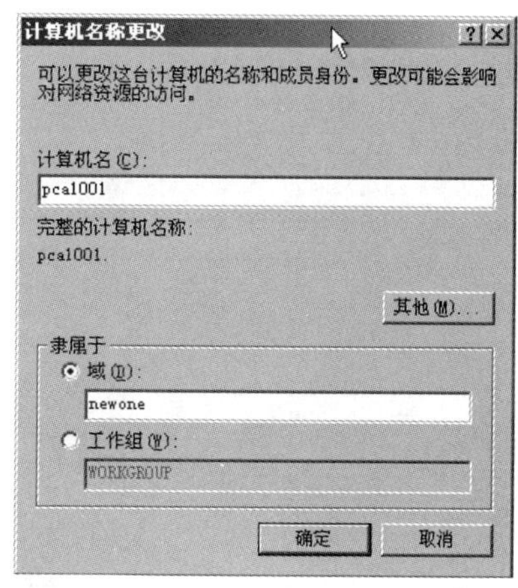

图 5-29　为客户机选择域

5.3 用户和组的管理

5.3.1 用户帐号

1. 帐号与权限

所谓用户帐号，是计算机使用者的身份标识。每一个要访问 Windows 2003 系统资源的人，必须凭借他的用户帐号才能进入计算机，进而访问计算机中的资源。Windows 2003 系统通过用户帐号实现对每个计算机使用者的控制。当用户以管理员帐号进入时，可以访问任何资源，执行各种操作。当用户以普通用户帐号进入时，则只能访问有限的资源，执行有限的操作。

在管理网络时，必须为不同的使用者创建用户帐号，并对不同的用户帐号进行授权。比如我们可以给公司经理的帐号授予很高的权限，使他可以访问大部分数据，而给普通职员的帐号授予很低的权限，使他只能访问与工作有关的资源，其他资源是不能访问的。通过这种方式实现对不同使用者的控制和管理，同时保证数据的安全性。

2. 用户帐号的类型

根据创建用户帐号的位置和使用范围的不同，用户帐号可以分为两种类型：本地用户帐号和域用户帐号。

本地用户帐号：本地用户帐号创建于网络客户机，只能在所创建的客户机上登录，使用范围仅限于所创建的计算机。

域用户帐号：域用户帐号创建于服务器（域控制器），可以在网络中任何计算机登录，使用范围是整个网络。

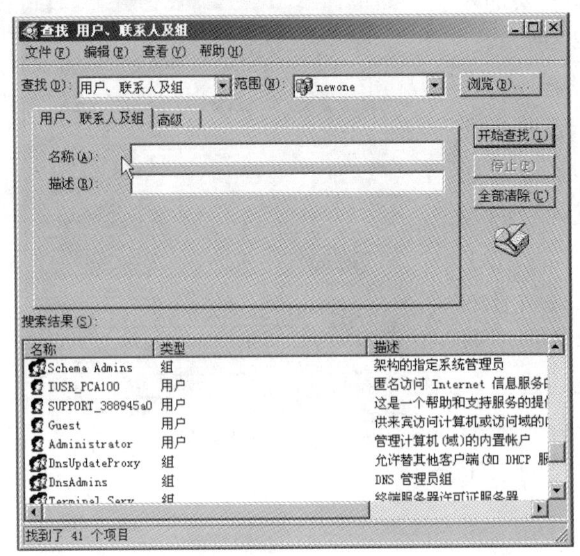

图 5-30　创建域用户帐号

如图 5-30 所示，如果我们在客户机上创建用户帐号，则此帐号为本地帐号。本地帐号只能在所创建的计算机上登录，而不能在其他计算机上登录。如果我们在如图 5-30 所示的域控制器（服务器）上创建用户帐号，则此帐号为域用户帐号，这类帐号可以在域中任何计算机中登录。

内置用户帐号：是 Windows 2003 系统自带的帐号，用于完成预定的任务。Windows 2003 系统有两个内置帐号：Administrator 和 Guest。

Administrator：系统的管理员帐号，具有最高权限，用于管理计算机或整个网络。

Guest：来宾帐号，此帐号是为那些偶尔要访问计算机或网络，但又没有自己的帐号的人使用的，它的权限非常低，只能执行有限的操作。

5.3.2　组

1. 组与组权限

所谓组，是一组相关帐号的集合。在管理网络时，可以按照不同用户的操作需求和资源访问需求来创建不同的组，从而实现对用户的统一配置和管理。比如，可以创建账务组，将所有的账务人员的帐号加入这个组，进行统一设置。或者创建销售组，将所有的销售人员的帐号加入组，进行统一配置。

使用组的目的是为了简化对网络的管理。没有组的时候，管理员必须对不同的用户分别授权。创建组以后，管理员可以通过组一次性地为一批用户授权。

2. 组的类型

根据创建组的位置和使用范围的不同，组可以分为两种类型：工作组中的组（本地组）和域中的组。

（1）工作组中的组（本地组）

创建于网络客户机，控制对所创建的计算机资源的访问。

（2）域中的组

创建于服务器（域控制器），控制对域资源的访问。

（3）内置组

Windows 2003 系统自带的组，拥有内置权限。我们可以通过将用户加入内置组的方式直接获得内置组的权限。如将一个新用户加入内置的管理员组，则用户可以取得管理员权限。Windows 2003 系统中有如下几种内置组。

1）Administrators: 管理员组，其成员拥有管理员权限。

2）Power Users: 超级用户组，相当于副管理员组，其用户权限仅次于管理员，可以执行一部分管理操作（注：这个组在域中叫 Server Operators）。

3）Backup Operators: 备份操作员组，其用户拥有数据备份和数据恢复的权限。

4）Guests: 来宾组。保存来宾帐号。

5）Users: 用户组，用于组织用户，不用来授权。

内置组可以给我们提供很多管理上的方便。比如，我们可以直接将一个用户加入内置组，使其拥有内置组的权限。

3. 使用组的规则

在管理网络时，管理员可以按照以下规则来使用组：

1）将用户加入组。

2）给组授权。

这样，组中的所有用户就获得组的权限了。

5.3.3 创建并配置本地用户帐号

如前所述，只能在网络客房机上创建本地用户帐号，本地用户帐号保存于本地的 SAM 文件中。管理员可以通过“本地用户和组”工具创建本地用户。

1）在桌面上，右击“我的电脑”，选择“管理”。

2）在“计算机管理（本地）”一栏中，单击“本地用户和组”前面的“+”号，将其展开，右击“用户”，选择“新用户”，如图 5-31 所示。

3）在新用户窗口中，输入用户名，并设置密码，单击“创建”按钮，则可以创建本地用户帐号，如图 5-32 所示。

4）创建用户帐号后，可以右键单击所创建的用户帐号，选择“属性”设置帐号属性。

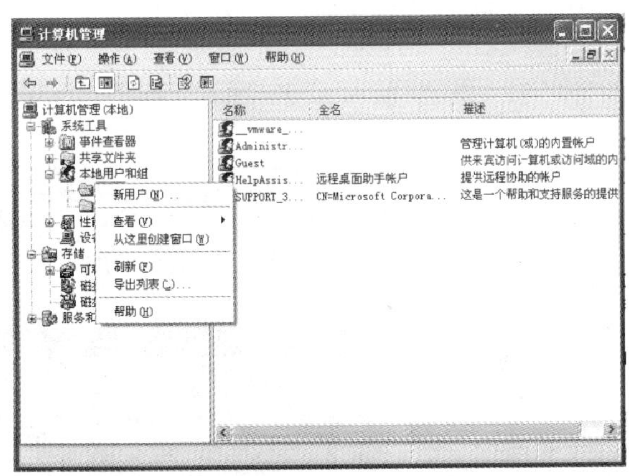

图 5-31 创建本地用户帐号

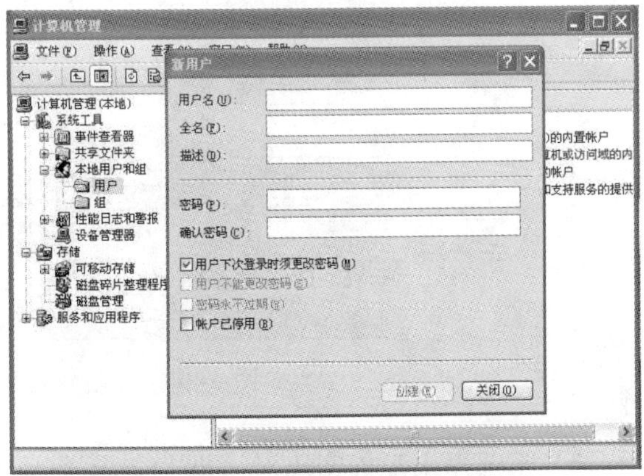

图 5-32 “新用户”对话框

5.3.4 创建并配置域用户帐号

要创建域用户帐号，必须在 Windows 2003 系统的域控制器上才能

注 意

“本地用户和组”工具在域控制器上是禁用的，因为域控制器计算机上不能创建本地用户和组。

创建，普通的客户机是不能创建域用户帐号的。管理员可以通过“Active Directory 用户和计算机”工具创建域用户。

1）单击“开始”菜单，依次选择“程序”/“管理工具”/“Active Directory 用户和计算机”，打开 Active Directory 用户和计算机窗口，如图 5-33 所示。

2）在“Active Directory 用户和计算机”窗口中，右击某容器，如 User 选择“新建”/“用户”，在弹出的窗口中输入用户的姓、名及登录名，单击“下一步”按钮，如图 5-34 所示。

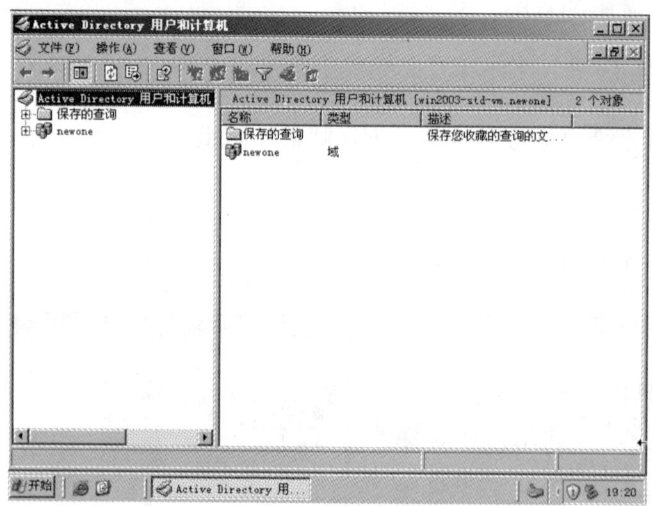

图 5-33 “Active Directory 用户和计算机”窗口

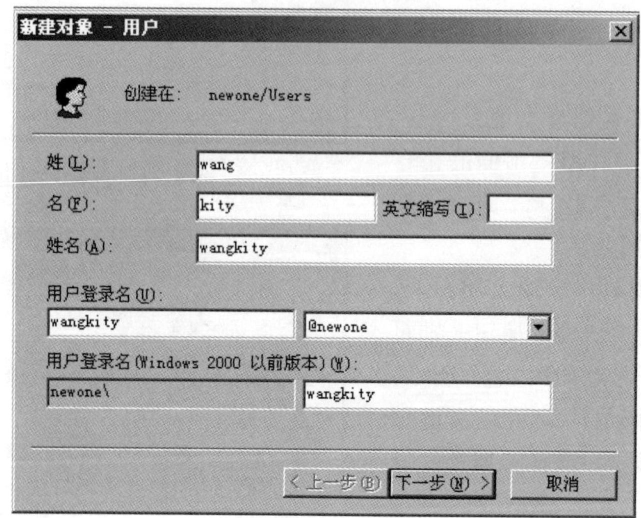

图 5-34 “新建对象 User”对话框

3）系统弹出配置密码对话框，如图 5-35 所示。输入所设定的密码，并单击“下一步”按钮，最后单击“完成”按钮。

4）在创建用户帐号后，可以右键单击所创建的用户，选择“属性”，对用户帐号的属性进行配置，如配置用户的常规属性、用户的地址、单位等。另外，也可通过“帐户”选项卡，配置用户的登录时间和可以登录的计算机，如图 5-36 所示。

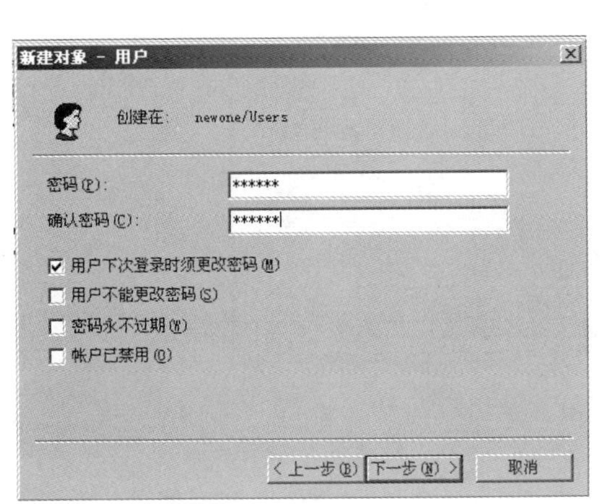

图 5-35 设置用户的密码

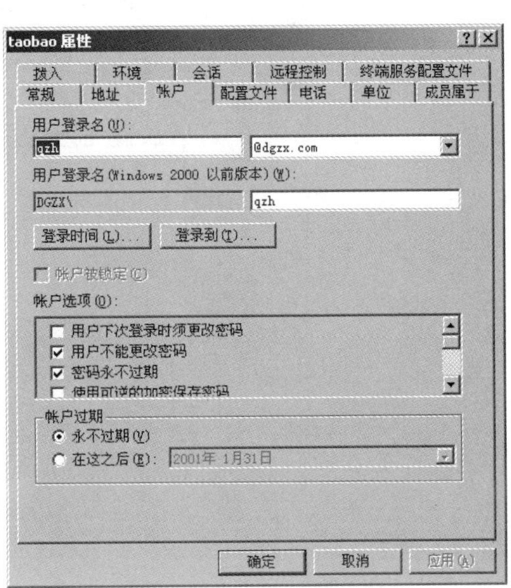

图 5-36 用户属性的“帐户”选项卡

5.3.5 创建并配置本地组

创建本地组仍然使用“本地用户和组”工具。

1）右击“我的电脑”，选择“管理”。

2）在“计算机管理（本地）”一栏中，单击“本地用户和组”前面的“+”号，将其展开。右击“组”，选择“新建组”，如图 5-37 所示。

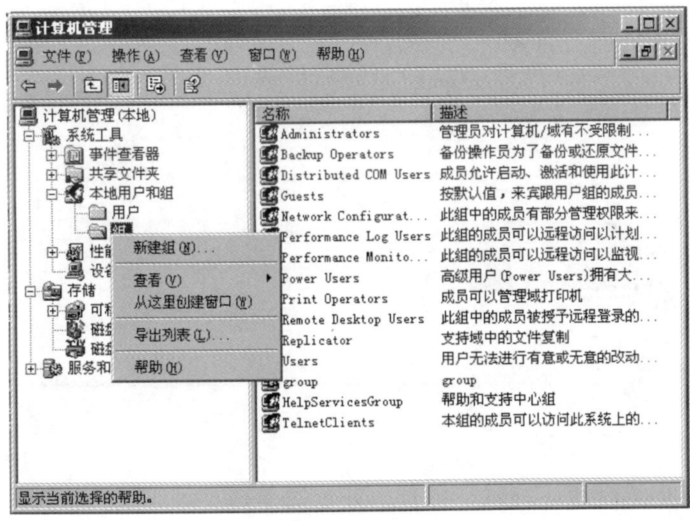

图 5-37 新建组

3）在新建组窗口中，输入组名，单击“创建”按钮，则可以创建本地组，如图 5-38 所示。

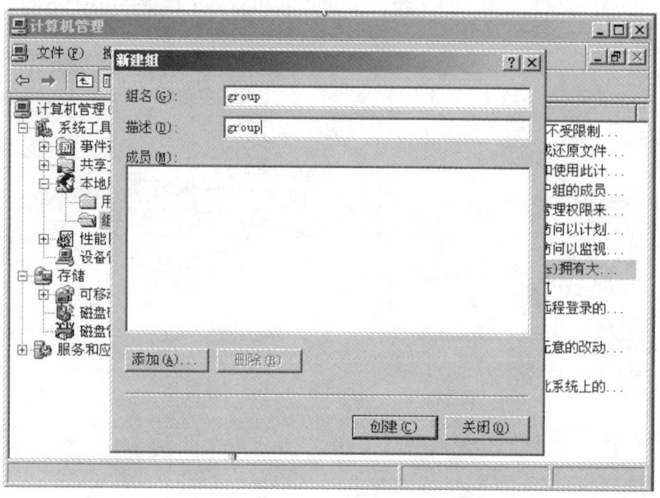

图 5-38 新建组

4）创建组后，需要向组中添加用户。在计算机管理窗口中，右击刚刚创建的组，选择“属性”。

5）在打开的组属性设置对话框中，单击“添加”按钮，打开“选择用户”对话框，如图 5-39 所示。

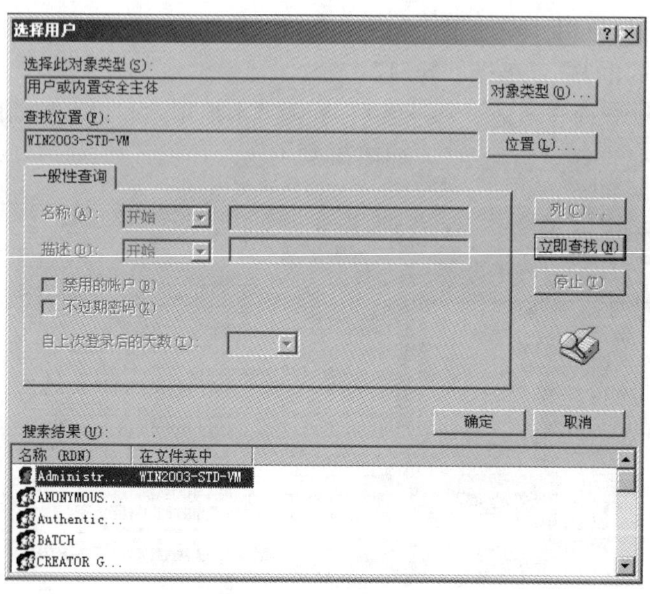

图 5-39 “选择用户”对话框

6）在对话框中选择相应的用户帐号，并依次单击“添加”/“确定”按钮，将用户添加入组。

5.3.6 创建并配置域中的组

要创建域中的组，仍然使用“Active Directory 用户和计算机”。

1）单击“开始”菜单，依次选择“程序”/“管理工具”/“Active Directory 用户和计算机”，打开“Active Directory 用户和计算机”窗口。

2）在“Active Directory 用户和计算机”窗口中，右键单击某容器，如 Users，选择“新建”/“组”，输入组的名称后，单击“确定”按钮，则可以创建组，如图 5-40 所示。

3）创建组后，需要向组中添加成员。右键单击刚刚创建的组，选择“属性”，在弹出的对话框中选择“成员”选项卡，如图 5-41 所示。

图 5-40 “新建对象组”对话框

图 5-41 “成员”选项卡

4）单击“添加”按钮，选择相应的用户，再次单击“添加”/“确定”按钮，完成添加用户的过程，如图 5-42 所示。

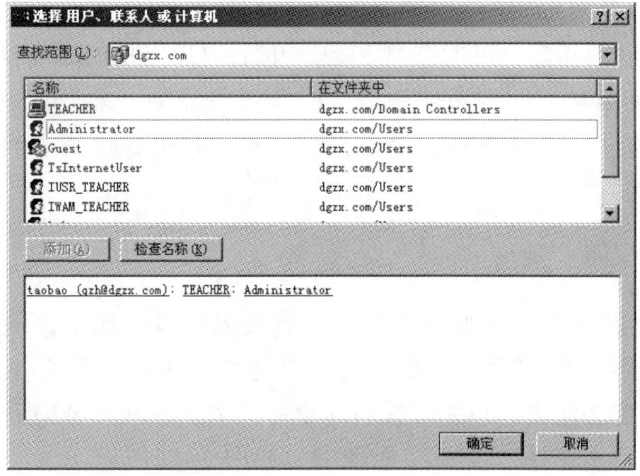

图 5-42 向组中添加用户

5.4 文件安全管理

5.4.1 文件系统

我们知道，在向计算机的硬盘中保存文件之前，必须将硬盘分区并格式化，否则，硬盘是不能保存文件的。在对硬盘进行格式化时，可以将硬盘格式化为不同的文件系统，如 FAT 文件系统、FAT32 文件系统、NTFS 文件系统等。但不同文件系统所能提供的功能和安全性是不一样的。其中 FAT 文件系统是在 DOS 和 Windows 95 时代使用的文件系统。这种文件系统的磁盘利用率不高，而且分区不能超过 2GB，不适合管理大硬盘。FAT32 文件系统的硬盘利用率有很大提高，而且也可以划分出大分区，是目前单机用户经常使用的文件系统。但是，FAT 和 FAT32 文件系统的安全性不是很好，所以微软又开发了 NTFS 文件系统，来提高文件安全性，加强对文件资源的保护。

NTFS 文件系统是专用于 Windows 2003 的高级文件系统。相对于 FAT 和 FAT32 文件系统来说，NTFS 增加了许多新功能，比如可以更好地保护文件资源，提高文件资源的安全性等。

5.4.2 NTFS 文件系统的功能

概括起来，NTFS 与 FAT 和 FAT32 文件系统相比，提供了以下新功能。

1）可以对单个文件设置权限，而不仅仅是对文件夹设置权限。这使得管理员在管理文件时，可以针对不同用户设置不同的访问权限，使每一个用户只能访问与自己相关的文件，而不能访问其他文件，从而可以更好地保护文件资源。

2）提供了文件加密功能，从而极大地增强了文件安全性。利用文件加密功能，用户可以将自己的重要文件加密，使其他用户不能访问自己的重要文件。

3）提供了文件压缩功能，从而极大地节省了磁盘空间。通过对文件进行压缩，可以节省磁盘空间，使磁盘可以保存更多的文件。

4）提供了磁盘配额功能，可能监视和控制单个用户使用的磁盘空间量。通过磁盘配额功能，使管理员可以对不同用户使用磁盘的量进行控制，来提高磁盘利用率。

正是因为以上特点，建议在格式化磁盘时，将硬盘格式化为 NTFS 文件系统，为文件提供更高的安全性。

5.4.3 设置 NTFS 权限

在 NTFS 文件系统下，为文件或文件夹设置权限的步骤如下。

1）打开 Windows 资源管理器，然后定位到需要设置权限的文件或文件夹。

2）右击该文件或文件夹，单击“属性”命令，打开如图 5-43 所示属性设置对话框。

3）在属性窗口中，选择“安全”选项卡，如图 5-44 所示。

4）单击“添加”按钮，添加相应的用户或组，然后单击“确定”按钮，关闭对话框，并在窗口下方“权限”位置设置适当的权限。如在图 5-44 中，将财务组的权限设置为“读取”权限。NTFS 文件系统下各项权限及对应功能如表 5-1 所示。

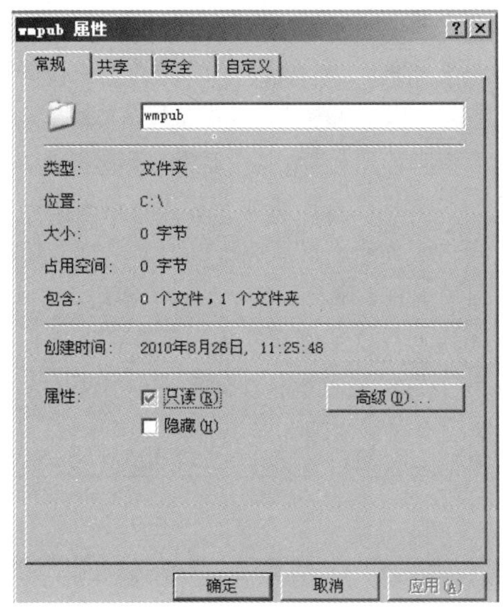

图 5-43　对文件或文件夹属性进行设置

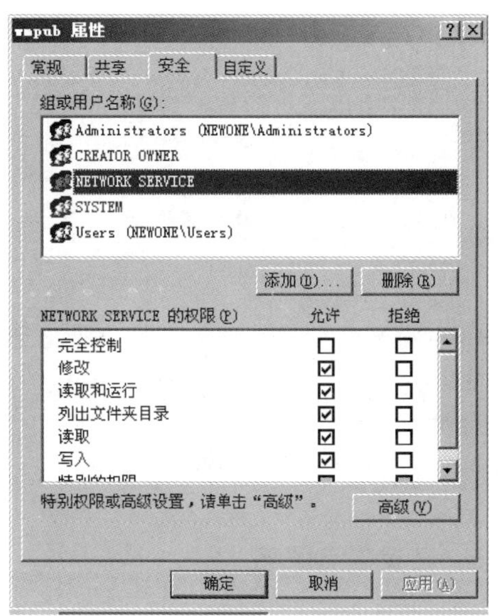

图 5-44　“安全”选项卡

表 5-1　NTFS 文件系统下各项权限及功能

权限名称	允许执行的操作
完全控制	查看、运行、更改、删除和改变所有者
修改	查看、运行、更改和删除
读取和执行	查看和运行
读取	查看
写入	查看、运行、更改

在具体设置权限时，可按用户或组的需求来设置适当的权限。设置权限时，应注意以下几点。

1）要打开“Windows 资源管理器”，请单击“开始”/“程序”/“附件”/“Windows 资源管理器”。

2）只能在格式化为 NTFS 文件系统的驱动器上才能设置 NTFS 权限。

3）要更改访问权限，必须是文件或文件夹的所有者才能执行该操作。

4）在为用户设置权限时，首先应将 Windows 设置的默认组 Everyone 组删除，因为此组成员包含所有用户，而且其默认权限是完全控制权。

5.4.4　设置文件压缩

在 NTFS 文件系统下执行文件压缩的步骤如下。

1）在资源管理器中，右键单击要压缩的文件或文件夹，单击“属性”命令。

2）在属性窗口中，单击“高级”按钮，打开“高级属性”对话框。

3）在该对话框中，选中“压缩内容以便节省磁盘空间”，单击“确定”按钮，如图 5-45 所示。

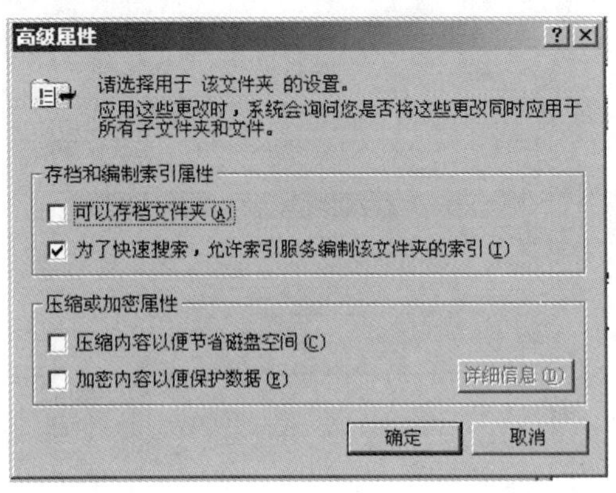

图 5-45 “高级属性”对话框

注 意

只能压缩 NTFS 格式的驱动器上的文件和文件夹。如果没有出现“高级”按钮，说明所选的文件或文件夹不在 NTFS 驱动器上。

如果将文件添加或复制到已压缩的文件夹中，文件将被自动压缩。如果将文件从不同的 NTFS 驱动器移动到已压缩的文件夹中，文件也将被压缩。但是，如果将文件从同一个 NTFS 驱动器移动到已压缩的文件夹中，则文件将保留原始状态。

5.4.5 设置磁盘配额

在 NTFS 文件系统上设置磁盘配额的步骤如下。

1）在桌面上，双击“我的电脑”，右击要启用磁盘配额的　　磁盘，然后单击“属性”命令，弹出磁盘属性设置对话框，如图 5-46 所示。

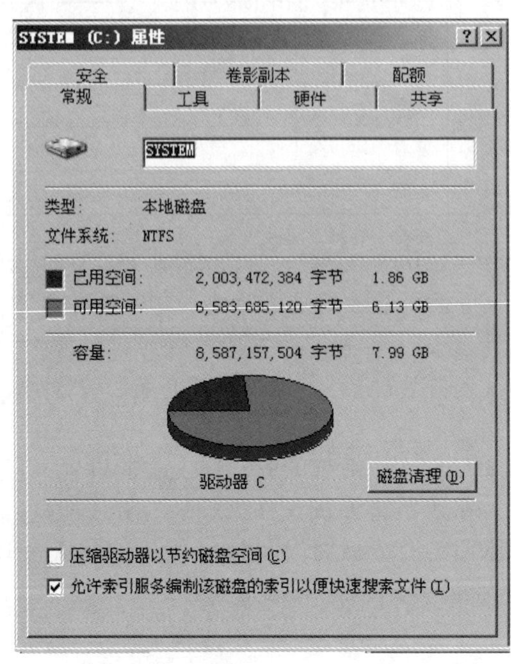

图 5-46 磁盘“属性”

2）在对话框中，单击“配额”选项卡。

3）在该选项卡中，单击“启用配额管理”复选框，如图 5-47 所示。要为该驱动器的新用户设置配额，选择“将磁盘空间限制为”单选按钮，并输入适当的空间限制。若要为系统已有的用户设置磁盘配额，可单击右下角的“配额项”，添加已有的用户并设置配额。

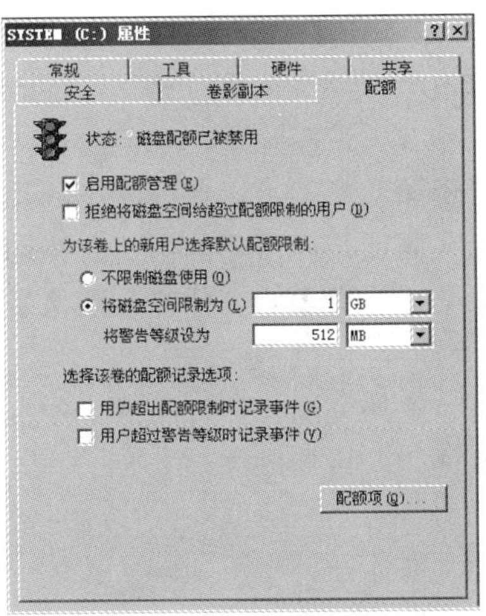

图 5-47　磁盘“配额”选项设置

> **注 意**
>
> 如果驱动器不是用 NTFS 文件系统格式化的，或者该用户不是 Admininstrators 组的成员，则驱动器的“属性”对话框中不显示“配额”选项卡。

5.4.6　设置数据加密

在 NTFS 文件系统下，设置文件加密的步骤如下。

1）在资源管理器中，右键单击要加密的文件或文件夹，单击“属性”。

2）在属性对话框中，单击“高级”按钮，打开“高级属性”对话框。

3）在该对话框中，选中“加密内容以便保护数据”复选框，单击“确定”按钮即可，如图 5-48 所示。

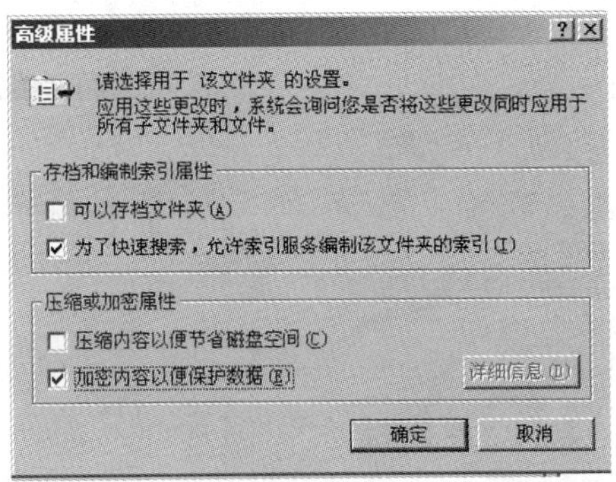

图 5-48　“高级属性”对话框

> **注 意**
>
> 1）只可以加密 NTFS 文件系统上的文件和文件夹。
>
> 2）不能加密已压缩的文件或文件夹。如果选中了“压缩内容以便节省磁盘空间”复选框，请清除该复选框，然后才能选择“加密内容以便保护数据”。
>
> 3）无法加密系统文件。
>
> 4）在加密重要文件后，一定要将加密用的密钥导出，以防止密钥损坏时无法打开加密的文件。

5.5 实现资源共享

5.5.1 共享的资源

所谓共享，即共同享有、共同使用。通过设置资源共享，可以使网络中的用户访问使用其他计算机的资源。如网络中的所有用户可以共同使用网络中的同一台打印机来打印文件，共同使用一个调制解调器上网，共同读取某计算机上的文件等。网络资源的共享给我们带来极大方便。

在网络中，可共享的资源包括硬件和软件资源。硬件资源包括打印机、传真机、光驱、软驱、硬盘、调制解调器等。软件资源包括数据、应用程序等。

5.5.2 创建共享

在网络中，要实现资源共享，必须先建立共享。能够建立共享的用户需要有一定的权限，在 Windows 系统下，只有 Administrators 和 Power Users/Server Operators 组能创建共享，其他用户不能创建共享。

Windows 系统下创建共享的步骤如下。

1）在 Windows 资源管理器中，右键单击要共享的文件夹，再单击“共享”，打开文件夹属性对话框，如图 5-49 所示。

2）在该对话框中，单击“共享”选项卡，选择“共享此文件夹”，输入共享名，再单击“确定”按钮，完成共享设置。同时，也可以单击如图 5-49 对话框中的“权限”按钮，设置共享权限，如图 5-50 所示。

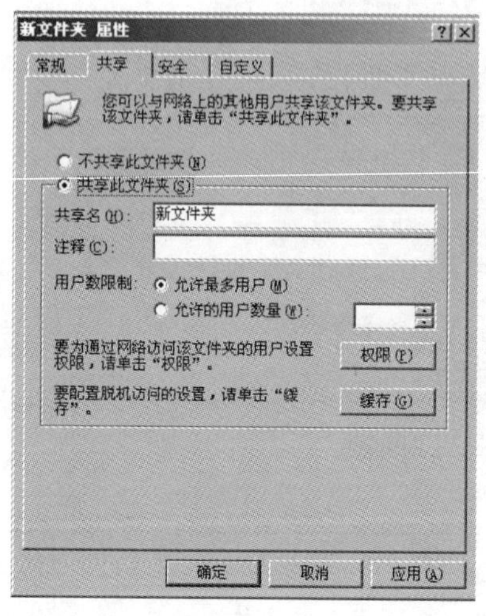

图 5-49 设置共享

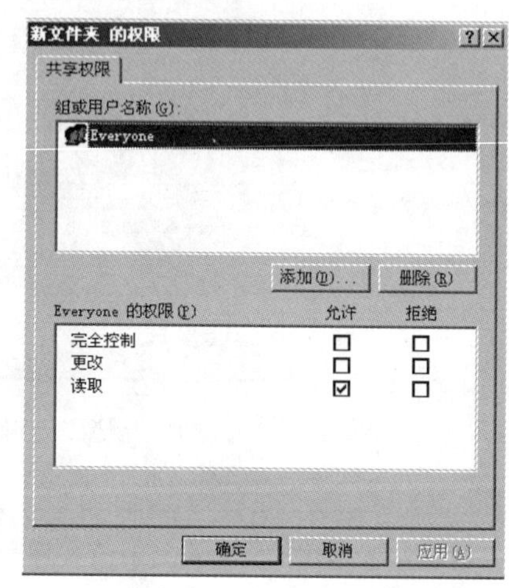

图 5-50 “共享”选项卡

3）资源被共享后，我们会看到有一只手将共享的资源托住，表示此资源已被共享。如图 5-51 所示。同时，其他计算机可以通过网络来访问此共享文件夹。

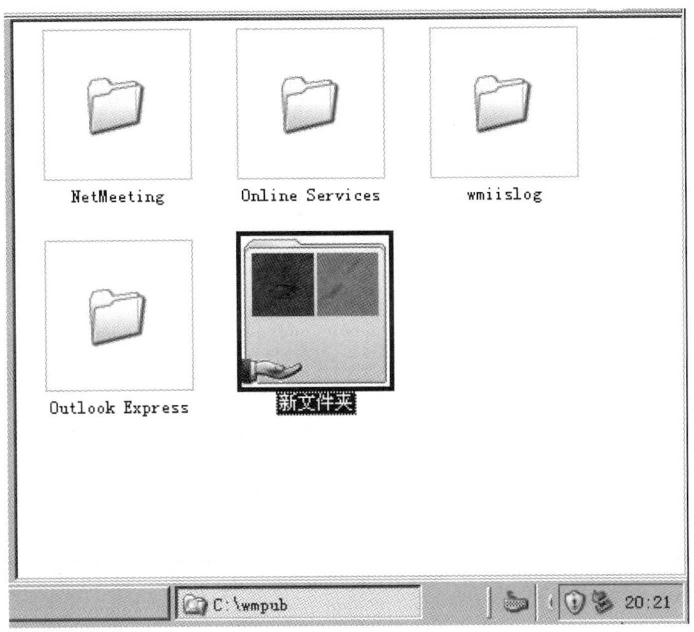

图 5-51　被共享的文件夹

5.5.3　访问共享资源

计算机的资源共享后，可以通过几种不同的方法访问共享。

(1) 通过“网上邻居”来访问

1) 在桌面上，双击“网上邻居”图标。

2) 在“网上邻居”窗口中，双击“整个网络”，打开“整个网络”窗口，如图 5-52 所示。

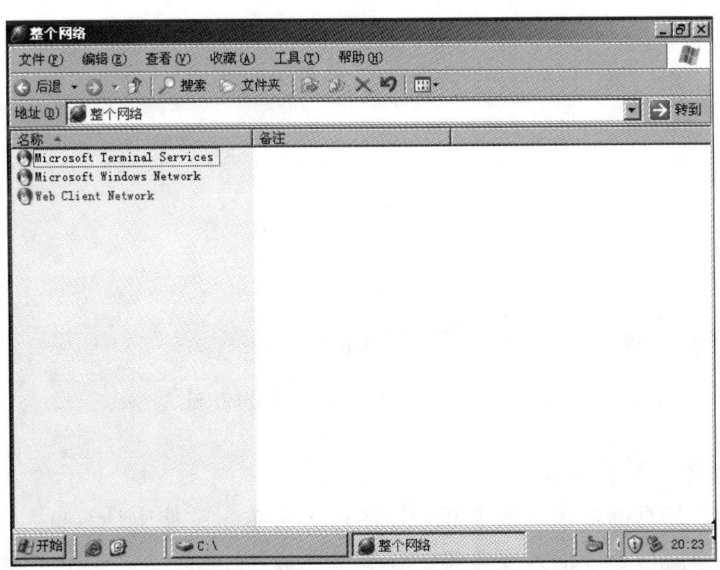

图 5-52　“整个网络”窗口

3）单击左下方的“全部内容”，再双击“微软 Windows 网络”图标，打开网络浏览列表，如图 5-53 所示。

4）双击相应的工作组名，如 Workgroup，则可以看到这个工作组网络中的计算机，如图 5-54 所示。

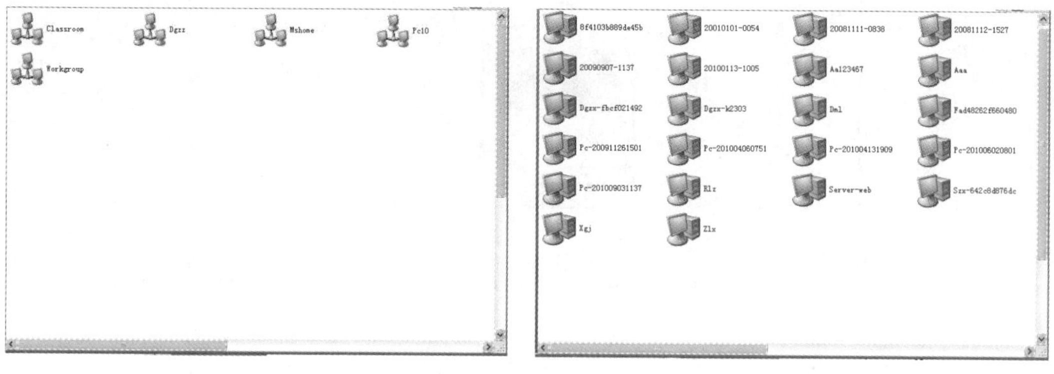

图 5-53　网络浏览列表　　　　图 5-54　网络中的计算机图标

5）双击要访问的计算机，如 Rlz，则可打开该计算机的共享资源，如图 5-55 所示。

6）双击打开共享的文件夹，可以看到里面的文件。此时，我们可以读取、复制这些共享的文件。

图 5-55　计算机中已共享的资源

（2）通过搜索计算机来访问

1）在桌面上，右键单击“网上邻居”图标，再单击“搜索计算机”。

2）在弹出的窗口中，输入要搜索的计算机名或 IP 地址，再单击“搜索”按钮，如图 5-56 所示。

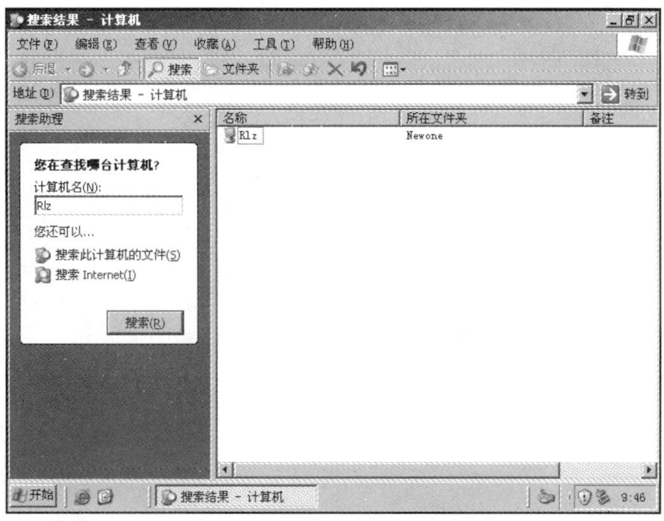

图 5-56　搜索计算机窗口

3）若网络连接正常，系统将显示要搜索的计算机图标。双击该图标，就可以访问此计算机的共享文件了，如图 5-57 所示。

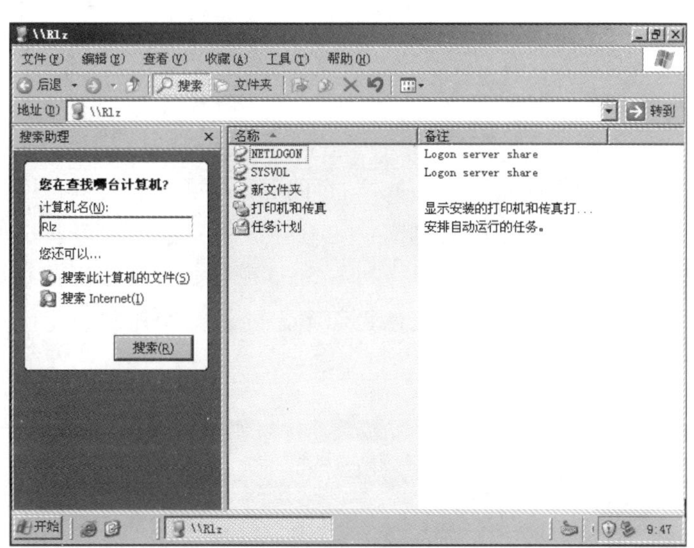

图 5-57　搜索到的计算机图标

（3）通过 UNC 路径来访问

1）在桌面上，单击“开始”/“运行”，打开“运行”对话框，如图 5-58 所示。

2）在“打开”文本框中输入对应的 UNC 路径，格式为：\\计算机名或计算机的 IP 地址。输入后单击“确定”按钮，就可以看到相应的共享文件了，如图 5-59 所示。

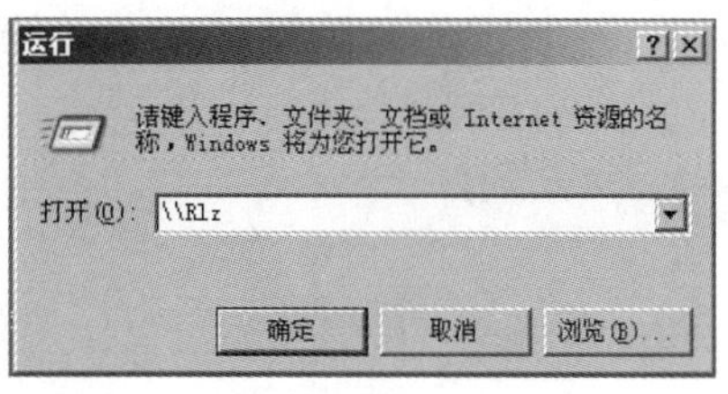

图 5-58　“运行”对话框

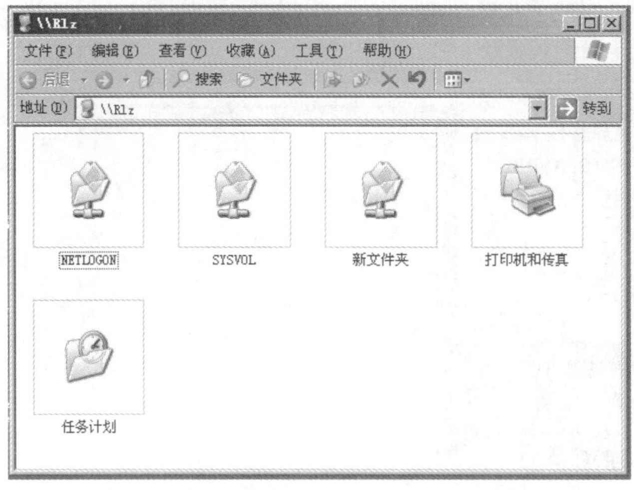

图 5-59 已共享的文件夹

5.6 实现网络打印

5.6.1 网络打印

网络打印是指网络中的打印机作为共享打印机，使网络中的所有用户都可以通过共享打印机打印文件，而不需要来回复制文件。这样既给我们带来方便，也可以减少购买打印机的台数。网络上共享的打印机图标如图 5-60 所示，将打印机共享后，其他计算机可以直接在本机执行打印命令并打印文件，而不需要将文件复制到连接打印机的计算机再打印。

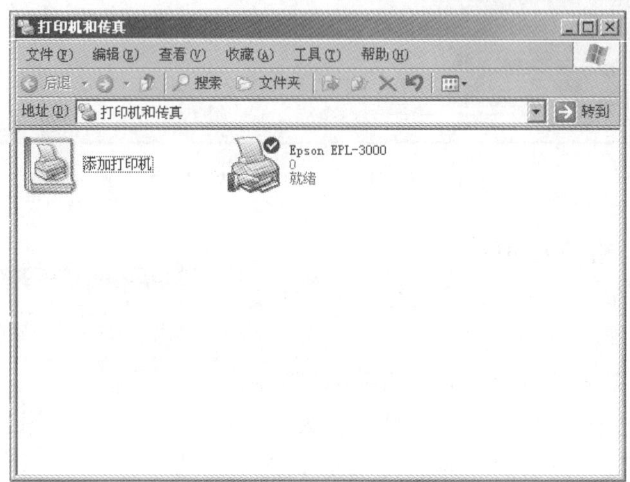

图 5-60 网络中的共享打印机

5.6.2 配置网络打印

配置网络打印要进行打印服务器和打印客户机两方面的设置。

1. 配置打印服务器

在安装打印机驱动程序之前，请先用打印机的连接线缆将计算机与打印机连接起来，同时接通电源线。硬件连接就绪后，打开打印机电源开关。接下来，安装驱动程序。

1）在桌面上，单击“开始”/“设置”/“打印机”，打开“打印机和传真”窗口，如图 5-61 所示。

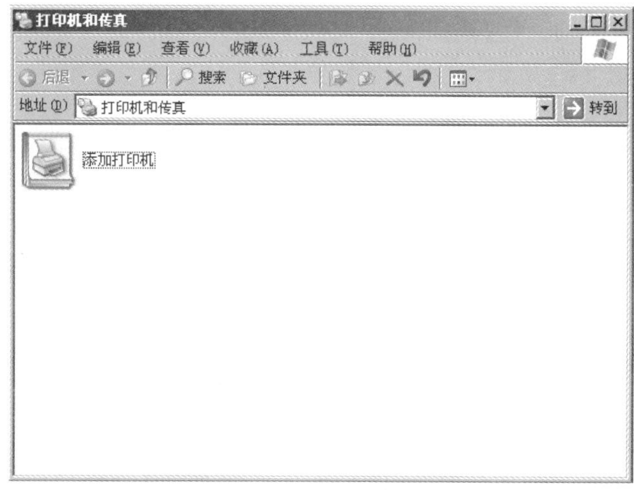

图 5-61 “打印机和传真”窗口

2）双击“添加打印机”，启动添加打印机向导，再次单击“下一步”按钮。

3）在弹出的“本地或网络打印机”对话框中，选择“连接到此计算机的本地打印机”，并选中“自动检测并安装即插即用打印机”，单击“下一步”按钮，如图 5-62 所示。

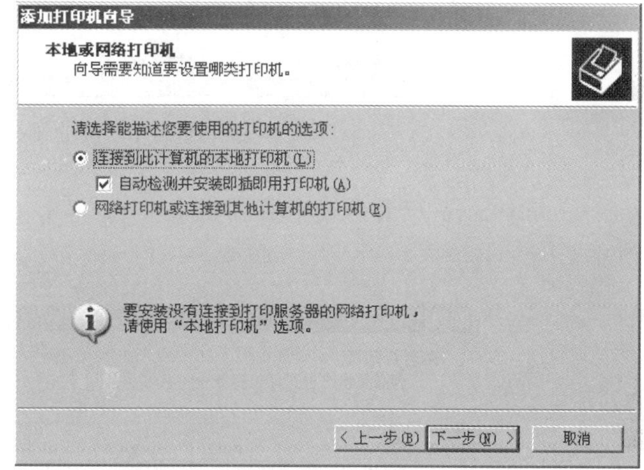

图 5-62 “本地或网络打印机”对话框

4）在“选择打印机端口”对话框中，系统要求选择打印机端口，一般选择“LPT1”口，单击“下一步”按钮，如图 5-63 所示。

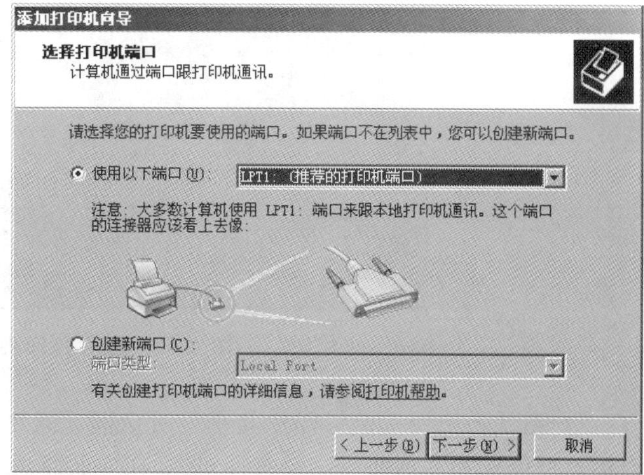

图 5-63 “选择打印机端口”对话框

5）在打开的“安装打印机软件”窗口中，选择打印机的制造商和型号。这里必须选择与所用打印机一致的型号。若列表中没有所用打印机型号，可单击“从磁盘安装”按钮，指定打印驱动程序的位置并安装驱动。我们这里选择爱普生公司的 Epson EPL-3000 打印机，单击“下一步”按钮，如图 5-64 所示。

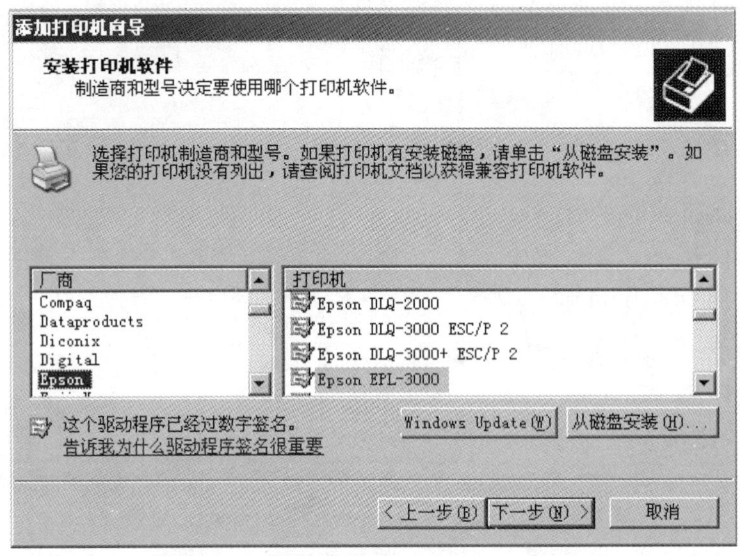

图 5-64 选择打印机的制造商和型号

6）此时，系统要求输入打印机名，正确输入后单击“下一步”按钮，如图 5-65 所示。

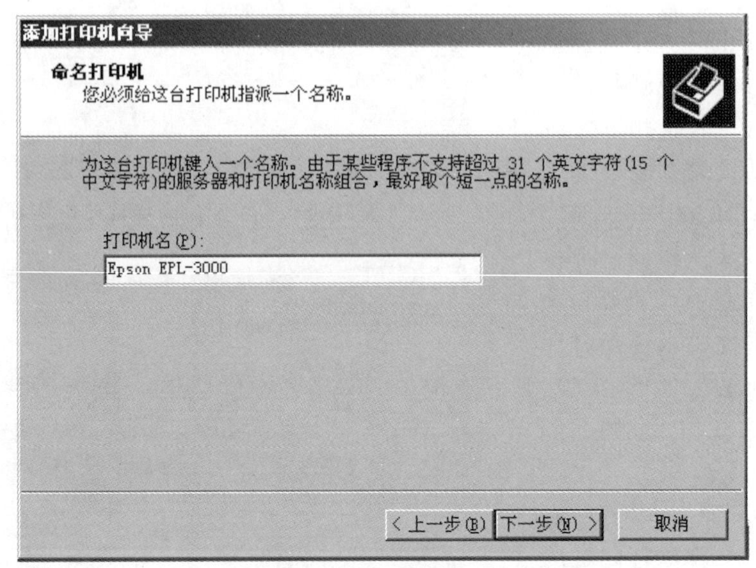

图 5-65 设置打印机名

7）系统弹出设置“打印机共享”对话框。此处可选择“共享为”，并输入共享名。当然也可以选择“不共享这台打印机”，在安装完成后再共享。单击“下一步”按钮，如图 5-66 所示。

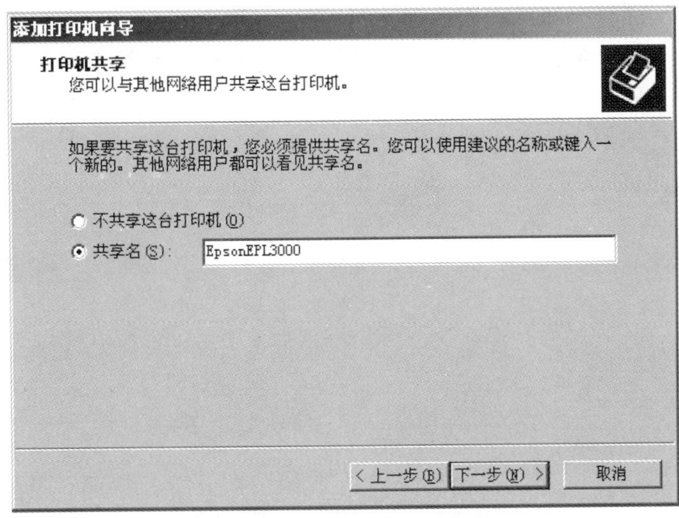

图 5-66　设置打印机的共享名

8）两次单击“下一步”按钮后，系统弹出“打印测试页”对话框，一般选择“是”按钮，单击“下一步”按钮。如果安装正常，系统会打印出一页测试页，如图 5-67 所示。

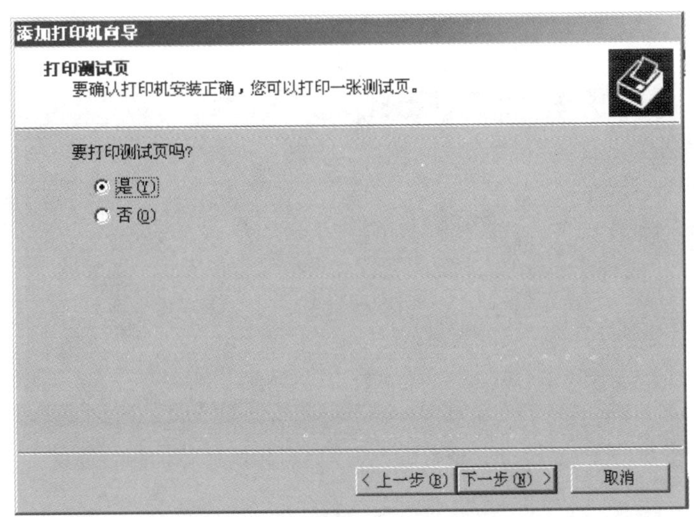

图 5-67　“打印测试页”对话框

9）单击“完成”按钮后，系统复制驱动程序文件，完成安装过程。网络打印机安装完成后“打印机和传真”窗口中，将增加新安装的网络打印机的图标，如图 5-68 所示。

2. 配置打印客户机

完成打印服务器的配置后，接下来需要配置打印客户机。

1）在客户机的桌面上，依次单击“开始”/“设置”/“打印机”，打开配置打印机窗口。

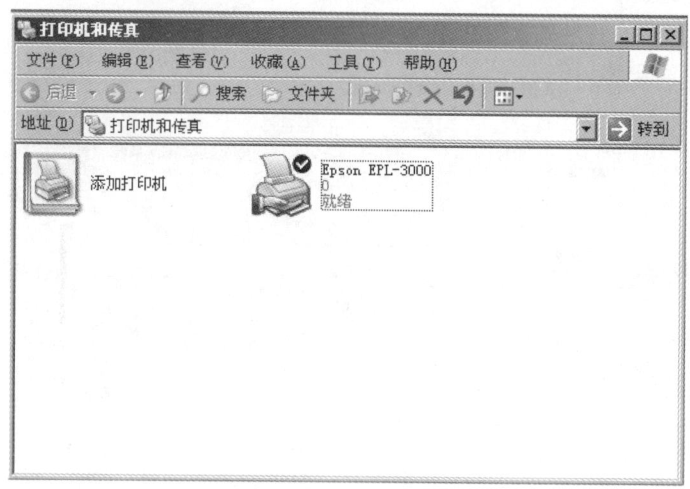

图 5-68　安装并共享的打印机

2）在窗口中，双击“添加打印机”图标，打开添加打印机向导，单击“下一步”按钮，弹出“本地或网络打印机”对话框，如图 5-69 所示。

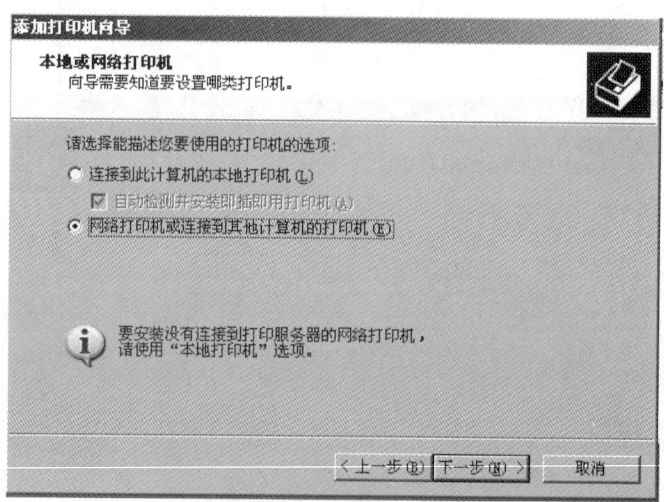

图 5-69　选择“网络打印机或连接到其他计算机的打印机”

3）在弹出的对话框中选择“网络打印机或连接到其他计算机的打印机”选项，单击“下一步”按钮，如图 5-69 所示。

4）接下来，系统要求指定共享打印机路径。此时可输入路径，格式为“\\打印服务器\打印机共享名”，如图 5-70 所示。也可直接单击“下一步”按钮浏览打印机的网络位置。

5）单击“下一步”按钮，再单击“完成”按钮，完成网络客户机安装过程。

客户机在安装打印机时，也可以直接从“网上邻居”中找到打印服务器，找到共享打印机，通过双击共享打印机的方式来为客户机安装共享打印机，安装过程非常简单，读者可自行尝试。

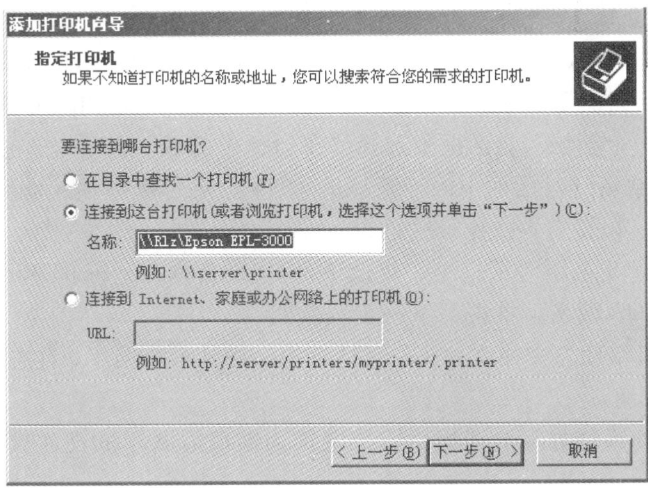

图 5-70　设置共享打印机的路径

若网络中打印作业非常多时，可以配置打印池，使用多台打印机共同打印文件。另外，为了管理方便，也可以配置 Web 打印功能。相关配置步骤请参阅其他资料。

5.7　网络配置与管理实训项目

1. 实训目的

通过本次实训，熟练掌握域控制器的安装和活动目录信任关系。

2. 实训内容

分别安装 5 台 Windows Server 2003 独立服务器，要求这 5 台服务器在同一个局域网中，并分别进行如下设置。

1）计算机 SERVER1，IP 地址为 192.168.0.1，子网掩码为 255.255.255.0，首选 DNS 服务器为 192.168.0.1，在服务器上安装域名为 student.com 的域控制器。

2）计算机 SERVER2，IP 地址为 192.168.0.2，子网掩码为 255.255.255.0，首选 DNS 服务器为 192.168.0.1，在服务器上安装域 student.com 的额外域控制器。

3）在 SERVER1 创建并配置域用户帐号。

4）将计算机 USER1 加入 student.com 域，USER 的 IP 地址为 192.168.0.3，子网掩码为 255.255.255.0，首选 DNS 服务器为 192.168.0.1。

3. 实训步骤

01 计算机 SERVER1 上安装域服务器。

1）修改本机 IP 地址为 IP 地址为 192.168.0.1，子网掩码为 255.255.255.0，首选 DNS

服务器为 192.168.0.1。

2）选择“开始”/“运行”，输入“dcpromo.exe”，启动活动目录安装向导。

3）在“域控制器类型”对话框中选择“新域的域控制器”选项。单击“下一步”按钮。

4）在“创建一个新域”对话框中选择“在新林中的域”选项。单击“下一步”按钮。

5）在“新的域名”对话框中的“新域的 DNS 全名”框中输入需要创建的域名，这里为 student.com。单击“下一步”按钮。

6）在“NetBIOS 名”对话框中，更改 NetBIOS 名称。运行非 Windows 操作系统客户端将使用 NetBIOS 域名。单击“下一步”按钮。

7）在“数据库和日志文件文件夹”对话框中，将显示数据库、日志文件的保存位置。单击“下一步”按钮。

8）在“共享的系统卷”对话框中，指定作为系统卷共享的文件夹。单击“下一步”按钮。

9）在“配置 DNS”对话框中，单击“下一步”按钮。

10）在“权限”对话框中为用户和组选择默认权限，单击“下一步”按钮。

11）在“目录服务恢复模式的管理员密码”对话框中输入以目录恢复模式下的管理员密码。单击“下一步”按钮。

12）显示安装摘要信息。单击“下一步”按 钮开始安装，安装完成之后，重新启动计算机。

02 计算机 SERVER2，安装域 student.com 的额外域控制器。

1）修改本本机 IP 地址为 192.168.0.2，子网掩码为 255.255.255.0，首选 DNS 服务器为 192.168.0.1。

2）选择“开始”下的“运行”，输入“dcpromo.exe”，启动活动目录安装向导。

3）在“域控制器类型”对话框中选择“现有域的额外域控制器”选项。单击“下一步”按钮。

下面的操作步骤与 SERVER1 的域控制器安装步骤相同。

03 创建并配置域用户帐号。

1）选择 SERVER1，选择“开始”/“程序”/“管理工具”/“Active Directory 用户和计算机”。

2）选择“Users”并右击，执行“新建”/“用户”命令，弹出一个创建用户的对话框，输入用户信息并输入用户登录名：llmm。

3）选择“下一步”，输入用户密码，勾选“用户下次登录时须更改密码”，单击“确定”。

04 将计算机 USER1 加入 student.com 的域。

1）修改本机 IP 地址为 IP 地址为 192.168.0.3，子网掩码为 255.255.255.0，首选 DNS 服务器为 192.168.0.1。

2）右击“我的电脑”，单击“属性”按钮，选择“网络标识”选项卡，单击“属性”按钮，打开“标识更改”对话框。

3）在“隶属于”下面单击“域”单选按钮，并输入“student”，最后单击“确定”，系统提示输入域用户的用户名和密码，输入用户名“llmm”和密码。

4）重新启动计算机后，计算机被加入域。

单元小结

本单元主要介绍了局域的网的组建及管理，包括对等网的组建、客户机/服务器网络的组建、文件安全性管理、用户和组的管理、实现资源共享和打印机共享等内容。通过本单元的学习，读者将具备组建并管理小型局域网的基本知识和技能。

巩固与提高

一、填空题

（1）在网络中，可共享的资源包括__________和__________。

（2）在网络中，只有__________和__________组的用户可以创建共享，其他用户不能创建共享。

（3）要设置隐藏共享，需要在共享名的后面加__________符号。

二、选择题

（1）在网络中，可共享的资源包括（　　）。

A．文件资源　　B．打印机　　C．硬盘、光驱　　D．Modem

（2）下面所列出的组中，没有创建共享权限的组是（　　）。

A．Administrators　　B．Power users

C．Server operators　　D．Guest

（3）某用户以管理员帐号身份登录，但不能设置共享，可能的原因是（　　）。

A．没有安装“微软网络客户”组件

B．没有安装“微软网络文件和打印机共享”组件

C．没有设置共享的权限

三、问答题

（1）访问共享资源的方式有哪几种？

（2）什么是 DFS？创建 DFS 的目的是什么？

读书笔记

6

单元六　配置应用服务器

单元导读

为了给网络用户提供相应的网络服务，网络管理员需要在网络中配置各种各样的服务器，如DHCP服务器、DNS服务器、Web服务器、FTP服务器、邮件服务器等。本单元主要介绍局域网中常用的服务器的配置。

学习要点

- 掌握DHCP服务器的配置
- 掌握DNS服务器的配置
- 掌握WEB服务器的配置
- 掌握FTP服务器的配置
- 掌握邮件服务器的配置

6.1 配置 DHCP 服务器

在组建计算机网络时，每一台计算机都要配置一个 IP 地址。通常，我们可以通过两种方式来配置 IP 地址：手工配置和自动分配。手工配置比较简单，我们只要手工为每台计算机输入 IP 地址就可以了。而自动分配 IP 地址则需要配置一台 DHCP 服务器，通过 DHCP 服务器为计算机分配 IP 地址。

DHCP 是动态主机分配协议（Dynamic Host Configuration Protocol）的简称，是一个简化主机 IP 地址分配管理的 TCP/IP 标准协议。其功能主要是自动为网络中的计算机分配 IP 地址，从而减轻管理员的管理负担。管理员可以利用 DHCP 服务器，从预先设置的 IP 地址池中，动态地给主机分配 IP 地址，不仅能够保证 IP 地址不重复分配，也能及时回收 IP 地址，以提高 IP 地址的利用率。DHCP 的工作方式如图 6-1 所示。

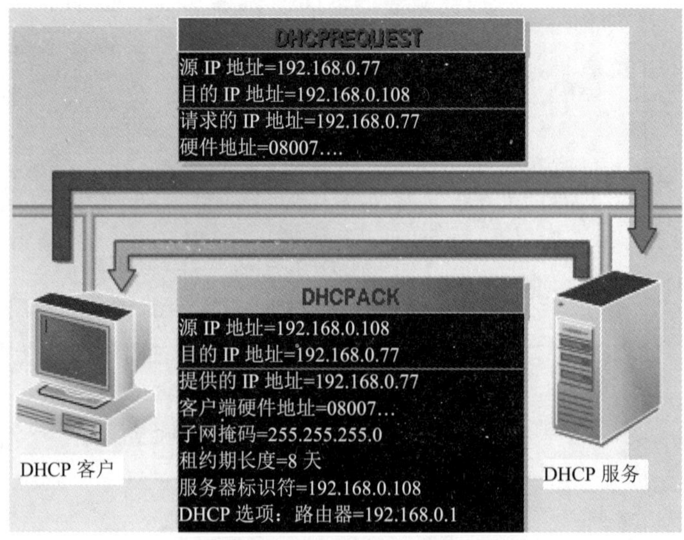

图 6-1 DHCP 的工作方式

DHCP 客户机从 DHCP 服务器申请 IP 地址要经过 4 个步骤。

1）IP 请求：客户机在启动时，以广播的方式向 DHCP 服务器发送 IP 请求，以获得 IP 地址。

2）IP 提供：众多 DHCP 服务器接到客户机发来的请求后，向客户机提供 IP 地址。

3）IP 选择：客户机从众多 DHCP 服务器提供的 IP 地址中，选择一个 IP 地址用于自身的配置。一般客户机会选择最先收到的那一个 IP 地址。

4）IP 确认：DHCP 服务器确认客户机已接受自己的 IP 地址后，修改自己的 DHCP 数据库，记录此 IP 地址已被分配。

当 DHCP 客户机从 DHCP 服务器获得 IP 地址后，这个 IP 地址并不是永远让客户机使用，它有一个使用期限，称为 IP 租约。这一期限默认为 8 天。当租约到期时，客户机必须将 IP 地址还给 DHCP 服务器。而客户机如果想长期使用这个 IP 地址，必须不断地续租。一般客户会在 50%租约期限时，即 4 天时，请求更新租期。更新租约的过程如下。

1）客户机向 DHCP 服务器发 IP 租约更新的请求。

2）服务器接到请求后，将客户机的租约重新改为 8 天。

6.2 配置 DHCP 服务器实训

本节主要练习如何配置 DHCP 服务器和客户机。通过实训，能够掌握如何配置 DHCP 服务器。

6.2.1 配置 DHCP 服务器

配置 DHCP 服务器有以下 4 个步骤:

1）为 DHCP 服务器配置固定 IP 地址。

2）服务器上安装 DHCP 服务，使其成为 DHCP 服务器。

3）DHCP 服务器授权。

4）建立可用 IP 地址范围，用于为客户分配 IP 地址。

1. 安装 DHCP 服务

1）在桌面上，单击“开始”/“设置”，再单击“控制面板”，打开控制面板窗口。

2）在“控制面板”窗口中，双击“添加/删除程序”，在弹出的窗口中单击“添加/删除 Windows 组件”，在组件列表中，选中“网络服务”复选框，如图 6-2 所示。

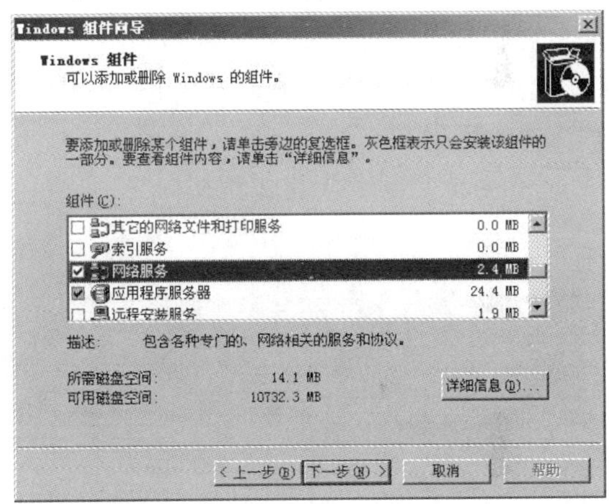

图 6-2 “Windows 组件”对话框

3）单击右下方的“详细信息”按钮，在网络服务窗口中选中“动态主机配置协议（DHCP)”复选框，如图 6-3 所示。

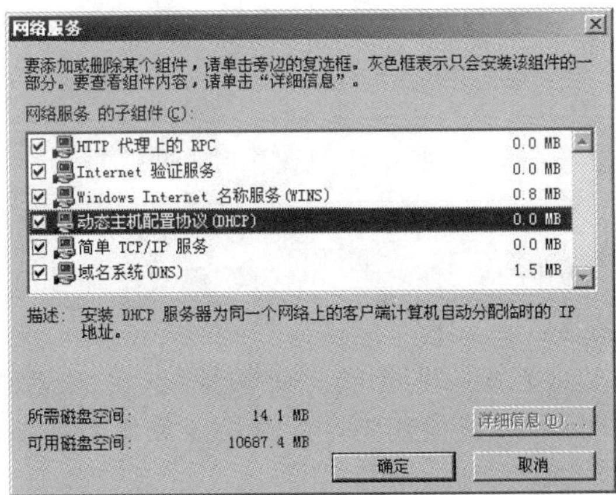

图 6-3 添加 DHCP 服务

4）单击“确定”按钮，安装相关文件后，单击“完成”按钮，完成安装。

5）完成安装后，单击“开始”/“程序”/“管理工具”/“DHCP”，可看到 DHCP 界面，表明 DHCP 服务已正常安装。

2. 为 DHCP 服务器授权

在安装了 DHCP 服务后，必须由企业管理员为 DHCP 服务授权，否则 DHCP 服务将不能正常启动。授权过程如下。

1）在桌面上，单击“开始”/“程序”/“管理工具”/“DHCP”，打开 DHCP 管理单元。

2）在“DHCP”窗口中，右击“DHCP”，选择“管理授权的服务器”命令。

3）在弹出的窗口中，单击“授权”按钮，在弹出的对话框中输入要授权的 DHCP 服务器的 IP 地址，单击“确定”按钮，完成授权过程。

3. 创建并激活作用域

作用域即 IP 地址范围，要配置 DHCP 服务器，必须创建 DHCP 作用域，用于为客户机分配 IP 地址。

1）在桌面上，单击“开始”/“程序”/“管理工具”/“DHCP”，打开 DHCP 管理单元。

2）在 DHCP 窗口中，右击作为 DHCP 服务器的计算机名，选择“新建作用域”，如图 6-4 所示。

3）系统启动“新建作用域向导”，直接单击“下一步”按钮。

4）接下来，输入作用域名，单击“下一步”按钮，如图 6-5 所示。

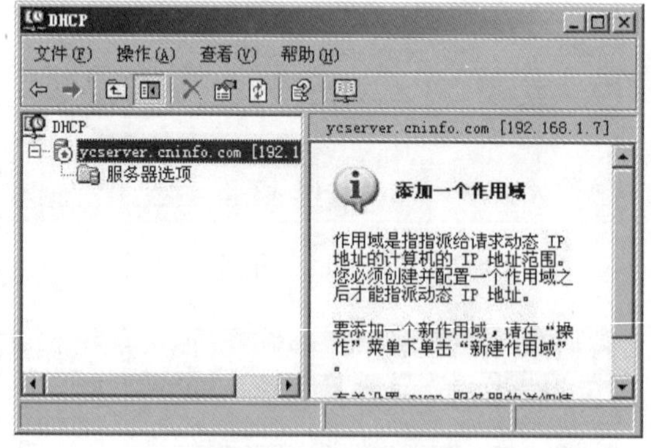

图 6-4 新建作用域到

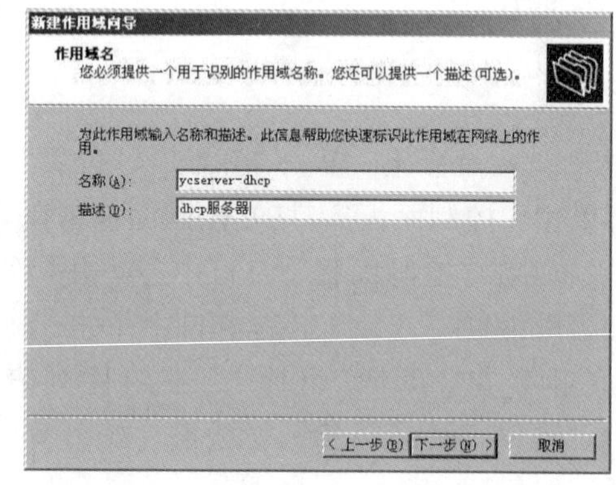

图 6-5 输入作用域名

5）弹出指定 IP 地址范围对话框，输入起始 IP 地址和结束 IP 地址。如 192.168.1.10 和 192.168.1.210，为作用域添加 200 个 IP 地址，如图 6-6 所示，单击“下一步”按钮。

6）输入排除 IP 地址的范围。一般我们习惯于将 IP 地址范围中前一段和后一段排除，以留给网络中的路由器和服务器使用。当然也可以不设置排除 IP 地址范围。这里输入排除 IP 地址范围，单击“添加”按钮，再单击“下一步”按钮，如图 6-7 所示。

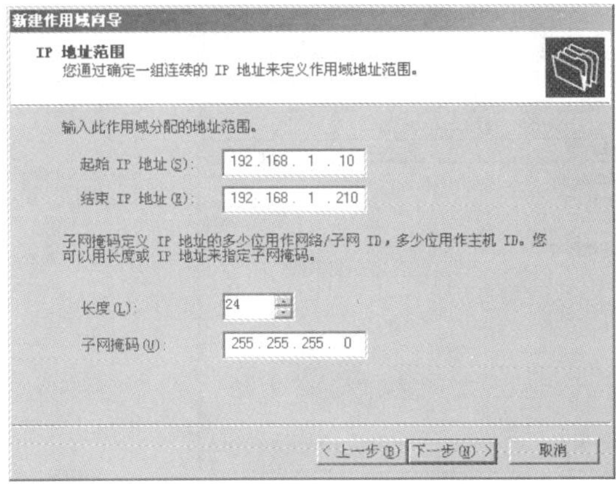

图 6-6　添加 IP 地址范围

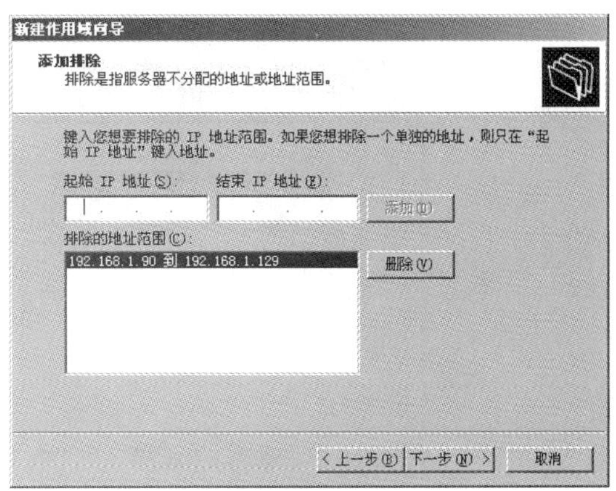

图 6-7　添加排除的 IP 地址范围

7）设置 DHCP 租约期限。可接受默认值。单击“下一步”按钮，如图 6-8 所示。

8）接下来配置 DHCP 选项，我们选择“否，我想稍后配置这些选项”，单击“下一步”按钮，如图 6-9 所示。

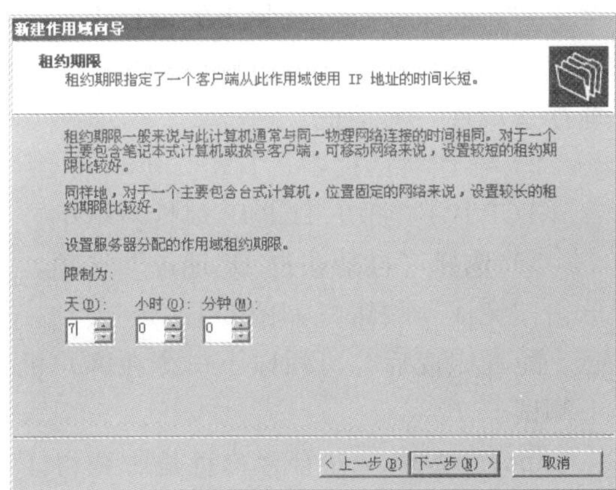

图 6-8　设置租约期限

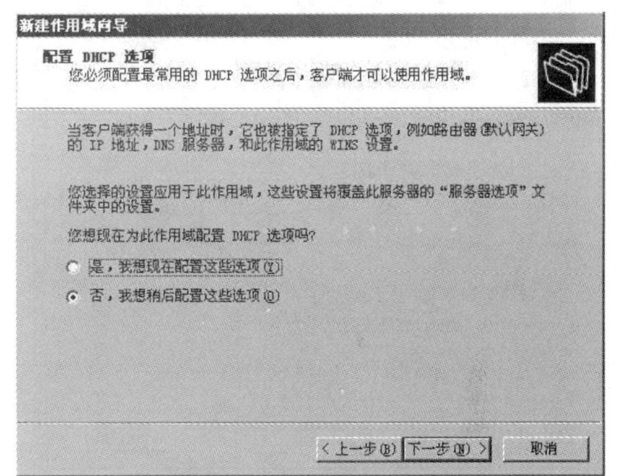

图 6-9　稍后再配置 DHCP 选项

9）接下来，单击“完成”按钮，完成配置过程。需要注意的是创建作用域后，我们要激活此作用域。

10）右击刚刚创建的作用域，单击“激活”命令，弹出“激活作用域”对话框，如图 6-10 所示。选择“是，我想现在激活此作用域”。

11）至此，完成了 DHCP 服务器的基本配置过程，完成后“DHCP”界面如图 6-11 所示。

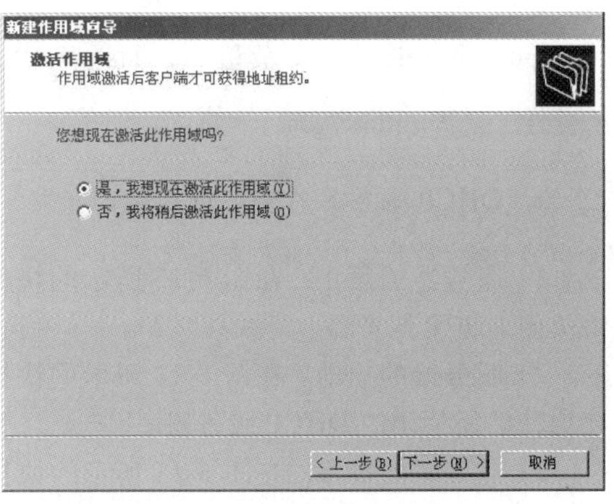

图 6-10　激活作用域

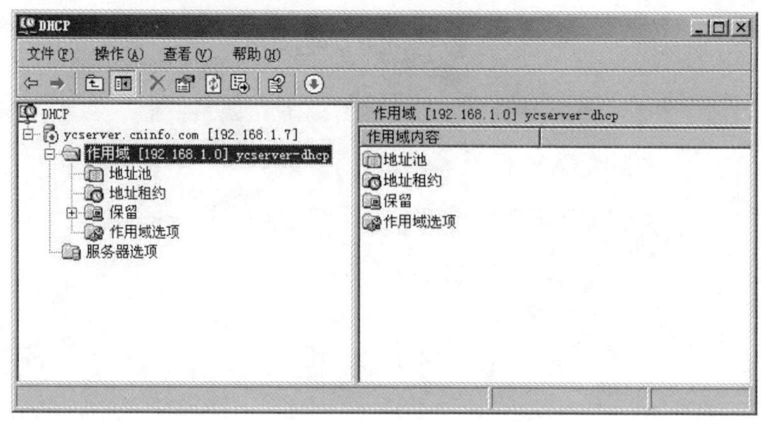

图 6-11　完成基本配置的 DHCP 窗口

6.2.2　配置 DHCP 客户机

配置好 DHCP 服务器后，接下来的工作是配置所有的 DHCP 客户机。

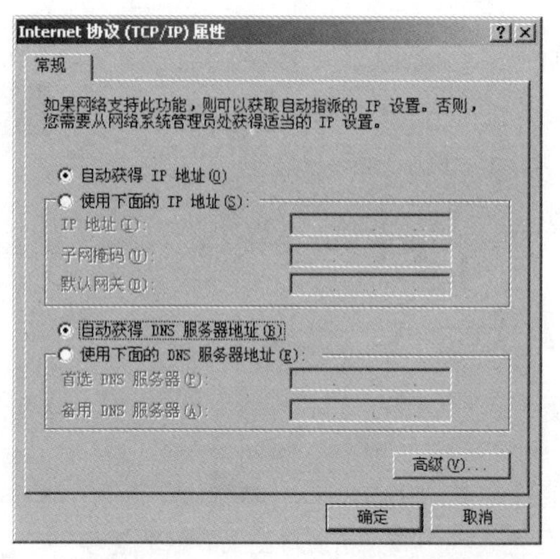

图 6-12　将客户机设置为“自动获得 IP 地址”

1）在桌面上，右击“网上邻居”，再单击“属性”命令。在弹出的窗口中，右键单击“本地连接”，选择“属性 打开本地连接属性”对话框。

2）在该对话框中，双击“Internet 协议（TCP/IP）”打开 TCP/IP 属性对话框。

3）选择“自动获得 IP 地址”选项，单击“完成”按钮，如图 6-12 所示。

配置完成后，可用以下命令在客户机上测试。

ipconfig/all：查看客户机是否获得了 IP 地址。

ipconfig/renew：强行更新租约，即重新请求 IP 地址。

ipconfig/release：释放租约，即送还 IP 地址。

6.2.3　配置 DHCP 选项

1. DHCP 服务器的停止与启动

1）服务器的停止。在图 6-13 所示的快捷菜单中，选择“所有任务”/“停止”命令，将关闭 DHCP 服务器。

2）服务器的启动。在图 6-13 所示的快捷菜单中，选择“所有任务”/“启动”命令，将启动已经关闭的 DHCP 服务器。

3）服务器的暂停。在图 6-13 所示的快捷菜单中，选择“所有任务”/“暂停”命令，将暂停 DHCP 服务器。暂停的 DHCP 服务器不接受新的域名解析请求。

4）服务器的重启。在图 6-13 所示的快捷菜单中，选择“所有任务”/“重新启动”命令，将在关闭 DHCP 服务器后重新启动服务器。

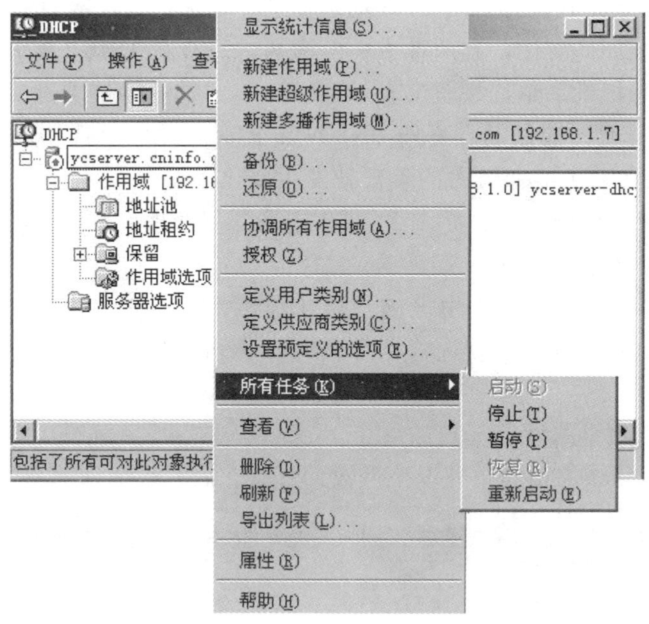

图 6-13　DHCP 服务器启动与停止菜单

2. 作用域的配置

对于已经建立好的作用域，可以修改其配置参数，具体的操作步骤如下。

在 DHCP 窗口中的管理目标导航树下，选择 DHCP/ycserver.cninfo.com[192.168.1.7]/“作用域[192.168.1.0] ycserver-dhcp”选项，右击选择“属性”命令，在弹出的对话框中可进行如下设置:

(1)“常规”选项卡的设置

如图 6-14 所示，该选项卡有以下参数。

1）在“作用域名”文本框中可修改作用域名。

2）在“起始 IP 地址”和“结束 IP 地址”文本框中可修改作用域可以分配的 IP 地址范围，“子网掩码”文本框不可编辑。

3）在“DHCP 客户端的租约期限”选项区域有两个选项：选择“限制为”单选按钮后，可设置期限；选择“无限制”单选按钮，表示租约无期限限制。

4）在“描述”文本框中可修改作用域的描述。

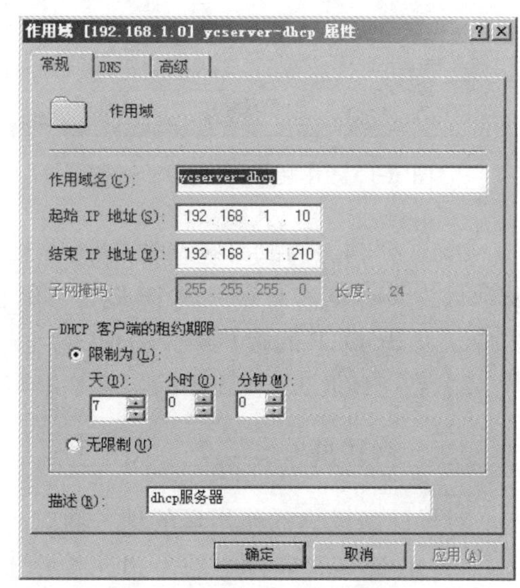

图 6-14　作用域属性“常规”选项卡

（2）DNS 选项卡的设置

如图 6-15 所示，对其中选项说明如下。

1）选中“根据下面的设置启用 DNS 动态更新”复选框，表示 DNS 服务器上该客户端的 DNS 设置参数如何变化，有两种方式：选择“只有在 DHCP 客户端请求时才动态更新 DNS A 和 PTR 记录”单选按钮，表示 DHCP 客户端主动请求时，DNS 服务器上的数据才进行更新；选择“总是动态更新 DNS A 和 PTR 记录”单选按钮，表示 DNS 客户端的参数发生变化后，DNS 服务器的参数就发生变化。

2）选中“在租约被删除时丢弃 A 和 PTR 记录”复选框，表示 DHCP 客户端的租约失效后，其 DNS 参数也被丢弃。

3）选中“为不请求更新的 DHCP 客户端（例如，运行 Windows NT 4.0 的客户端）动态更新 DNS A 和 PTR 记录”复选框，表示 DNS 服务器可以对非动态的 DHCP 客户端也能够执行更新。

（3）“高级”选项卡的设置

如图 6-16 所示，该选项卡中有以下参数。

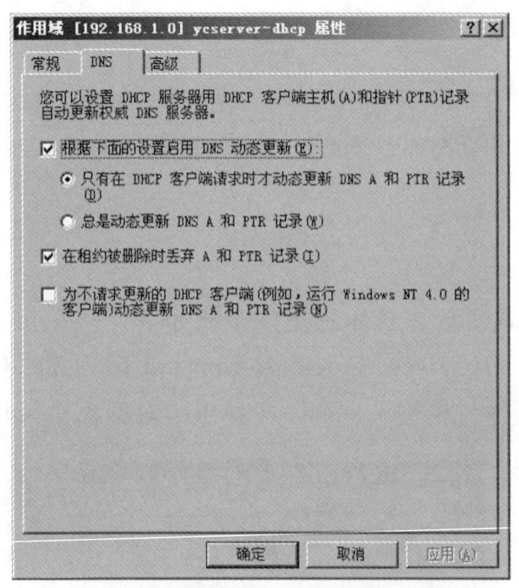

图 6-15 作用域属性 DNS 选项卡

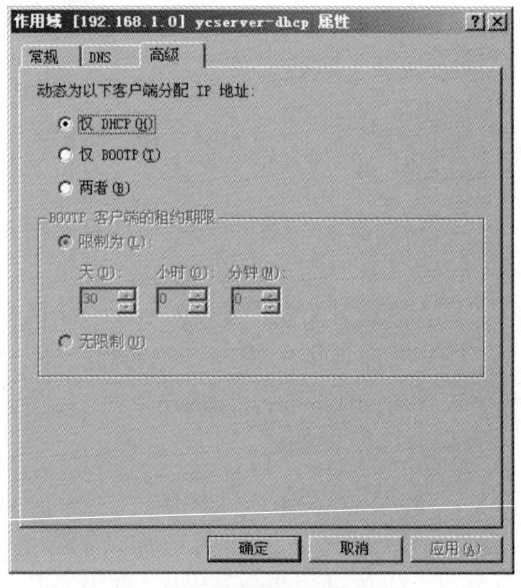

图 6-16 作用域属性“高级”选项卡

1）在“动态为以下客户端分配 IP 地址”选项组中，有以下三个选项：①仅 DHCP：表示只为 DHCP 客户端分配 IP 地址；②仅 BOOTP：表示只为 Windows NT 以前的一些支持以上 BOOTP 的客户端分配 IP 地址；③两者：表示支持以上两种类型的客户端。

2）在“BOOTP 客户端的租约期限”选项组中，可设置 BOOTP 客户端的租约期限。

3. 修改作用域地址池

对于已经设立的作用域的地址池，可以修改其设置，具体的操作步骤如下。

1）在 DHCP 窗口中的左边，选择 DHCP/ycserver.cninfo.com[192.168.1.7]/“作用域[192.168.1.0] ycserver-dhcp”/“地址池”选项，右击，选择“新建排除范围”命令，

如图 6-17 所示。

2）弹出如图 6-18 所示的“添加排除”对话框，从中可以设置地址池中要排除的 IP 址的范围。

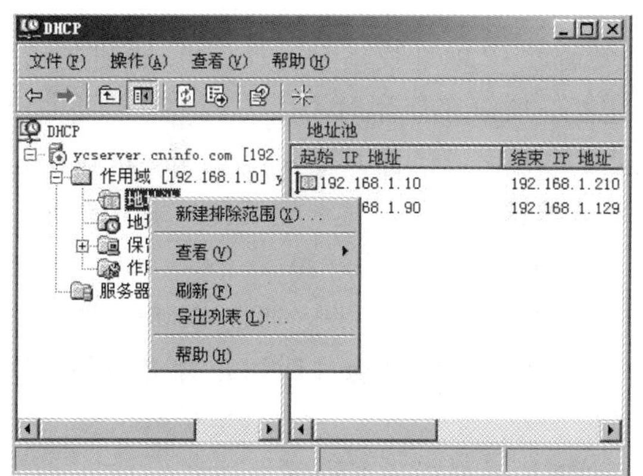

图 6-17 选择“新建排除范围”命令

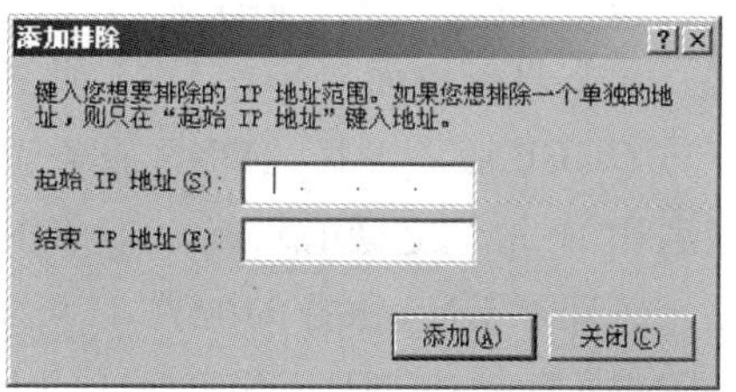

图 6-18 “添加排除”对话框

4. 建立保留

如果主机作为服务器为其他用户提供网络服务（如 Web 服务、DNS 服务、FTP 服务），IP 地址最好能够固定，这时可以把它们的 IP 地址设为静态 IP 而不使用动态 IP。此外也可以让 DHCP 服务器为它分配固定的 IP 地址，具体的操作步骤如下。

1）在 DHCP 窗口中的左边，选择 DHCP/ycserver.cninfo.com[192.168.1.7]/“作用域[192.168.1.0] ycserver-dhcp”/“保留”选项，右击，选择“新建保留”命令，如图 6-19 所示。

2）弹出如图 6-20 所示的“新建保留”对话框，在“保留名称”文本框中输入名称，在“IP 地址”文本框中输入保留的 IP 地址，在“MAC 地址”文本框中输入客户端的网卡的 MAC 地址，完成设置后单击“添加”按钮。

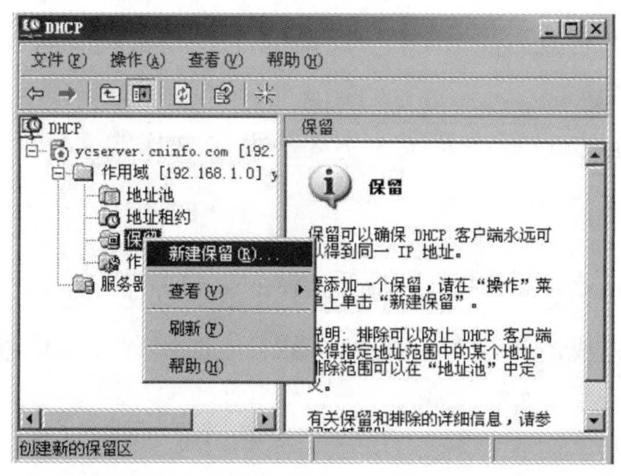

图 6-19 选择“新建保留”命令

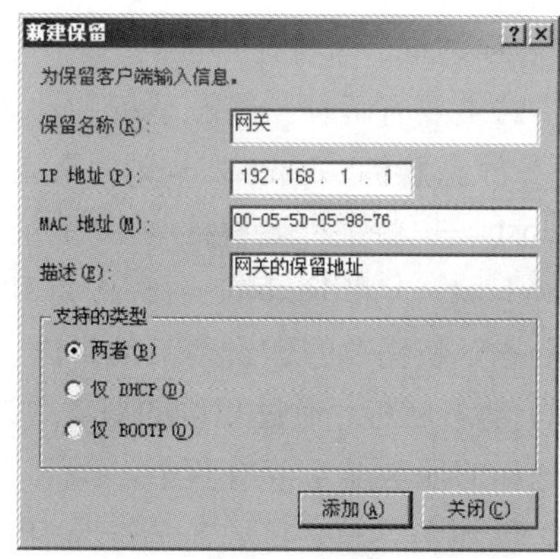

图 6-20 “新建保留”对话框

6.3 配置 DNS 服务器

网络中的计算机之间相互通信时，首先要通过 IP 地址找到对方计算机，再进行通信。因为 IP 地址是没有任何意义的数字，很难记忆，所以在使用时不太方便。为了更方便地找到并访问网络中的计算机，通常使用有意义的名称来代替 IP 地址。同时，再设法将名称转换为 IP 地址，以便完成通信过程。为了能够进行名称转换，需要配置名称转换的服务器。本节将介绍如何配置 DNS 服务器，来完成域名转换的过程。

与 DHCP 服务一样，DNS 服务也是网络中的一项重要服务，通过 DNS 服务可以实现域名和 IP 地址之间的转换。本节主要介绍 DNS 服务的概念、DNS 的命名空间、DNS 的工作原理和 DNS 服务的配置。

DNS（Domain Name System）全称为域名系统，主要负责将域名转换为 IP 地址。在介绍 DNS 的工作原理之前，先来介绍一些 DNS 的相关概念。

1. 计算机名称的类型

网络中的计算机主要以两种形式命名：主机名和 Netbios 名。

1）主机名：也称域名，最多可包含 255 个字符。主机名由多个部分组成，中间用“.”隔开。比如我们上网时输入的 www.sina.com、www.sohu.com、www.microsoft.com 等都属于域名。

2）Netbios 名：即我们常说的计算机名，最多包括 15 个字符。这种名称是在 Windows95/98/ME 及 NT 系统的计算机中使用的名称类型，如 server01、computer1 等。因为这种名称与互联网不兼容，所以在 Windows 2000 以后的系统中改用域名。Netbios 名的使用已经很少。

2. 名称解析的方式

“名称解析”即将计算机的名称（主机名或 Netbios 名）转换为 IP 地址的过程。名称解析方式主要有两种：静态解析和动态解析。

1）静态解析：通过文本文件来完成解析过程，系统中主要有两个这样的文件。

Hosts——将主机名解析为 IP 地址。

Lmhost——将 Netbios 名解析为 IP。

静态解析需要管理员手工编辑以上两个文件，所以这种方式非常不方便。

2）动态解析：通过相应的服务自动完成解析过程，比较简单，但要配置相应的服务器。这样的服务器主要有两个。

DNS 服务器——将域名解析为 IP 地址。

WINS 服务器——将 Netbios 名解析为 IP 地址。

3. DNS 名称空间的结构

当我们上网时，首先要输入网站的域名，计算机必须设法将这个域名转化为 IP 地址，再通过 IP 地址找到相关的服务器。而这个转换过程，是通过互联网中的 DNS 系统来转换的。Internet 中 DNS 的名称空间结构如图 6-21 所示。

1）根域：即“.”，是 DNS 域名空间的最上级。

2）顶级域：保存国家或机构代码。如 com、net、edu、cn、au、us 等。

3）二级域：保存公司或机构的名称。如 Microsoft、Sohu、Sina 等。

4）子域：保存公司或机构的子部门的名称。

DNS 的名称空间结构如图 6-21 所示。

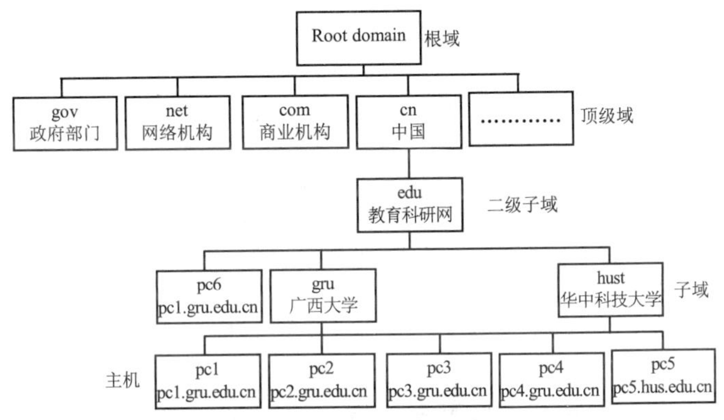

图 6-21　DNS 的名称空间结构

图 6-21 中的 DNS 系统由互联网中分布在世界各地的 DNS 服务器组成，这些服务器负责为全世界互联网用户解析域名。

4. DNS 的工作原理

为便于理解，这里假设某互联网用户要访问微软公司的网站 www.microsoft.com，域名解析过程如下。

1）客户机先查询本机缓存，看缓存中是否有此记录。

2）若没有，客户机向离自己最近的 DNS 服务器发送查询 www.microsoft.com 请求。

3）DNS 服务器在数据库中查询，若找不到，则向根服务器发请求。

4）根服务器无法解析此域名，但会返回 com 域的 DNS 服务器的 IP 地址。

5）DNS 服务器向 com 服务器发送请求。

6）com 服务器无法解析，但会返回 microsoft.com 域 DNS 服务器的 IP 地址。

7）DNS 服务器向 microsoft.com 域的 DNS 服务器发解析请求。

8）microsoft.com 域的 DNS 服务器在本地的服务器找到了 www.microsoft.com 的记录，返回此域名的 IP 地址。

9）DNS 服务器向客户机返回 www.microsoft.com 的 IP 地址。

10）客户使用获得的 IP，访问相应的服务器。解析过程完成。

6.4 配置 DNS 服务器实训

本节主要练习如何配置 DNS 服务器和客户机。通过实训，能够掌握如何配置 DNS 服务器。

6.4.1 配置 DNS 服务器

DNS 服务器的安装和配置步骤如下。

1）为计算机配置固定 IP 地址。

2）安装 DNS 服务。

3）创建作用域。

4）配置动态更新。

5）验证和测试 DNS 配置。

下面详细介绍配置过程。

1. 安装 DNS 服务

1）在桌面上，单击“开始”/“设置”/“控制面板”，打开控制面板窗口。

2）在控制面板窗口中，双击“添加/删除程序”。

3）在弹出窗口中，单击“添加/删除 Windows 组件”。

4）在 Windows 组件窗口中，选择“网络服务”，再单击右下方的“详细信息”，选择其中的“域名系统（DNS)”，单击“确定”按钮，如图 6-22 所示。

5）单击“下一步”按钮，系统复制相关文件后，单击“完成”按钮，完成 DNS 的安装过程。

6）安装完成后，打开管理工具中 DNS 管理单元，可看到如图 6-23 所示的界面，说明 DNS 已正常安装。

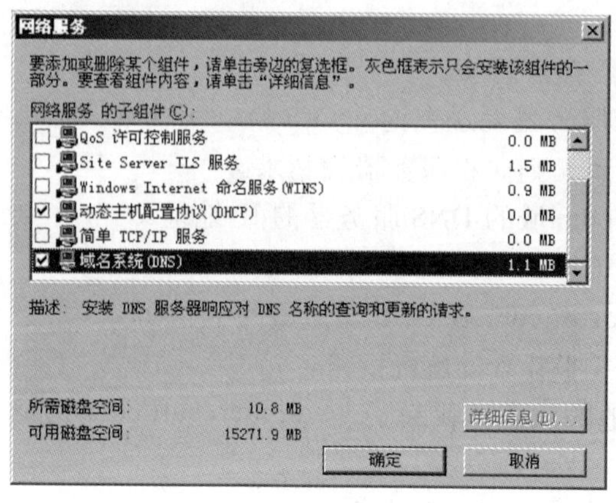

图 6-22 安装 DNS 服务

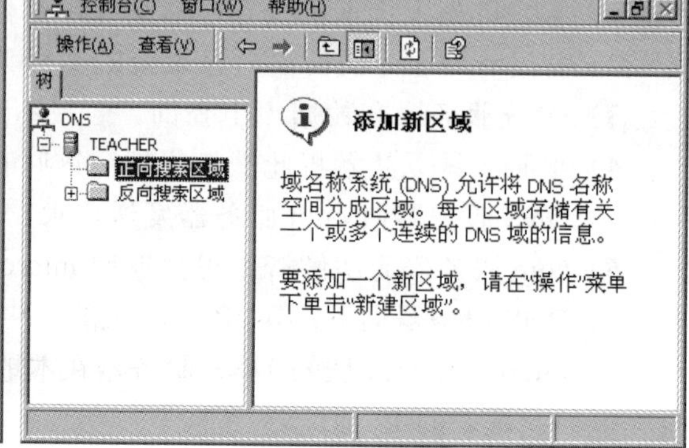

图 6-23 DNS 管理单元

2. 创建作用域

在安装了 DNS 服务之后，接下来要创建作用域，DNS 服务器才能完成名称解析。作用域分两类：正向搜索区域和反向搜索区域。

正向搜索区域：完成域名到 IP 地址的转换。

反向搜索区域：完成从 IP 地址到域名的转换。

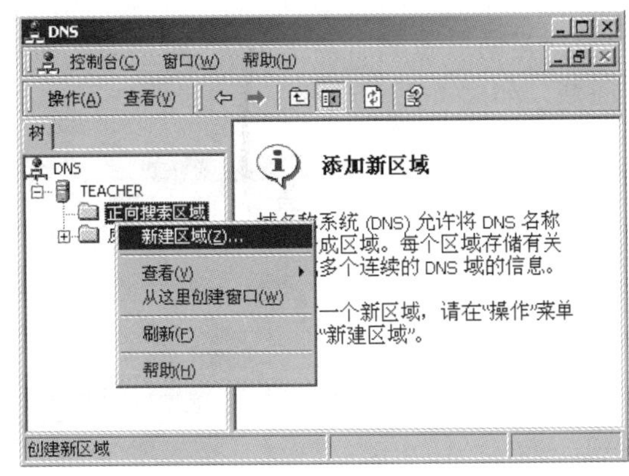

图 6-24 新建正向搜索区域

01 创建正向搜索区域，步骤如下。

1）在管理工具中打开“DNS”管理单元。

2）右击正向搜索区，选择“新建区域”，打开新建区域向导，如图 6-24 所示。

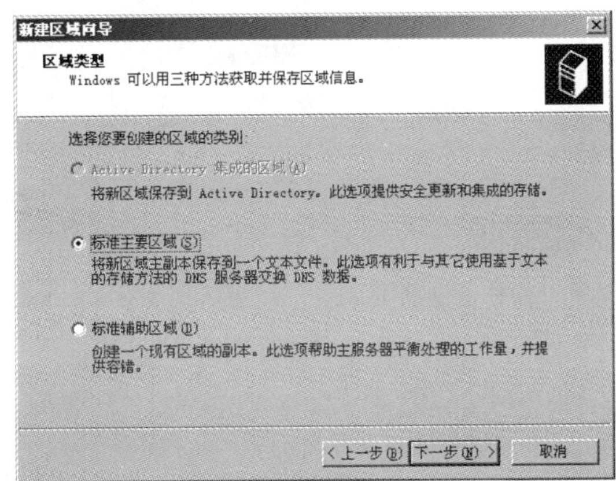

图 6-25 选择区域类型

3）单击“下一步”按钮后，系统要求选择要创建的区域类型，选择“标准主要区域”，单击“下一步”按钮，如图 6-25 所示。

4）在“区域名”对话框中输入相应的域名。我们这里输入“.”，即根域，单击“下一步”按钮。如图 6-26 所示。

5）在“区域文件”对话框中，直接单击“下一步”按钮，再单击“完成”按钮，完成创建新区域的过程。

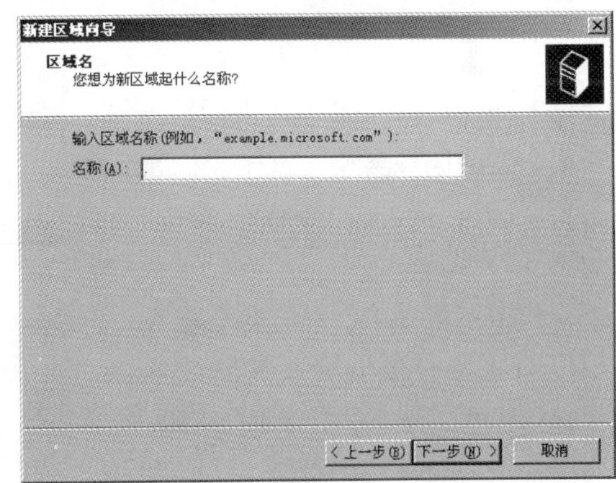

图 6-26 创建“根”域

注 意

在创建 DNS 区域时，如计算机不接入互联网，或通过代理服务接入互联网，则应创建根区域。若计算机直接接入互联网，则不需要创建根区域，因为此时要使用互联网中的根域。

6）创建根域后，在 DNS 窗口中，再次右击“新建区域”命令，创建本机所在域的区域，如图 6-27 所示。

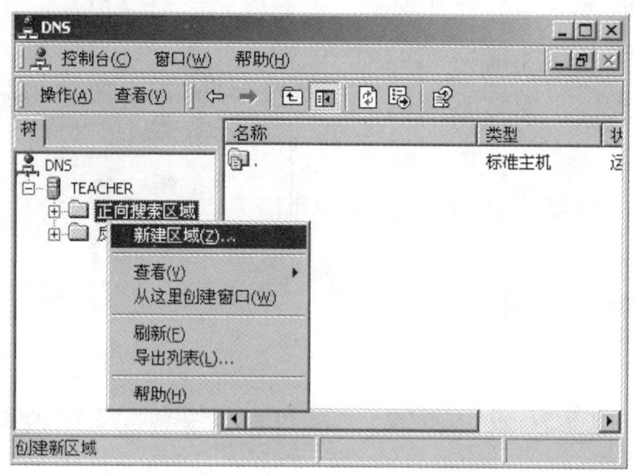

图 6-27 新建正向搜索区域

注 意

此处必须输入本机所在域的域名。可通过在桌面上右击“我的电脑”选择“属性”命令，再选择“网络标识”选项卡查到。

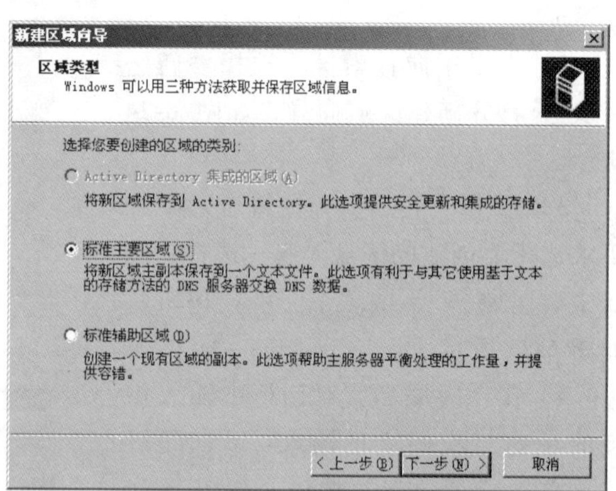

图 6-28 选择区域类型

7）单击“下一步”按钮后，选择要创建的区域类型。选择“标准主要区域”，单击“下一步”按钮，如图 6-28 所示。

8）在“区域名”对话框中输入相应的域名。这里输入本机域名“dgzxt.com”，单击“下一步”按钮，如图 6-29 所示。

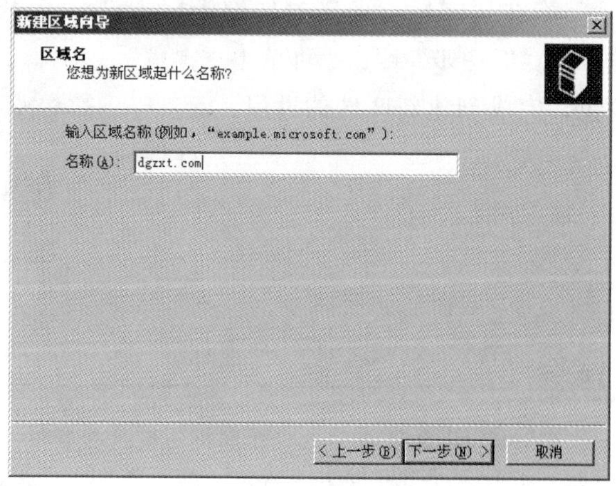

图 6-29 输入区域名

9）在“区域文件”对话框中，直接单击“下一步”按钮，再单击“完成”按钮，完成创建区域的过程。完成 DNS 区域创建后的 DNS 窗口如图 6-30 所示。

02 创建反向搜索区域，步骤如下。

1）在 DNS 窗口中，右键单击所向搜索区，选择“新建区域”命令，如图 6-31 所示。

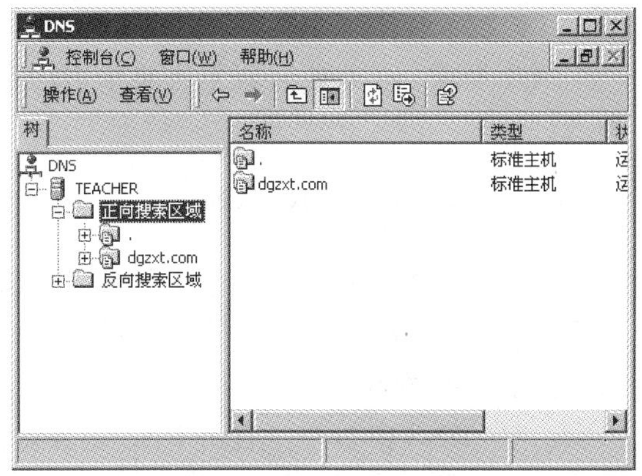

图 6-30 选择区域类型

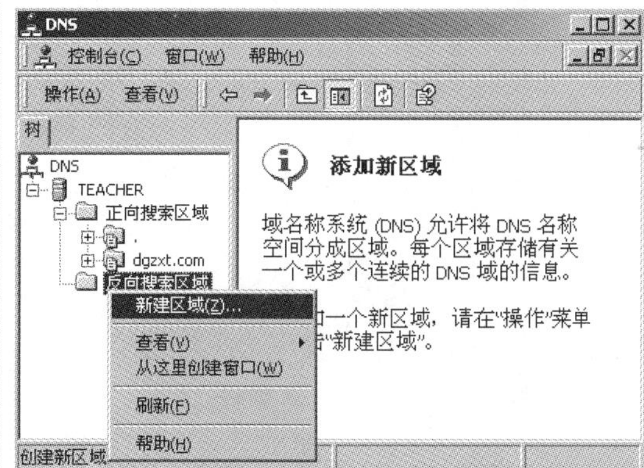

图 6-31 新建反向搜索区域

2）单击“下一步”按钮后，选择区域类型。仍然选择“标准主要区域”，单击“下一步”按钮，如图 6-32 所示。

3）在“反向搜索区域”对话框的“网络 ID”文本框中，输入网络 ID，如 192.168.10，单击“下一步”按钮，如图 6-33 所示。

4）在“区域文件”对话框中，直接单击“下一步”按钮，再单击“完成”按钮，完成创建所向搜索区域。

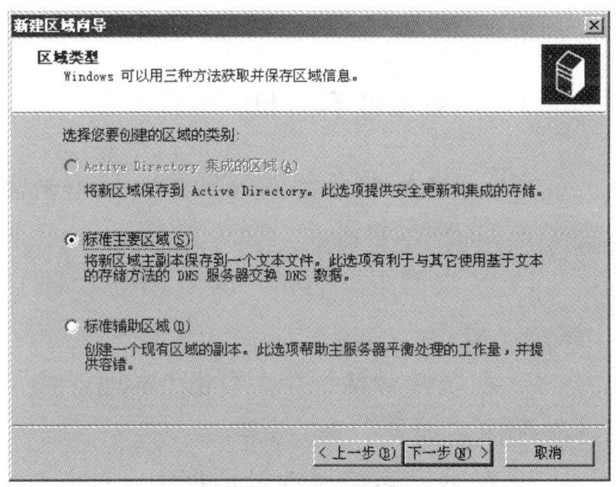

图 6-32 选择区域类型

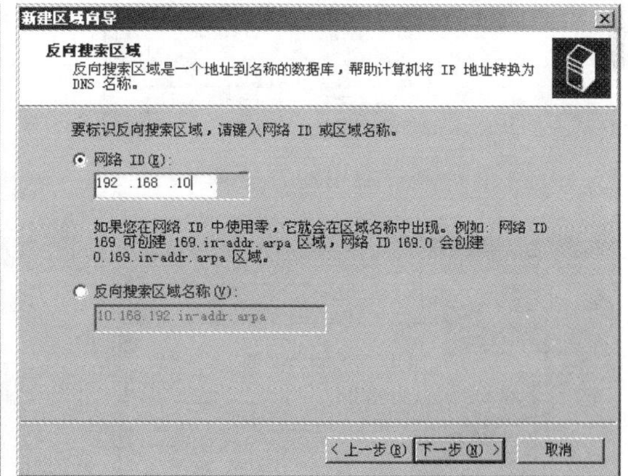

图 6-33 输入网络 ID

3. 设置动态更新

配置动态更新的目的是使 DNS 作用域自动更新区域记录。启用动态更新后，客户机会自动地向 DNS 服务器注册自己的名称和 IP 地址。操作步骤如下。

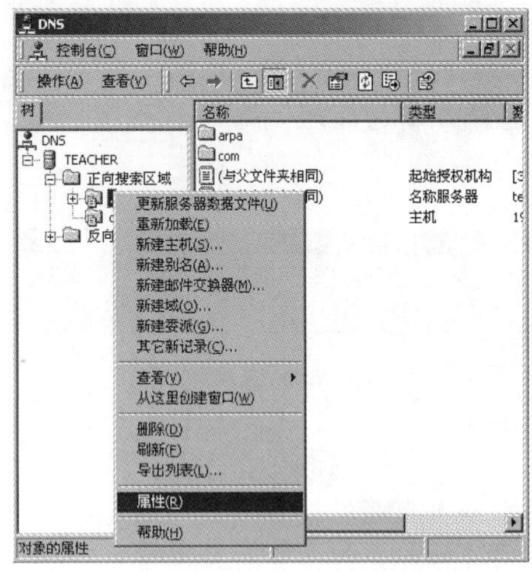

图 6-34　设置区域属性

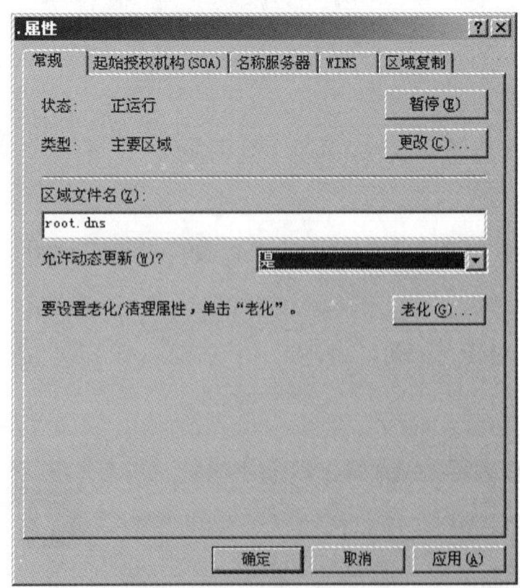

图 6-35　启用动态更新

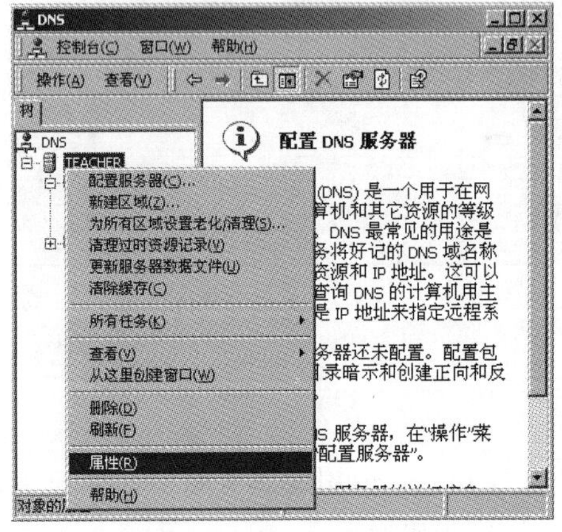

图 6-36　设置 DNS 服务器属性

1）在 DNS 窗口中，右击某区域，选择“属性”命令，如图 6-34 所示。

2）在弹出的“属性”对话框中，打开“常规”选项卡。在“允许动态更新”处选择“是”，单击“确定”按钮。如图 6-35 所示。

照此步骤，在其他区域上也要启用动态更新。

4. 验证和测试 DNS 配置

在安装 DNS 后，应对它进行测试，以确保所创建的 DNS 是正常的，可通过以下两种方法进行测试。

1）在 DNS 窗口中，右击 DNS 服务器，选择“属性”命令，如图 6-36 所示。在弹出的窗口中，单击“监视”选项卡，并选中“对此 DNS 服务器的简单查询”和“对此 DNS 服务器的递归查询”复选框，再单击“立即测试”按钮。若正常，则在对话框下侧会显示“通过”，如图 6-37 所示。

2）在命令提示符下，运行 nslookup 命令。分别输入要测试的域名或 IP 地址。若 DNS 能解析出正确结果，则 DNS 服务器配置正常。

6.4.2　配置 DNS 客户机

完成 DNS 服务器的配置后，接下来需要配置 DNS 客户机。

1）在桌面上，右击“网上邻居”，选择“属性”命令。

2）在属性对话框中，右击“本地连接”，再次选择“属性”命令。

3）在本地连接属性对话框中，右击“本地连接”，再次选择“属性”。

4）在 TCP/IP 属性对话框中，在“首选 DNS 地址”位置，输入网络中 DNS 服务器地址，如图 6-38 所示。

至此，完成了 DNS 服务器和客户机配置的整个过程。

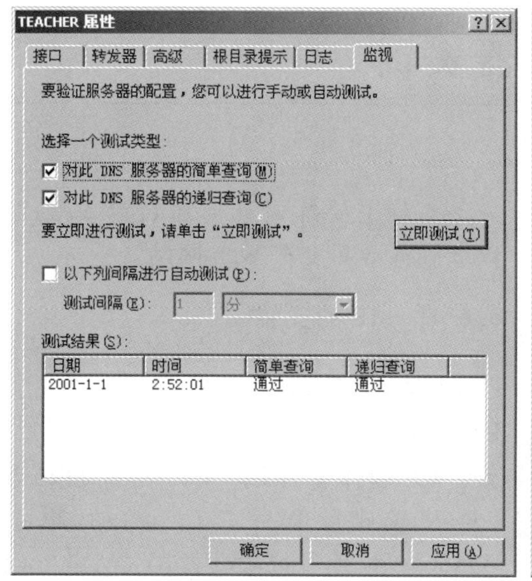

图 6-37　测试 DNS 服务器

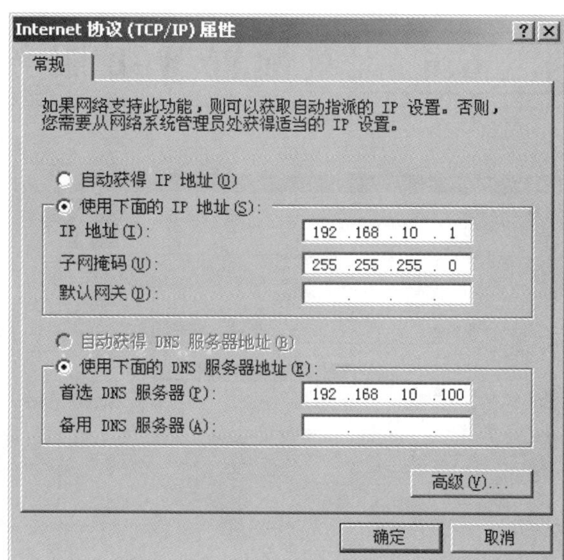

图 6-38　配置 DNS 客户机

6.5 配置 Web 服务器

在组建企业网和校园网时，通常要在网络中配置一台 Web 服务器，用来发布企业或校园网的网站。IIS（Internet Information Service，互联网信息服务）是一种 Web（网页）服务组件，其中包括 Web 服务器、FTP 服务器、NNTP 服务器和 SMTP 服务器，分别用于网页浏览、文件传输、新闻服务和邮件发送等方面，它使得在网络（包括互联网和局域网）上发布信息成了一件很容易的事。

IIS 是一种 Web 网页服务组件。它是微软公司主推的服务器，最新的版本是 Windows Server 2003 里面包含的 IIS 6.0。IIS 支持 HTTP 协议、FTP 协议以及 SMTP 协议等。

IIS 的一个重要特性是支持活动服务器网页（Active Server Pages，ASP）。自从 IIS 3.0 版本发布以后便引入了 ASP，就可以很容易地发布动态 Web 网页内容和开发基于 Web 网页的应用程序。对于诸如 VBScript、JavaScript 等开发的软件，或者由 Visual Basic、Java、Visual C++等开发的系统，以及现有的公用网关接口（CGI）和 WinCGI 脚本开发的应用程序，IIS 都提供强大的本地支持。

6.6 配置 Web 服务器实训

本节主要练习如何通过 IIS 配置 Web 服务器并发布 Web 网站。

6.6.1 IIS 的安装

要配置 Web 服务器，首先要安装 IIS。

1）选择“开始”/“控制面板”/“更改或删除程序”/“添加/删除 Windows 组件”选项，弹出“Windows 组件向导”对话框。在组件列表中，选中“应用程序服务器”组件，如图 6-39 所示。

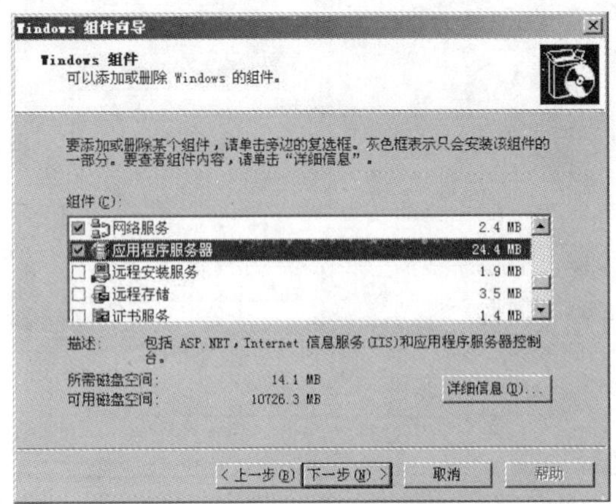

图 6-39 选中“应用程序服务器”组件

2）单击“详细信息”按钮，弹出如图 6-40 所示的对话框，选中“Internet 信息服务（IIS）”组件。

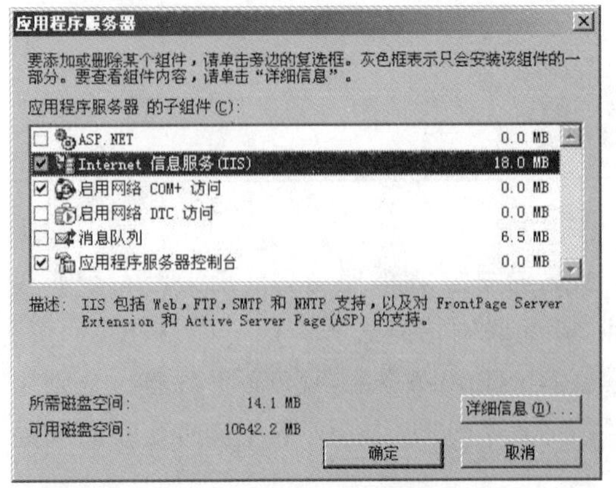

图 6-40 选中“Internet 信息服务（IIS）”组件

3）单击“详细信息”按钮，弹出如图 6-41 所示的对话框，选择的子组件包括 Internet 信息服务管理器、万维网服务和文件传输协议（FTP）服务。

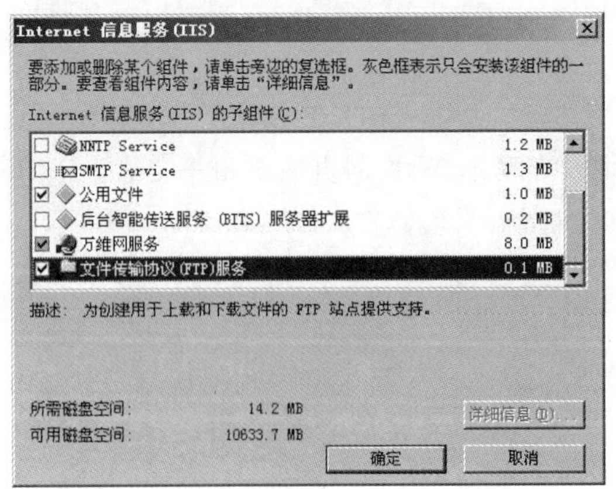

图 6-41 选择“Internet 信息服务（IIS）”子组件

4）在“万维网服务”可选组件中包括重要的子组件，如 Active Server Pages 和远程管理（HTML）。要查看和选择这些子组件，选中“万维网服务”复选框，然后单击“详细信息”按钮即可，如图 6-42 所示。

5）单击“确定”按钮，然后单击“下一步”按钮，IIS 6.0 开始安装，安装结束后，在“完成 Windows 组件向导”对话框中，单击“完成”按钮即可。

6.6.2 建立 Web 站点

要建立 Web 站点，首先应准备好一个已制作完成的网站，再将这个网站发布到 IIS 中。Web 站点被发布后，所有与此 Web 服务器连通的计算机都可以通过浏览器来访问这个站点。

1）在桌面上，单击“开始”/“程序”/“管理工具”/“Internet 服务管理器”。

2）在 Internet 信息服务窗口中，右击“默认 Web 站点”，选择“新建”/“站点”，启动新建站点向导，如图 6-43 所示。

3）单击“下一步”按钮后，系统要求输入 Web 站点说明。输入网站名称后，单击“下一步”按钮，如图 6-44 所示。

4）系统弹出“IP 地址和端口设置”对话框，IP 地址可设为本机 IP 地址，端口可设为默认的 80 端口，单击“下一步”按钮，如图 6-45 所示。

5）接下来，指定 Web 站点主目录（此路径即 Web 文件的存放路径），单击“下一步”按钮，如图 6-46 所示。

6）系统要求设定 Web 站点访问权限。一般选择“读取”和“运行脚本”权限即可，而不要设置过高权限，如图 6-47 所示。完成设置后单击“下一步”按钮。

7）单击“完成”按钮，完成配置过程。

在创建 Web 站点后，需要设置默认主页，才能使我们访问此站点。

8）右键单击刚刚创建的站点，选择“属性”命令，打开“WEB 测试网页 属性”对话框，如图 6-48 所示。

9）在该对话框中，选择“文档”选项卡。首先删除系统默认的主页名，再单击“添加”按钮，输入自己

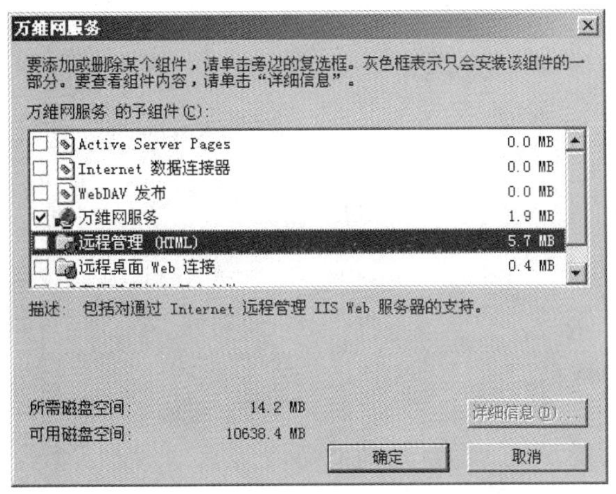

图 6-42 “万维网服务”的子组件

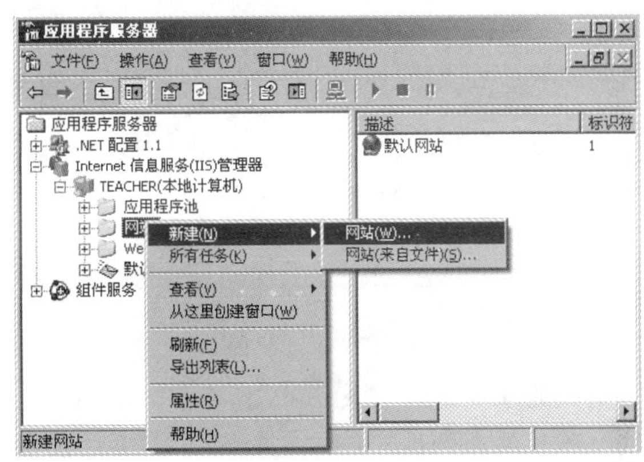

图 6-43 新建站点

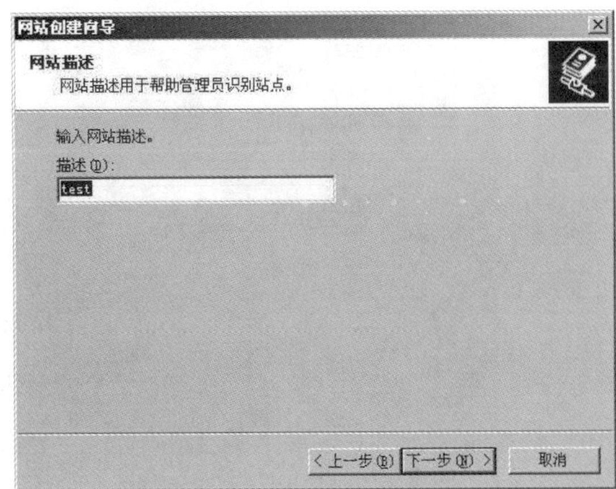

图 6-44 输入网站描述

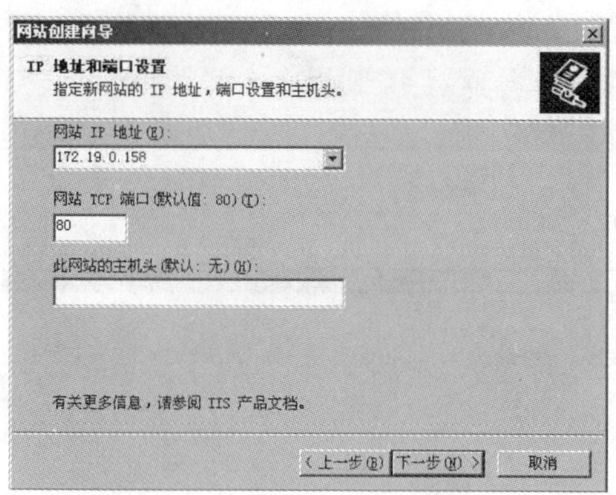

图 6-45　IP 地址和端口设置

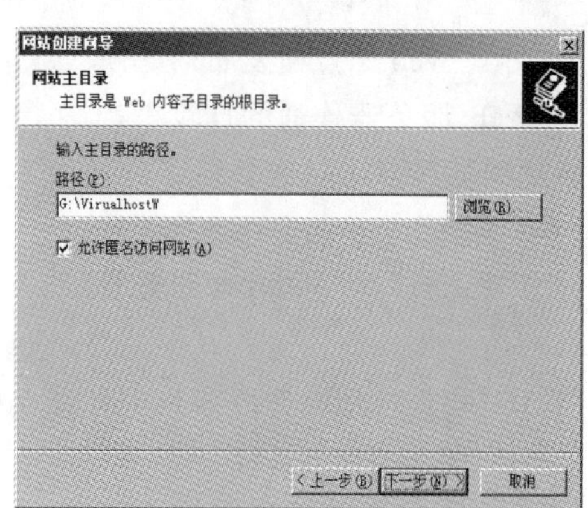

图 6-46　Web 站点主目录

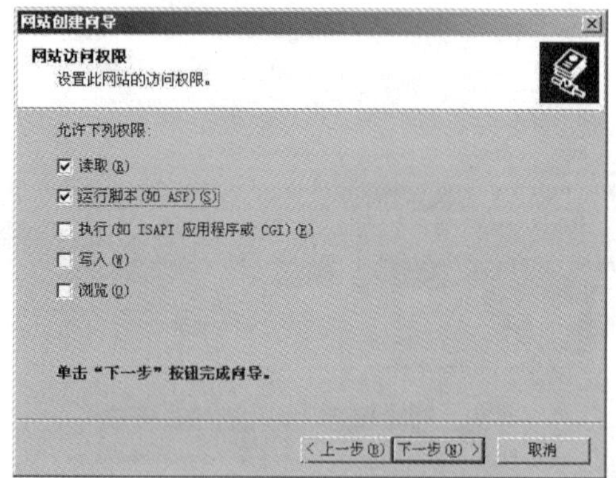

图 6-47　设定 Web 站点访问权限

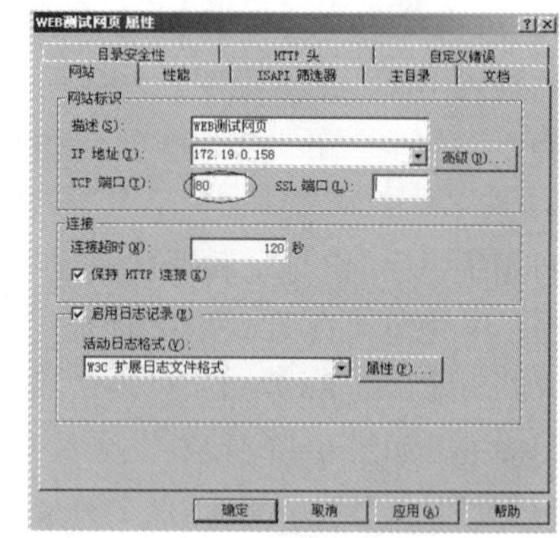

图 6-48　创建的站点属性

的站点的主页名，如图 6-49 所示。

10）单击两次"确定"按钮，完成默认主页设置。

此时，我们就可以在浏览器中访问此站点了。打开浏览器，输入：http://172.19.0.158，就可以看到我们刚刚创建好的网站了，如图 6-50 所示。

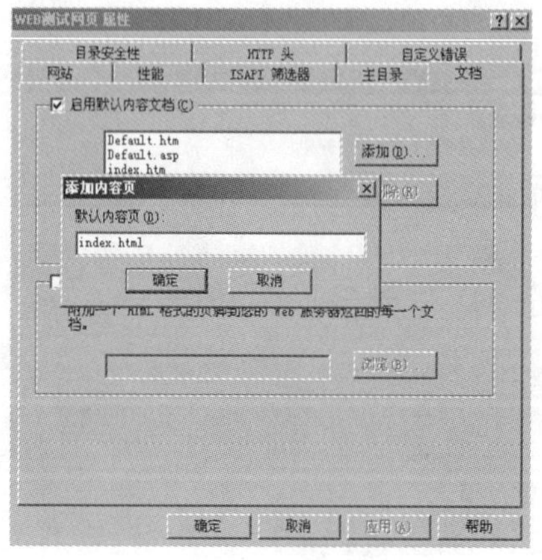

图 6-49　自己的站点的主页名

图 6-50　测试网站

至此，我们完成了 Web 服务器的基本配置。

6.7 配置 FTP 服务器

在组建局域网时，有时要配置一台 FTP 服务器，为用户提供文件上传与下载的功能。如可以将一些重要资料存放在 FTP 站点上，让用户任意下载，也可以允许某些用户上传相关资料。本节介绍如何建立并配置 FTP 服务器。

6.7.1 FTP 服务简介

FTP（File Transfer Protocol）全称为文件传输协议，通过这个协议配置 FTP 服务，可以为用户提供文件上传和文件下载功能。文件传输采用双向传输的方式，文件从服务器传输到客户端称为文件下载，从客户端传输到服务器称为上传。

6.7.2 建立 FTP 站点

完成 FTP 服务的安装后，接下来可以创建自己的 FTP 站点。

1）在桌面上，单击“开始”/“程序”/“管理工具”。

2）在管理工具中，单击“Internet 服务管理器”。

3）在 Internet 信息服务窗口中，右键单击“默认 FTP 站点”，选择“新建站点”，启动新建 FTP 站点向导，如图 6-51 所示。

4）在向导对话框中，单击“下一步”按钮，系统要求输入站点说明，即站点名。输入适当名称后单击“下一步”按钮。

5）系统要求输入站点的 IP 地址并指定端口。IP 地址通常设置为 FTP 服务器 IP 地址，端口默认为 21 号端口，如图 6-52 所示。

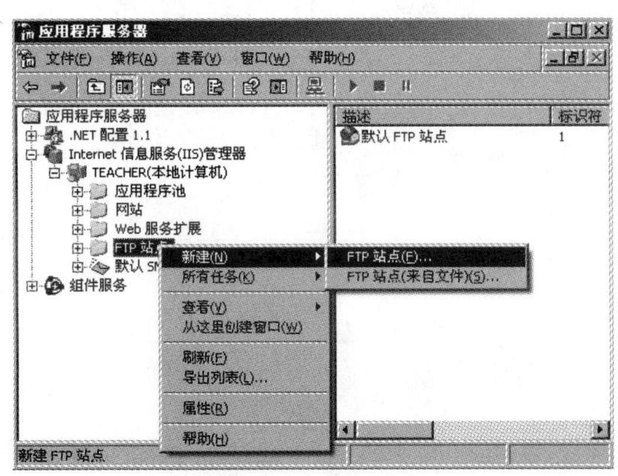

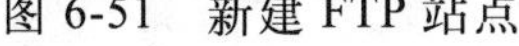
图 6-51 新建 FTP 站点

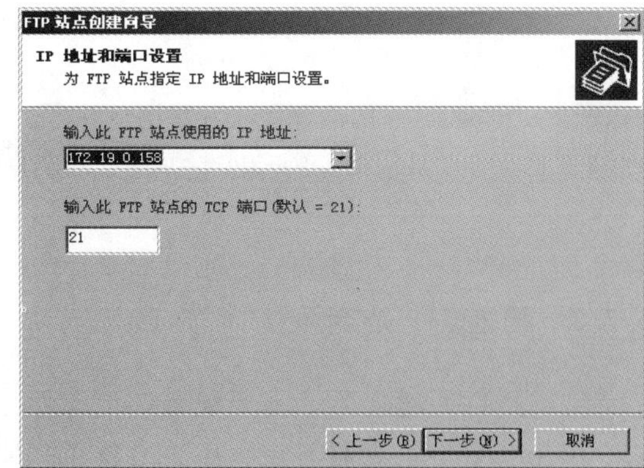

图 6-52 IP 地址和端口设置

6）单击“下一步”按钮后，系统要求指定 FTP 站点的主目录。主目录即供别人下载的文件存放的路径，正确指向后单击“下一步”按钮，如图 6-53 所示。

7）系统要求设定 FTP 站点的访问权限。其中“读取”是指只能下载不能上传，“写入”是指既可以下载也可以上传。通常选择“读取”即可，单击“下一步”按钮，如图 6-54 所示。

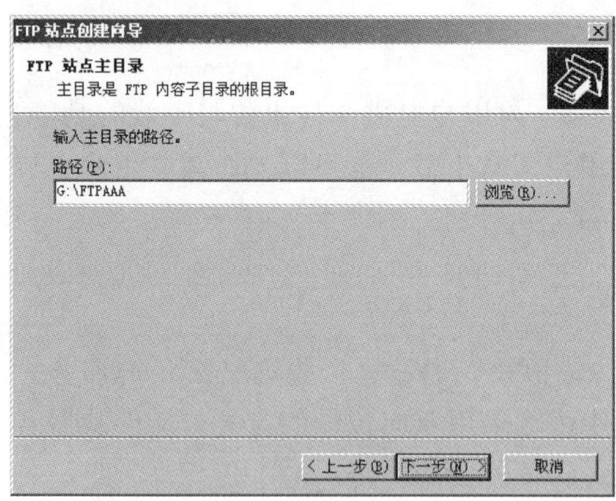

图 6-53 指定 FTP 站点的主目录

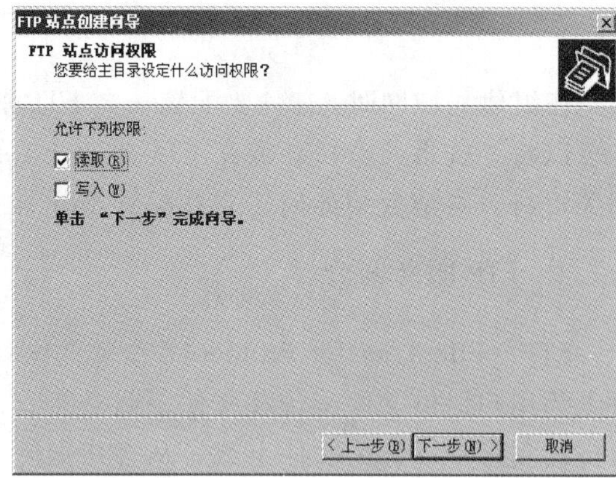

图 6-54 设定 FTP 站点的访问权限

8）单击“完成”按钮，完成 FTP 站点的建立过程。

9）返回 Internet 信息控制台可看到所建的 FTP 站点，按右键单击“FTP 测试”，选择“浏览”命令，若出现如图所示的对话框，表明 FTP 站点已创建成功，如图 6-55 所示。

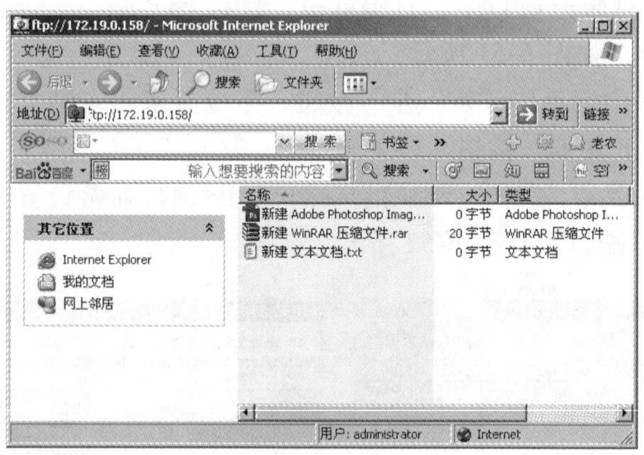

图 6-55 FTP 测试

6.7.3 配置 FTP 站点属性

完成站点的建立后，需要配置站点属性。

在 Internet 信息服务窗口中，右键单击刚刚建立的站点，选择“属性”命令，进行站点的配置。

下面介绍 FTP 属性各选项卡的功能。

1. “FTP 站点”选项卡

此选项卡主要配置站点的名称、IP 地址、端口等参数，同时也可以配置连接人数、日志等，如图 6-56 所示。

2. “安全帐户”选项卡

此选项卡可配置站点的身份验证方式，一般选择“允许匿名连接”即可。即用户访问此站点时不用输入用户名和密码。当希望用户输入用户名和密码才能访问时，可将此项清除即可，如图 6-57 所示。

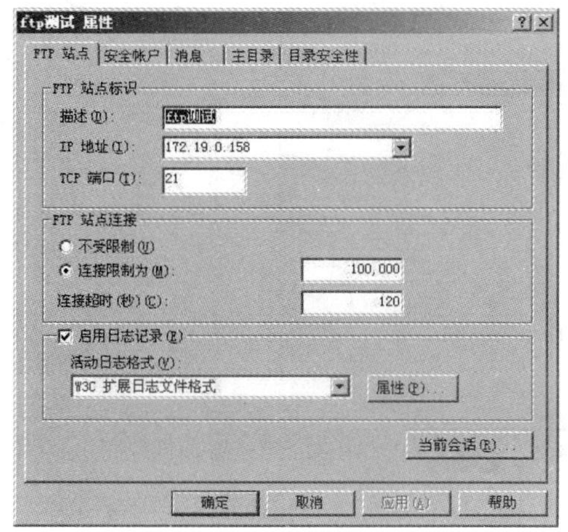

图 6-56 “FTP 站点”选项卡

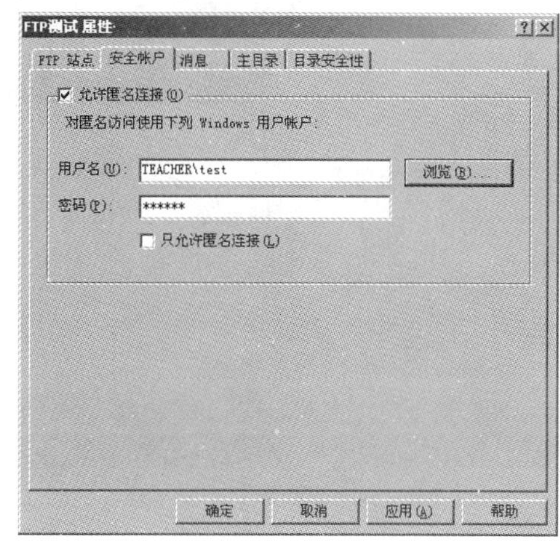

图 6-57 安全设置

3. “消息”选项卡

此选项卡可以配置访问站点的提示信息，如可设置用户登录站点的提示和离开时的提示，如图 6-58 所示。

4. “主目录”选项卡

此选项卡可以配置站点主目录路径及访问权限等，如图 6-59 所示。

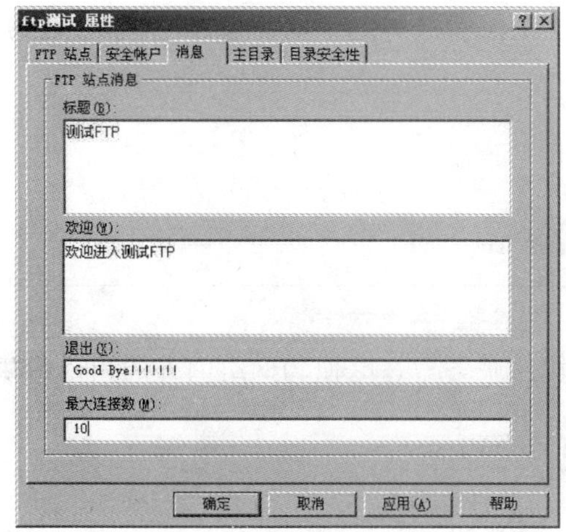

图 6-58 设置提示信息

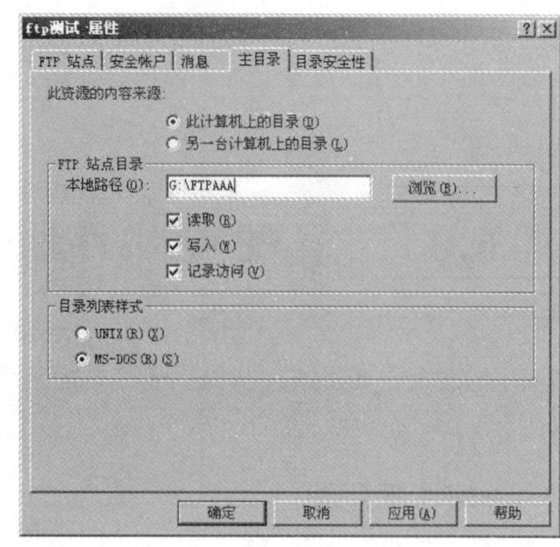

图 6-59 配置站点主目录路径及访问权限

5. “目录安全性”选项卡

此选项卡可以配置拒绝或允许某些用户访问此站点，如图 6-60 所示。

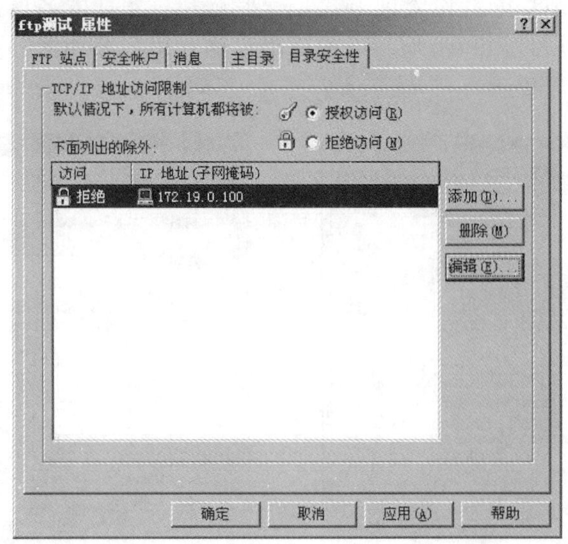

图 6-60 配置拒绝或允许某些用户访问站点

6.7.4 访问 FTP 站点

访问 FTP 站点时，可以直接通过 IE 浏览器访问，也可用相关软件访问。用 IE 浏览器访问时，可直接在地址栏中输入“FTP://站点的 IP 地址或域名”，即可进行文件上传和下载操作了。用软件访问时，通常可使用 CUTE_FTP 等软件。

要下载文件时，可双击相应文件，选择“将文件保存到磁盘”，并单击“确定”按钮。指定文件被下载后的存放位置后，文件立即被下载。

另外，除了使用 IIS 中的 FTP 建立 FTP 服务器外，也可以通过 Serv-U 等软件来建立 FTP 站点。Serv-U 软件的功能要强于 IIS 的 FTP 功能，Serv-U 软件的使用请参阅其他有关书籍。

至此，我们完成了对 FTP 服务器的配置。

6.8 配置邮件服务器

在组建大中型局域网时，经常要配置一台邮件服务器，以便为网络内外的用户提供邮件服务。

6.8.1 邮件服务器

电子邮件简记为 E-mail，是网上使用频繁、应用广泛的一种服务，电子邮件允许用户发送和接收互联网其他用户发来的邮件，即利用 E-mail 可以实现邮件的接收和发送，是目前上网族最常用的联系方式之一，用户可以使用申请到的免费或收费电子邮箱传递资料和信息，既方便又快捷。随着 Windows Server 2003 系统中内置了 POP3（邮局协议）服务组件，用户无需借助第三方工具软件也能够搭建邮件服务器。

邮件服务器产品有关的协议如下。

（1）RFC 822 邮件格式

RFC 822 定义了用于电子邮件报文的格式，即 RFC 822 定义了 SMTP、POP3、IMAP 以及其他电子邮件传输协议所提交、传输的内容。RFC 822 定义的邮件由两部分组成：信封和邮件内容，信封包括与传输、投递邮件有关的信息，邮件内容包括标题和正文。

（2）SMTP 协议

SMTP 就是简单邮件传输协议，它是一组用于由源地址到目的地址传送邮件的规则，由它来控制信件的中转方式。SMTP 属于 TCP/IP 协议族，它帮助计算机在发送或中转信件时找到下一个目的地，默认使用 TCP 端口为 25。通过 SMTP 所指定的服务器，就可以把 E-mail 寄到收信人的服务器上了，整个过程一般只要几分钟。SMTP 服务器是遵循 SMTP 协议的发送邮件服务器，用来发送或中转电子邮件。

（3）POP3 协议

POP3 即邮局协议，目前是第三版。它是 Internet 上传输电子邮件的第一个标准协议，也是一个离线协议。POP3 服务是一种检索电子邮件的电子邮件服务，管理员可以使用 POP3 服务存储以及管理邮件服务器上的电子邮件帐户。当收件人的计算机连接到他的 ISP 时，根据 POP3 协议，允许用户对自己帐户的邮件进行管理，如下载到本地计算机或从邮件服务器删除等。

（4）MIME 协议

Internet 上的 SMTP 传输机制是以 7 位二进制编码的 ASCII 码为基础的，适合传送文本邮件，声音、图像、中文等使用 8 位二进制编码的电子邮件需要进行 ASCII 转换（编码）才能够在 Internet 上正确传输。MIME 增强了在 RFC 822 中定义的电子邮件报文的能力，允许传输二进制数据。

（5）IMAP4 协议

IMAP4 即网际消息访问协议（Internet Message Access Protocol 4），目前是第 4 版，当电子邮件客户端软件通过拨号网络访问互联网和电子邮件时，IMAP4 比 POP3 更为适用。IMAP 协议的出现是因为 POP3 协议的一个缺陷，即客户使用 POP3 协议接收电子邮件时，所有的邮件都从服务器上删除，才下载到本地硬盘，即使通过一些专门的客户端软件，设置在接收邮件时在邮件服务器保留副本，客户端对邮件服务器上的邮件的功能也是很简单的。使用 IMAP 时，用户可以有选择地下载电子邮件，甚至只是下载部分邮件。因此，IMAP 比 POP3 更加复杂，它默认使用 TCP 端口 143。

6.8.2 配置 SMTP 服务器

配置 SMTP 服务器的步骤如下。

1）单击“开始”/“设置”/“控制面板”/“添加/删除程序”/“添加/删除 Windows 组

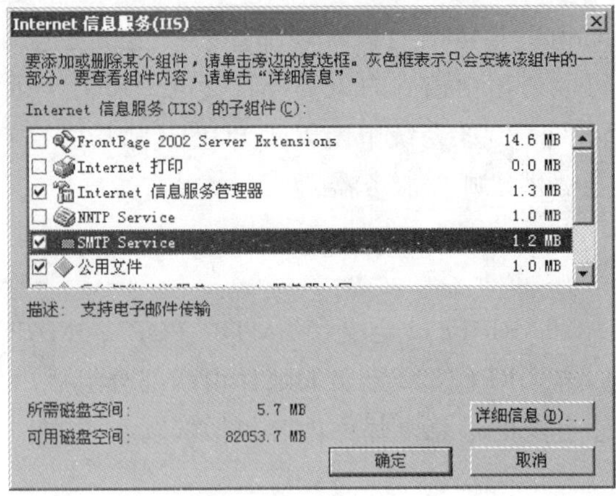

图 6-61 选择 SMTP Service 复选框

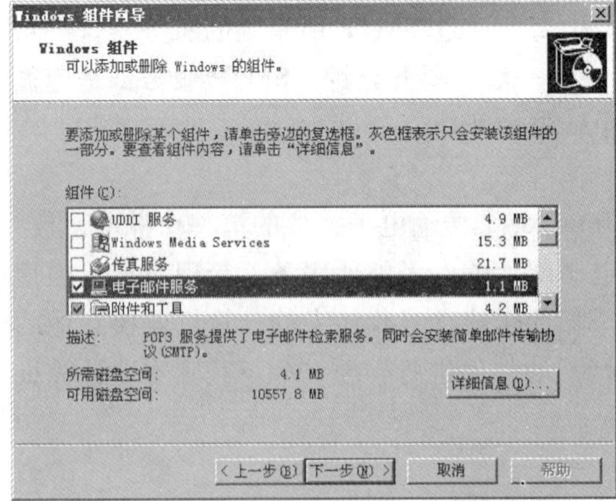

图 6-62 选择“电子邮件服务”复选框

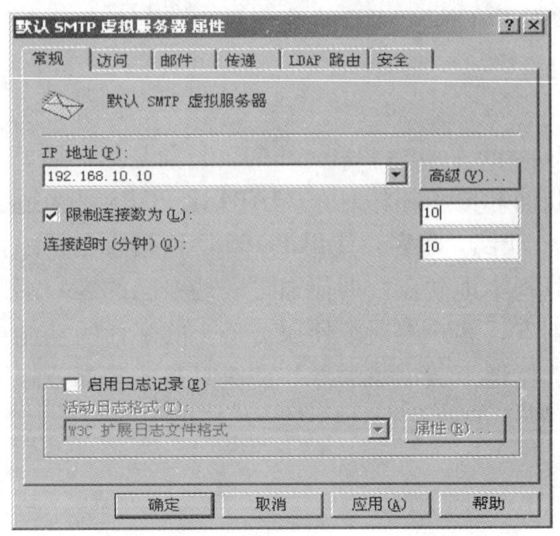

图 6-63 配置 SMTP 虚拟服务器

件”，选择“应用程序服务器”选项，单击“下一步”按钮，选择“Internet(信息服务 IIS)”选项，单击“详细信息”按钮，在“Internet 信息服务”窗口中选择“SMTP Service”选项，如图 6-61 所示，安装完成时，在“完成 Windows 组件向导”界面中单击“完成”按钮。

2）在系统默认情况下 Windows Server 2003 是没有安装 POP3 服务的，必须手动添加。选择“开始”/“控制面板”/“更改或删除程序”/“添加/删除 Windows 组件”。在“组件”选项组中，选中“电子邮件服务”复选框，然后单击“下一步”按钮，如图 6-62 所示。

3）安装完成时，在“完成 Windows 组件向导”界面中单击“完成”按钮。指定 IP 地址：右击“默认 SMTP 虚拟服务器”选项，在弹出的菜单中选择“属性”选项，在打开的“默认 SMTP 虚拟服务器属性”窗口的“常规”选项卡下，单击“IP 地址”项下拉列表，在弹出的 IP 地址列表中选择用于 SMTP 服务的一个 IP 地址，单击下方的“应用”按钮即可，如图 6-63 所示。

4）安装与配置“邮件服务器(POP3，SMTP)”。依次单击“开始”/“管理工具”/“管理您的服务器”菜单项，在弹出的界面中单击“添加/删除角色”超级链接。在打开的“服务器角色”对话框中，选中“邮件服务器(POP3，SMTP)”项后，单击“下一步”按钮继续，如图 6-64 所示。

至此，一个功能齐全的邮件服务器配置完成了。

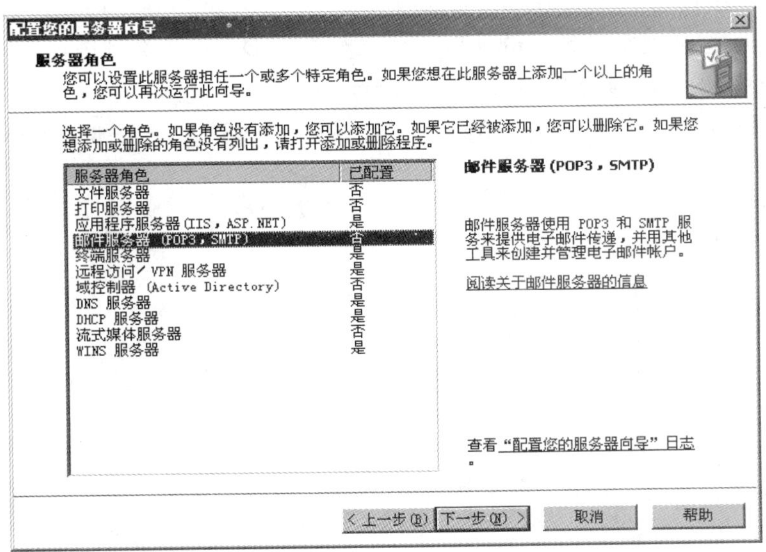

图 6-64　配置服务器角色

单元小结

本单元主要介绍了局域网中常用的服务器的配置步骤，包括 DHCP 服务、DNS 服务器、Web 服务器、FTP 服务器、邮件服务器等。通过本单元的学习，读者能够独立地配置局域网中常用的应用服务器，为网络用户提供各类网络服务。

巩固与提高

一、选择题

（1）（　　）被称为动态主机配置协议。

A．HTTP　　B．IIS　　C．DHCP　　D．RAS

（2）使用“DHCP 服务器”功能的好处是（　　）。

A．降低 TCP/IP 网络的配置工作量

B．增加系统安全与依赖性

C．对那些经常变动位置的工作站，DHCP 能迅速更新位置信息

D．以上都是

（3）要实现动态 IP 地址分配，网络中至少要求有一台计算机的网络操作系统中安装（　　）。

A．DNS 服务器　　B．DHCP 服务器

C．IIS 服务器　　D．PDC 主域控制器

（4）应用层 DNS 协议主要用于实现（　　）网络服务功能。

A. 网络设备名字到 IP 地址的映射　　B. 网络硬件地址到 IP 地址的映射
C. 进程地址到 IP 地址的映射　　D. 用户名到进程地址的映射

（5）测试 DNS 主要使用以下（　　）命令。

A. Ping　　B. Ipcofig　　C. nslookup　　D. Winipcfg

二、问答题

（1）如何安装 DHCP 服务器？

（2）什么是域名解析？

7 单元七　交换机与路由器配置基础

单元导读

交换机工作在 OSI 模型的第二层，它可以根据数据链路层信息做出帧转发决策，并能够隔离冲突域和有效地抵制广播风暴的产生。路由器工作在网络层，它是一种连接多个网络或网段的设备，主要工作就是为经过路由器的每个数据帧寻找一条最佳的传输路径。本单元主要介绍交换机、路由器的基础知识，以及交换机、路由器的使用及配置方法。

学习要点

- 了解交换机的概念及其分类
- 了解路由器的概念及其分类
- 掌握交换机、路由器的使用及配置
- 掌握 VLAN 的划分

7.1 交换机概述

7.1.1 交换机的特点及分类

1. 交换机的特点

交换机也称为交换式集线器，是一种比集线器效率更高的网络连接设备。交换机工作在OSI模型的第二层，它可以根据数据链路层信息做出帧转发决策，同时构造自己的转发表、可以访问MAC地址，并将帧转发至该地址。交换网络不像共享网络那样把报文分组广播到每个节点，而是为终端用户提供独占的、点对点连接，能够隔离冲突域和有效地抵制广播风暴的产生。

2. 交换机的分类

从广义上讲，交换机分为两种：广域网交换机和局域网交换机。广域网交换机主要应用于电信领域，提供通信用的基础平台。而局域网交换机则应用于局域网络，用于连接中断设备。从传输介质到传输速度上可以分为以太网交换机、快速以太网交换机、千兆以太网交换机、FDDI交换机、ATM交换机和令牌环交换机等。按照最广泛的普通分类方法，局域网交换机可以分为工作组交换机、部门级交换机和企业级交换机三类。这三类交换机的特点如下。

1）工作组交换机。工作组交换机是最常见的一种交换机，其特征是端口数量少，为信息点少于100台的计算机联网提供交换环境，对带宽的要求不高，网络的扩展性不高，一般为固定配置而非模块化配置。工作组交换机的背板带宽比较低，每一个包中的物理地址相对简单地决策信息的换发。它主要用于办公室、小型机房、多媒体制作中心、网站管理中心和业务受理较为集中的业务部门等。在传输速率上，工作组交换机大都提供多个具有10/100M自适应能力的端口，如图7-1所示。

2）部门级交换机。部门级交换机可以是固定配置，也可以是模块配置，一般有光纤接口。与工作组交换机相比，部门级交换机具有较为突出的智能型特点，支持基于端口的VLAN，可以实现端口管理，采用全双工、半双工传输模式，可以对流量进行控制，有网络管理功能，可以通过计算机的232口或经过网络对交换机进行配置、监控和测试。一般情况下，部门级交换机的信息点小于300个，主要用于小型企业、大型机关，端口速率基本上为100Mb/s，如图7-2所示。

3）企业级交换机。企业级交换机属于高端交换机，它采用模块化的结构，可作为网络骨干构建高速局域网，企业级交换机的信息点在500个以上。企业级交换机可以提供用户化定制、优先级队列服务和网络安全控制，并能很快适应数据增长和改变的需要，从而满足用户的需求。对于有更多需求的网络，企业级交换机不仅能传送超大容量的数据和控制信息，更具有硬件冗余和软件可伸缩性特点，保证网络的可靠运行。企业级交换机仅用于大型网络，且一般作为网络的骨干交换机，如图7-3所示。

图 7-1　工作组交换机

图 7-2　部门级交换机

图 7-3　企业级交换机

此外，根据交换机的结构，可将交换机分为固定端口交换机和模块化交换机（也称机箱插槽式交换机）。固定端口的交换机，常见有 8 口、16 口、24 口、48 口交换机；模块化交换机具有较大的灵活性和可扩展性，它能提供一系列扩展模块，诸如千兆以太网模块、ATM 模块、快速以太网模块等，所以，能够将具有不同协议、不同拓扑结构的网络连接起来。用户根据需求合理配置模块，但其价格要贵得多，一般作为骨干交换机来使用。

7.1.2　交换机的基本性能

交换机的技术参数较多，这些技术参数全面地反映了交换机的技术性能及其主要功能，是用户选购产品时的重要参考依据。

（1）转发方式

交换机采用的是决定如何转发数据包的转发机制。各种转发技术各有优缺点。

1）直通转发方式。交换机一旦解读到数据包目的地址，就开始向目的端口发送数据包。通常，交换机在接收到数据包的前 6 个字节时，就已经知道目的地址，从而可以决定向哪个端口转发这个数据包。直通转发技术的优点是转发速率快、减少延时和提高整体吞吐率。其缺点是交换机在没有完全接收并检查数据包的正确性之前就已经开始了数据转发，这样，在通信质量不高的环境下，交换机会转发所有的完整数据包和错误数据包，这实际上是给整个交换网络带来了许多垃圾通信包，会被误解为发生了广播风暴。总之，直通转发技术适用于网络链路质量好、错误数据包较少的网络环境。

2)存储转发方式。存储转发技术要求交换机在接收到全部数据包后再决定如何转发。这样一来，交换机可以在转发之前检查数据包的完整性和正确性。其优点是：没有残缺数据库包转发，减少了潜在的不必要数据转发。其缺点是：转发速率比直通转发慢。所以，存储转发技术比较适应于变通链路质量的网络环境。

3）碰撞逃避转发方式。某些厂商（3COM）的交换机还提供这种厂商特定的转发技术。碰撞逃避转发技术通过减少网络错误繁殖，在高转发速率和高正确率之间选择了一条折中的解决办法。

（2）延时特性

交换机延时是指从交换机接收到数据包到开始向目的端口复制数据包之间的时间间隔。有许多因素会影响延时大小。比如转发技术等。采用直通转发技术的交换机有固定的延时。因为直通式交换机不管数据包的整体大小，而只根据目的地址来决定转发方向。所以，它的延时是固定的，取决于交换机解读数据包前 6 个字节中目的地址的解读速率。采用存储转发技术的交换机，由于必须要接收完整的数据包后才开始转发数据包，所以它的延时与数据包大小有关。数据包大，则延时大；数据包小，则延时小。

（3）管理功能

交换机的管理功能是指交换机如何控制用户访问交换机，以及用户监控交换机的可视程序如何。通常，交换机厂商都提供管理软件或满足第三方管理软件远程管理交换机。一般的交换机满足 SNMP MIB I/MIB Ⅱ统计管理功能，而复杂一些的交换机增加通过内置 RMON 组（mini-RMON）来支持 RMON（远程监控）主动监视功能。有的交换机还允许外接 RMON 监视可选端口的网络状况。

（4）单/多 MAC 地址类型

单 MAC 交换机的每个端口只有一个 MAC 硬件地址。多 MAC 交换机的每个端口捆绑有多个 MAC 硬件地址。单 MAC 交换机主要用于连接最终用户、网络共享资源或非桥接路由器。它们不能用于连接集线器或含有多个网络设备的网段。多 MAC 交换机在每个端口可存储记忆多个硬件地址。可把多 MAC 交换机的每个端口看作是一个集线器，而多 MAC 交换机可以看作是集线器的集线器。每个厂商的交换机的存储体 Buffer 的容量大小各不相同。Buffer 容量的大小限制了这个交换机所能够提供的交换地址容量。一旦超过了这个地址容量，有的交换机将丢弃其他地址数据包，有的交换机则将数据包复制到各个端口而不作交换。

（5）外接监视功能

一些交换机具有“监视端口”，便于网络分析仪直接连接到交换机上监视网络状况。

（6）扩展树

由于交换机实际上是多端口的透明桥接设备，所以交换机也有桥接设备的固有问题——“拓扑环”问题。当某个网段的数据包通过某个桥接设备传输到另一个网段，而返回的数据包通过另一个桥接设备返回源地址，这个现象叫“拓扑环”。一般，交换机采用扩展树协议算法让网络中的每一个桥接设备相互知道，自动防止“拓扑环”现象。交换机通过将检测到的“拓扑环”中的某个端口断开，达到消除“拓扑环”的目的，维护网络中的拓扑树的完整性。在网络设计中，“拓扑环”常被推荐用于关键数据链路的冗余备份链路选择。所以，带有扩展树协议支持的交换机可以用于连接网络中心关键资源的交换冗余。

（7）全双工方式的应用

全双工端口可以同时发送和接收数据，但这需要交换机和所连接的设备都支持全双工工作方式，全双工功能的交换机具有以下优点。

1）高吞吐量：两倍于单工模式通信吞吐量。

2）避免碰撞：没有发送/接收碰撞。

3）突破长度限制：由于没有碰撞，所以不受 CSMA/CD 链路长度的限制。通信链路的长度限制只与物理介质有关。

现在支持全双工通信的协议有：快速以太网、千兆以太网和 ATM。

（8）高速端口集成

交换机可以提高带宽“管道”（固定端口、可先模块或多链路隧道）满足交换机的交换流量与上级主干的交换需求。防止出现主干通信瓶颈。常见的高速端口有以下几种。

1）FDDI：应用较早，范围广，但有协议转换费用。

2）Fast Ethernet/Gigabit Ethernet：连接方便，协议转换费用少；但受到网络规模限制。

3）ATM：可提供高速交换端口，但协议转换费用大。

（9）最大 VLAN 数量

此参数反映了一台设备所能支持的最大 VLAN 数目，就目前交换机所能支持的最大 VLAN 数目（1024 以上）来看，足以满足一般企业的需要。VLAN 划分应遵从 802.1Q 标准。

（10）扩充性配置

机架插槽数、扩展槽数、最大可堆叠数、10/100/1000M 以太网端口数、最大 ATM 端口数、最大 SONET 端口数、最大电源数等多个硬件指标将直接反映交换机的扩充能力与其他主干网络设备的互联互通能力。

7.1.3 交换机的选择

交换机在网络中处于核心地位，交换机功能的强弱决定了网络的整体性能，用户在选择局域网交换机时，一般应按以下几个步骤进行。

01 结合实际需要，选择合适的端口带宽及类型。

选择什么类型的局域网交换机，用户应首先根据自己组网带宽需要决定，再从交换机端口带宽设计方面来考虑。从端口带宽的配置看，目前市场上主要有以下三类。

1）n×10M＋m×100M 低快速端口专用型：一般主干网的传输速率为 100Mb/s 全双工，分支速率为 10Mb/s。从技术角度看，这类配置的局域网交换机严格限制了网络的升级，用户无法实现高速多媒体网络，所以这种产品已基本退出市场。

2）n×10M/100M 端口自适应型：目前这种交换机是市场上的主流产品，因为它们有自动协商功能，能够检测出其下传设备的带宽是 100M 还是 10M，是全双工还是半双工。当网卡与交换机相连时，如果网卡支持全双工，这条路可以收发各占 100M，实现 200M 的带宽，同样的情况可能出现在交换机到交换机的连接中，应用环境相当宽松。

3）n×1000M＋m×100M 高速端口专用型：与第一类交换机配置方式相似，所不同的是不仅带宽要多几个数量级，而且端口类型也完全不同。采用这种配置方案中的重要设备，可以彻底解决网络服务器之间的瓶颈问题。

02 根据 VLAN 情况，选择具有三层交换功能的交换机。

第三层交换功能最明显的特点就是交换机提供 VLAN，而划分 VLAN 是为了屏蔽广播数据包，及适应网络安全与网络控制管理方面的需要。但是，这种能够满足 VLAN 之间高效通信需求且价格较高的第三层局域网交换机，对于中小型局域网系统并没有多少价值，小型局域网完全可以采用技术成熟、种类较多、性能稳定且价格低廉的第二层交换机来完成。

03 根据综合布线情况，考虑光纤解决方案。

如果网络布线中必须选用光纤，有以下三种方案供选择。

1）选择光纤接口的交换机。

2）加装光纤模块。

3）加装光纤与双绞线的转发器。

04 考虑交换机的外形尺寸。

如果网络工程较大，或已完成楼宇级的综合布线，工程要求网络设备上机架管理，应选择机架式交换机；否则，固定配置式交换机具有更高的性能价格比。

05 考虑交换机的可管理性。

对于局域网交换机来说，在运行和管理方面所付出的代价，远远超过购买成本，基于这方面考虑，局域网交换机的可管理性（流量控制、带宽分配，以及配置和操作的难易程度）已开始成为评价交换机的另一个关键要素。

7.2 交换机的基本配置

7.2.1 交换机的配置方法

交换机的详细配置过程比较复杂，而且具体的配置方法会因不同品牌、不同系列的交换机而有所不同，学会交换机的通用配置方法，我们就能举一反三，融会贯通。

通常网管型交换机可以通过两种方法进行配置：一种就是本地配置；另一种就是远程网络配置两种方式，但是要注意后一种配置方法只有在前一种配置成功后才可进行，下面分别讲述。

1. 通过 Console 端口直接本地连接交换机

本地配置首先要解决的是它的物理连接方式，然后还需要解决软件配置，在软件配置方面我们主要以最常见的思科的“Catalyst 1900”交换机为例来说明。

（1）物理连接

交换机的本地配置方式是通过计算机与交换机的 Console 端口直接连接的方式进行通信的，它的连接图如图 7-4 所示。

可进行网络管理的交换机上一般都有一个 Console 端口，它是专门用于对交换机进行配置和管理的。通过 Console 端口连接并配置交换机，是配置和管理交换机必须经过的步骤。

不同类型的交换机，Console 端口所处的位置并不相同，有的位于前面板（如 Catalyst 3200 和 Catalyst 4006），而有的则位于后面板（如 Catalyst 1900 和 Catalyst 2900XL）。通常是模块化交换机大多位于前面板，而固定配置交换机则大多位于后面板。不过，倒不用担心无法找到 Console 端口，在该端口的上方或侧方都会有类似“CONSOLE”字样的标识，如图 7-5 所示。

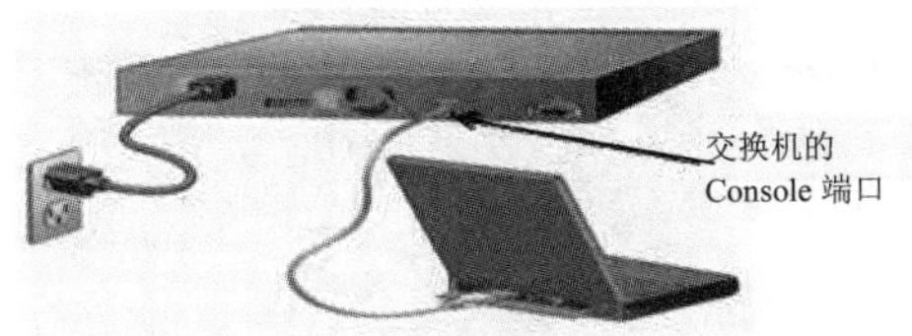

图 7-4　计算机与交换机的 Console 端口直接连接

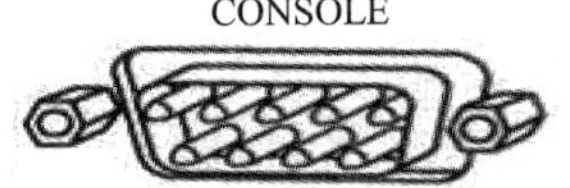

图 7-5　Console 端口

除位置不同之外，Console 端口的类型也有所不同，绝大多数（如 Catalyst 1900 和 Catalyst 4006）都采用 RJ-45 端口，但也有少数采用 DB-9 串口端口（如 Catalyst 3200）或 DB-25 串口端口（如 Catalyst 2900）。通过专门的 Console 线连接至配置用计算机（通常称作终端）的串行口。与交换机不同的 Console 端口相对应，Console 线也分为两种：一种是串行线，即两端均为串行接口（两端均为母头），两端可以分别插入至计算机的串口和交换机的 Console 端口；另一种是两端均为 RJ-45 接头（RJ-45-to-RJ-45）的扁平线。由于扁平线两端均为 RJ-45 接口，无法直接与计算机串口进行连接，因此，还必须同时使用一个如图 7-6 所示的 RJ-45-to-DB-9（或 RJ-45-to-DB-25）的适配器。通常情况下，在交换机的包装箱中都会随机赠送这么一条 Console 线和相应的 DB-9 或 DB-25 适配器。

（2）软件配置

物理连接准备好后，我们就要打开计算机和交换机电源进行软件配置了，步骤如下。

1）打开与交换机相连的计算机电源，运行计算机中的 Windows 操作系统。

2）检查是否安装有“超级终端”（Hyper Terminal）组件。如果在“附件”（Accessories）中没有发现该组件，可通过“添加/删除程序”的方式添加该 Windows 组件。

3）通过“开始”/“程序”/“附件”/通信/“超级终端”，即可启动超级终端。

4）首次启动超级终端时，会要求输入所在地区的电话区号，输入后将显示如图 7-7 所示的连接创建对话框，在“名称”文本框中输入该连接的名称，并选择所使用的示意图标。

图 7-6　RJ-45-to-DB-9 适配器

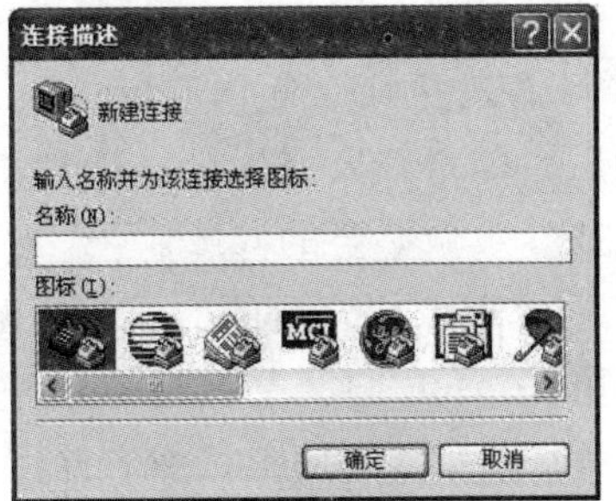

图 7-7　新建连接

5）选择连接使用的 COM 端口，根据实际连接使用的端口进行选择，比如 COM1；设置 COM 端口的属性，如图 7-8 所示，在“波特率”下拉列表框中选择“9600”，因为这是串口的最高通信速率，其他各选项全部采用默认值。

6）如果通信正常的话就会出现类似于如图 7-9 所示的主配置界面，并会在这个窗口中显示交换机的初始配置情况。

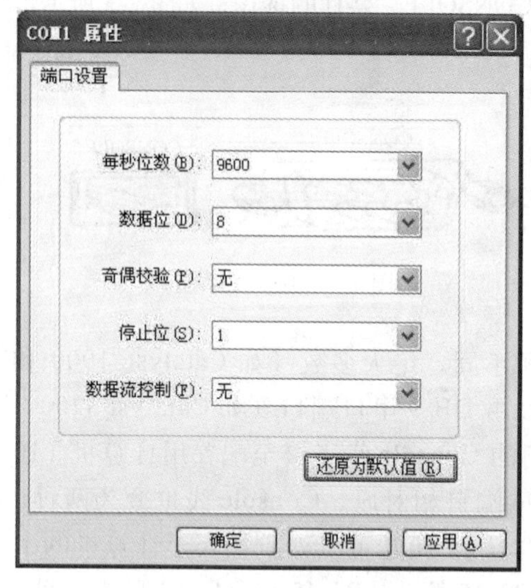

图 7-8　端口设置

```
Catalyst 1900 Management Console

Copyright  (c)  Cisco Systems,  Inc.  1993-1999

All rights reserved.

Standard Edition Software

Ethernet address:  00-E0-1E-7E-B4-40

PCA Number:  73-2239-01

PCA Serial Number:  SAD01200001

Model Number:  WS-C1924-A

System Serial Number:  FAA01200001
```

图 7-9　主配置界面

2. 远程配置方式

在首次通过 Console 端口完成对交换机的配置，并在本地配置方式中已为交换机配置好了 IP 地址和登录密码后，可通过 IP 地址与交换机进行通信，从而实现对交换机的远程配置。

（1）通过 Telnet 方式进行配置

可在 PC 机中利用 Telnet 方式来登录连接交换机，也可在登录一台交换机后，再利用 Telnet 命令来登录连接另一台交换机，实现对另一台交换机的访问和配置。

进入 Windows 系统中的 MS-DOS 方式，可利用 Windows 开始菜单中的“运行”菜单项，通过执行 CMD 命令来实现。然后在 MS-DOS 方式下执行“Telnet 交换机 IP 地址”命令来登录连接交换机。

如果已经设置交换机的 IP 地址为 61.159.62.182，利用网线交换机接入网络，然后在 DOS 命令行输入并执行命令 Telnet 61.159.62.182，此时要求用户输入 Telnet 登录密码，校验成功后，即可登入交换机。这时，出现交换机的命令行提示符，并可根据需要对交换机的某些参数做必要的修改。

（2）通过 Web 浏览器的方式进行配置

当利用 Console 口为交换机设置好 IP 地址信息并启用 HTTP 服务后，即可通过支持 JAVA 的 Web 浏览器访问交换机，并可通过 Web 浏览器修改交换机的各种参数并对交换机进行管理。事实上，通过 Web 界面，可以对交换机的许多重要参数进行修改和设置，并可实时查看交换机的运行状态。

把计算机连接在交换机的一个普通端口上，在计算机上运行 Web 浏览器。在浏览器的“地址”栏中键入被管理交换机的 IP 地址（如 61.159.62.182）或为其指定的名称，将弹出如图 7-10 所示对话框。

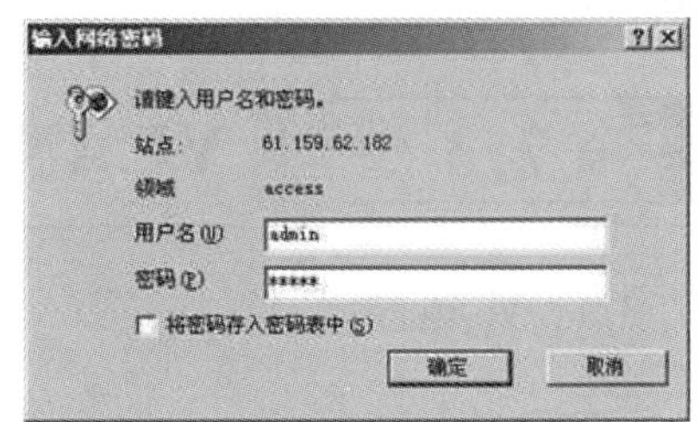

图 7-10 Web 浏览器的方式配置

键入拥有管理权限的用户名和密码，即可建立与被管理交换机的连接，在 Web 浏览器中显示交换机的管理界面，在这里，要求输入用户帐号和密码，这时需输入原先已设置好的交换机配置超级用户帐号和密码进入系统。这样就可以通过 Web 界面中的提示，一步步查看交换机的各种参数和运行状态，并可根据需要对交换机的某些参数做必要的修改。

7.2.2 配置交换机的操作步骤

配置交换机的操作步骤如下。

01 连接交换机与 PC 机。将控制线的 RJ-45 头插入交换机的 Console 配置口，另一端的 Db-9 插头插入计算机的 COM1 或 COM2 串行接口。

02 配置超级终端。在 Windows 中启动超级终端程序，并创建一个名为 Switch A 的新连接，并配置好 COM 端口的属性。

03 接通交换机的电源。注意，在超级终端中观察交换机的加电启动过程。启动成功出现 Switch>的状态后，键入“？”，观察在用户 EXEC 模式下，允许运行的命令。然后键入 enable，切换到特权 EXEC 模式，再键入“show run”命令，并查看当前正在运行的配置文件的内容和当前交换机的端口信息；执行“show version”命令，查看交换机的版本信息。

04 配置交换机的主机名，并设置交换机的管理地址。

1）输入 enable 进入特权模式；

2）再输入 configure terminal 进入全局配置模式；

3）在全局配置模式下，用 ip address 192.168.0.138 255.255.255.0 命令设置交换机的管理地址，输入 ip default-gateway 192.168.0.254 命令设置其默认网关为 192.168.0.254；

4）输入命令 hostname C2950A，配置交换机名称为 C2950A；

5）输入命令 enable secret 2950，设置其特权密码为 2950；

6）输入命令 exit，退回到特权用户模式，输入 write 命令保存配置文件。

05 利用网线将交换机与 PC 机的网卡相连，在 Telnet 连接登录的方式或 Web 浏览方式下，登录连接交换机。进入特权模式，使用 show ip，show running-config 命令观察交换机的配置信息。

7.3 VLAN 的配置方法

7.3.1 VLAN 技术

VLAN，是英文 Virtual Local Area Network 的缩写，中文名为“虚拟局域网”。VLAN 是一种将局域网（LAN）设备从逻辑上划分（注意，不是从物理上划分）成一个个网段（或者说是更小的局域网 LAN），从而实现虚拟工作组（单元）的数据交换技术。

VLAN 这一新兴技术主要应用于交换机和路由器中，但目前主流应用还是在交换机之中。不过不是所有交换机都具有此功能，只有三层以上交换机才具有此功能，这一点可以查看相应交换机的说明书即可得知，如图 7-11 所示。VLAN 的好处主要有以下 3 个方面。

1）端口的分隔。即便在同一个交换机上，处于不同 VLAN 的端口也是不能通信的。这样一个物理的交换机可以当作多个逻辑的交换机使用。

2）网络的安全。不同 VLAN 不能直接通信，杜绝了广播信息的不安全性。

3）灵活的管理。更改用户所属的网络不必换端口和连线，只更改软件配置就可以了。

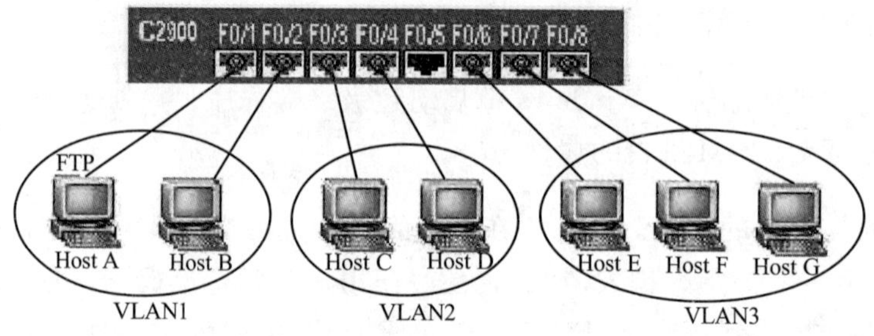

图 7-11 虚拟局域网（VLAN）划分

VLAN 技术的出现，使得管理员可根据实际应用需求，把同一物理局域网内的不同用户逻辑地划分成不同的广播域，每一个 VLAN 都包含一组有着相同需求的计算机工作站，与物理上形成的 LAN 有着相同的属性。由于它是从逻辑上划分，而不是从物理上划分，所以同一个 VLAN 内的各个工作站没有限制在同一个物理范围中，即这些工作站可以在不同物理 LAN 网段。由 VLAN 的特点可知，一个 VLAN 内部的广播和单播流量都不会转发到其他 VLAN 中，从而有助于控制流量、减少设备投资、简化网络管理、提高网络的安全性。VLAN 除了能将网络划分为多个广播域，从而有效地控制广播风暴的发生，以及使网络的拓扑结构变得非常灵活的优点外，还可以用于控制网络中不同部门、不同站点之间的互相访问。

VLAN 在交换机上的实现方法，可以大致划分为以下六类。

1. 基于端口的 VLAN

这是最常应用的一种 VLAN 划分方法，应用也最为广泛、最有效，目前绝大多数 VLAN 协议的交换机都提供这种 VLAN 配置方法。这种划分 VLAN 的方法是根据以太网交换机的交换端口来划分的，它是将 VLAN 交换机上的物理端口和 VLAN 交换机内部的 PVC（永久虚电路）端口分成若干个组，每个组构成一个虚拟网，相当于一个独立的 VLAN 交换机。

对于不同部门需要互访时，可通过路由器转发，并配合基于 MAC 地址的端口过滤。对某站点的访问路径上最靠近该站点的交换机、路由交换机或路由器的相应端口上，设定可通过的 MAC 地址集。这样就可以防止非法入侵者从内部盗用 IP 地址而从其他可接入点入侵的可能。

从这种划分方法本身我们可以看出，这种划分的方法的优点使得定义 VLAN 成员时非常简单，只要将所有的端口都定义为相应的 VLAN 组即可。适合于任何大小的网络。它的缺点是如果某用户离开了原来的端口，到了一个新的交换机的某个端口，必须重新定义。

2. 基于 MAC 地址的 VLAN

这种划分 VLAN 的方法是根据每个主机的 MAC 地址来划分，即对每个 MAC 地址的主机都配置他属于哪个组，它实现的机制就是每一块网卡都对应唯一的 MAC 地址，VLAN 交换机跟踪属于 VLAN MAC 的地址。这种方式的 VLAN 允许网络用户从一个物理位置移动到另一个物理位置时，自动保留其所属 VLAN 的成员身份。

由这种划分的机制可以看出，这种 VLAN 的划分方法的最大优点就是当用户物理位置移动时，即从一个交换机换到其他的交换机时，VLAN 不用重新配置，因为它是基于用户，而不是基于交换机的端口。这种方法的缺点是初始化时，所有的用户都必须进行配置，如果有几百个甚至上千个用户的话，配置是非常麻烦的，所以这种划分方法通常适用于小型局域网。而且这种划分的方法也导致了交换机执行效率的降低，因为在每一个交换机的端口都可能存在很多个 VLAN 组的成员，保存了许多用户的 MAC 地址，查询起来相当不容易。另外，对于使用笔记本电脑的用户来说，他们的网卡可能经常更换，这样 VLAN 就必须经常配置。

3. 基于网络层协议的 VLAN

VLAN 按网络层协议来划分，可分为 IP、IPX、DECnet、AppleTalk、Banyan 等 VLAN 网络。这种按网络层协议来组成的 VLAN，可使广播域跨越多个 VLAN 交换机。这对于希望针对具体应用和服务来组织用户的网络管理员来说是非常具有吸引力的。而且，用户可以在网络内部自由移动，但其 VLAN 成员身份仍然保留不变。

这种方法的优点是用户的物理位置改变了，不需要重新配置所属的 VLAN，而且可以根据协议类型来划分 VLAN，这对网络管理者来说很重要。还有，这种方法不需要附加的帧标签来识别 VLAN，这样可以减少网络的通信量。这种方法的缺点是效率低，因为检查每一个数据包的网络层地址是需要消耗处理时间的（相对于前面两种方法），一般的交换机芯片都可以自动检查网络上数据包的以太网帧头，但要让芯片能检查 IP 帧头，需要更高的技术，同时也更费时。当然，这与各个厂商的实现方法有关。

4. 根据 IP 组播的 VLAN

IP 组播实际上也是一种 VLAN 的定义，即认为一个 IP 组播组就是一个 VLAN。这种划分的方法将 VLAN 扩大到了广域网，因此这种方法具有更大的灵活性，而且也很容易通过路由器进行扩展，主要适合于不在同一地理范围的局域网用户组成一个 VLAN，而不适用于局域网，主要是因为效率不高。

5. 按策略划分的 VLAN

基于策略组成的 VLAN 能实现多种分配方法，包括 VLAN 交换机端口、MAC 地址、IP 地址、网络层协议等。网络管理人员可根据自己的管理模式和本单位的需求来决定选择哪种类型的 VLAN。

6. 按用户定义、非用户授权划分的 VLAN

基于用户定义、非用户授权来划分 VLAN，是指为了适应特别的 VLAN 网络，根据具体的网络用户的特别要求来定义和设计 VLAN，而且可以让非 VLAN 群体用户访问 VLAN，但是需要提供用户密码，在得到 VLAN 管理的认证后才可以加入一个 VLAN。

7.3.2 VLAN 网络的配置实例

下面就以典型的中型局域网 VLAN 配置为例介绍目前最常用的按端口划分 VLAN 的配置方法。

某公司有 100 台计算机左右，主要使用网络的部门有：生产部（20）、财务部（15）、人事部（8）和信息中心（12）四大部分。

网络基本结构为：整个网络中主干部分采用 3 台 Catalyst 1900 网管型交换机（分别命名为：Switch1、Switch2 和 Switch3，各交换机根据需要下接若干个集线器，主要用于非 VLAN 用户，如行政文书、临时用户等）、一台 Cisco 2514 路由器，整个网络都通过路由器 Cisco 2514 与外部互联网进行连接。

需要联网的用户主要分布于四个部门，即生产部、财务部、信息中心和人事部。主要对这四个部门用户单独划分 VLAN，以确保相应部门网络资源不被盗用或破坏。

现在为了公司相应部分网络资源的安全性需要，特别是对于像财务部、人事部这样的敏感部门，其网络上的信息不想让太多人可以随便进出，于是公司采用了 VLAN 的方法来解决以上问题。通过 VLAN 的划分，可以把公司主要网络划分为：生产部、财务部、人事部和信息中心四个主要部分，对应的 VLAN 组名为：Prod、Fina、Huma、Info，各 VLAN 组所对应的网段如表 7-1 所示。

注 意

之所以把交换机的 VLAN 号从“2”号开始，是因为交换机有一个默认的 VLAN，那就是“1”号 VLAN，它包括所有连在该交换机上的用户。

表 7-1 VLAN 命名规则

VLAN 号	VLAN 名	端口号
2	Prod Switch1	2-21
3	Fina Switch2	2-16
4	Huma Switch3	2-9
5	Info Switch3	10-21

VLAN 的配置过程其实非常简单，只需两步：首先为各 VLAN 组命名，然后把相应的 VLAN 对应到相应的交换机端口。

以下是具体的配置过程。

01 设置好超级终端，连接上 1900 交换机，通过超级终端配置交换机的 VLAN，连接成功后出现如下所示的主配置界面（交换机在此之前已完成了基本信息的配置）：

```
1 user(s) now active on Management Console.
User Interface Menu
[M] Menus
[K] Command Line
[I] IP Configuration
Enter Selection:
```

02 单击 K 按键，选择主界面菜单中“[K] Command Line”选项，进入如下命令行配置界面：

```
CLI session with the switch is open.
To end the CLI session,enter [Exit ].
```

此时我们进入了交换机的普通用户模式，就像路由器一样，这种模式只能查看现在的配置，不能更改配置，并且能够使用的命令很有限。所以我们必须进入“特权模式”。

03 在上一步“>”提示符下输入进入特权模式命令“enable”，进入特权模式，命令格式为“>enable”，此时就进入了交换机配置的特权模式提示符：

```
#config t
Enter configuration commands,one per line.End
with CNTL/Z
(config)#
```

注 意

特权模式密码必须是 4～8 位字符，这要注意，这里所输入的密码是以明文形 式直接显示的，要注意保密。交换机用 level 级别的大小来决定密码的权限。Level 1 是进入命令行界面的密码，也就是说，若设置了 level 1 的密码，当下次连上交换机，并输入 K 后，这时提示输入的密码，就是 level 1 设置的密码。而 level 15 是输入了“enable”命令后输入的特权模式密码。

04 为了安全和方便起见，我们分别给这三个 Catalyst 1900 交换机起个名字，并且设置特权模式的登录密码。下面仅以 Switch1 为例进行介绍。配置代码如下。

```
(config)#hostname Switch1
Switch1(config)# enable password
level 15 XXXXXX
Switch1(config)#
```

注 意

以上配置是按表 7-1 规则进行的。

05 设置 VLAN 名称。因四个 VLAN 分属于不同的交换机，为 VLAN 命名的命令为“ vlan vlan 号 name vlan 名称”，在 Switch1、Switch2、Switch3 交换机上配置 2、3、4、5 号 VLAN 的代码为

```
Switch1 (config)#vlan 2 name Prod
```

```
Switch2 (config)#vlan 3 name Fina
Switch3 (config)#vlan 4 name Huma
Switch3 (config)#vlan 5 name Info
```

06 上一步我们对各交换机配置了 VLAN 组，现在要把这些 VLAN 对应上表 7-1 所规定的交换机端口号。对应端口号的命令是“vlan- membership static/ dynamic VLAN 号”。在这个命令中“static”（静态）和“dynamic”（动态）分配方式两者必须选择一个，不过通常都是选择“static”（静态）方式。VLAN 端口号应用配置如下。

1）名为 Switch1 的交换机的 VLAN 端口号配置如下。

```
Switch1(config)#int e0/2
Switch1(config-if)#vlan-membership static 2
Switch1(config-if)#int e0/3
Switch1(config-if)#vlan-membership static 2
Switch1(config-if)#int e0/4
Switch1(config-if)#vlan-membership static 2
……
Switch1(config-if)#int e0/20
Switch(config-if)#vlan-membership static 2
Switch1(config-if)#int e0/21
Switch1(config-if)#vlan-membership static 2
Switch1(config-if)#
```

注 意

int 是 interface 命令的缩写，是接口的意思。e0/2 是 ethernet 0/2 的缩写，代表交换机的 0 号模块 2 号端口。

2）名为 Switch2 的交换机的 VLAN 端口号配置如下。

```
Switch2(config)#int e0/2
Switch2(config-if)#vlan-membership static 3
Switch2(config-if)#int e0/3
Switch2(config-if)#vlan-membership static 3
Switch2(config-if)#int e0/4
Switch2(config-if)#vlan-membership static 3
……
Switch2(config-if)#int e0/15
Switch2(config-if)#vlan-membership static 3
Switch2(config-if)#int e0/16
Switch2(config-if)#vlan-membership static 3
Switch2(config-if)#
```

3）名为 Switch3 的交换机的 VLAN 端口号配置如下（它包括两个 VLAN 组的配置），先看 VLAN 4（Huma）的配置代码。

```
Switch3(config)#int e0/2
Switch3(config-if)#vlan-membership static 4
Switch3(config-if)#int e0/3
Switch3(config-if)#vlan-membership static 4
Switch3(config-if)#int e0/4
Switch3(config-if)#vlan-membership static 4
……
Switch3(config-if)#int e0/8
```

```
Switch3(config-if)#vlan-membership static 4
Switch3(config-if)#int e0/9
Switch3(config-if)#vlan-membership static 4
Switch3(config-if)#
```

4）下面是 VLAN5（Info）的配置代码。

```
Switch3(config)#int e0/10
Switch3(config-if)#vlan-membership static 5
Switch3(config-if)#int e0/11
Switch3(config-if)#vlan-membership static 5
Switch3(config-if)#int e0/12
Switch3(config-if)#vlan-membership static 5
……
Switch3(config-if)#int e0/20
Switch3(config-if)#vlan-membership static 5
Switch3(config-if)#int e0/21
Switch3(config-if)#vlan-membership static 5
Switch3(config-if)#
```

至此，我们已经按表 7-1 要求把 VLAN 都定义到了相应交换机的端口上了。为了验证我们的配置，可以在特权模式使用“show vlan”命令显示出刚才所做的配置，检查是否正确。

7.4 交换机的 VLAN 配置实训

1. 实训目的

理解 VLAN 如何跨交换机实现。

2. 实训内容

假设某企业有两个主要部门：销售部和技术部，其中销售部门的个人计算机系统分散连接在两台交换机上，它们之间需要相互连接通信，但为了数据安全起见，销售部和技术部需要进行相互隔离。现要在交换机上做适当配置来实现这一目标。

本案例要实现使在同一 VLAN 里的计算机系统能通过交换机进行相互通信，而在不同 VLAN 里的计算机系统不能进行相互通信。案例的拓扑结构图如图 7-12 所示。

3. 实训步骤

01 在交换机 SwitchA 上创建 VLAN10，并将 0/5 端口划分到 VLAN 10 中。

```
switchA>enable
switchA#vlan  database
switchA(vlan)# vlan 10  name sales        !创建 VLAN10 将其命名为 sales
switchA(vlan)#exit
switchA(config)#interface fastethernet 0/5  !进入接口配置模式
switchA(config-if)#switchport access vlan 10!将 0/5 端口划分到 VLAN 10 中
```

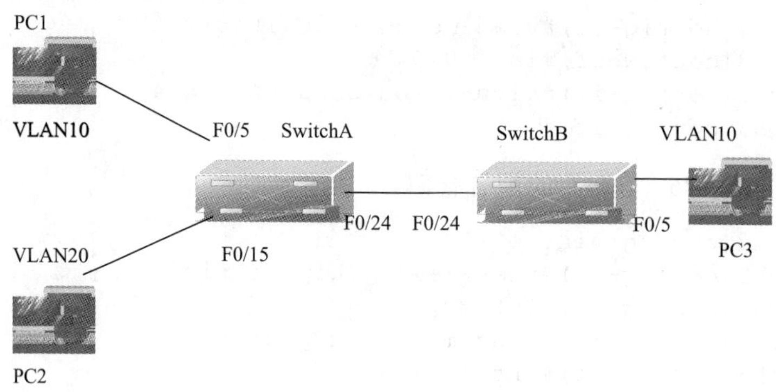

图 7-12　案例拓扑结构图

02 在交换机 SwitchA 上创建 VLAN 20 ,并将 0/15 端口划分到 VLAN20 中。

```
switchA>enable
switchA#vlan  database
switchA(vlan)# vlan 20  name technical     !创建 VLAN20 将其命名为 technical
switchA(vlan)#exit
switchA(config)#intErface fastethernet 0/15  !进入接口配置模式
switchA(config-if)#switchport access vlan 20 !将 0/5 端口划分到 VLAN 20 中
```

验证测试：验证已创建了 VLAN 20，并将 0/15 端口已划分到 VLAN 20 中。

```
switchA#show vlan
```

03 在交换机 SwitchA 上将与 SwitchB 相连的端口（假设为 0/24 端口）设置为汇聚链路端口模式。

```
switchA(config)#interface fastethernet 0/24
switchA(config-if)#switchport
switchA(config-if)#switchport mode trunk encapsulation  dotlq
switchA(config-if)#switchport mode trunk
switchA(config-if)#switchport mode trunk allowed vlan all
switchA(config-if)#end
```

验证测试：验证 fastethernet 0/24 端口已被设置为汇聚链路端口模式。

```
switchA#show interfaces fastethernet 0/24 switchport
```

04 在交换机 SwitchB 上创建 VLAN 10，并将 0/5 端口划分到 VLAN10 中。

```
switchB>enable
switchB#vlan   database
switchB(vlan)# vlan 10  name sales          !创建 VLAN10 将其命名为 sales
switchB(vlan)#exit
switchB(config)#interface fastethernet 0/5   !进入接口配置模式
switchB(config-if)#switchport access vlan 10 !将 0/5 端口划分到 VLAN 10 中
```

05 在交换机 SwitchA 上将与 SwitchB 相连的端口（假设为 0/24 端口）设置为汇聚链路端口模式。

```
switchB(config)#interface fastethernet 0/24
```

```
switchB(config-if)#switchport
switchB(config-if)#switchport mode trunk encapsulation  dotlq
switchB(config-if)#switchport mode trunk
switchB(config-if)#switchport mode trunk allowed vlan all
switchB(config-if)#end
```

06 通过 Ping 命令验证 PC1 与 PC3 能互相通信，但 PC2 与 PC3 不能互相通信。

7.5 路由器概述及其配置

7.5.1 路由器功能及分类

1. 路由器的基本功能

路由器是一种连接多个网络或网段的设备，它工作在网络层，集网关、网桥、交换技术于一体，能将不同网络或网段之间的数据进行阅读和译码，以使它们能够相互识别对方的数据，从而构成一个更大的网络。

路由器与集线器和交换机不同的是，它是应用于不同的网络之间的设备，它具有判断网络地址和选择路径的功能。它的主要工作就是为经过路由器的每个数据帧寻找一条最佳的传输路径，并能够将该数据有效地传送到目的地点。我们新购置的路由器的配置文件是空的。只有编辑好路由器的配置文件后，它才能根据所配置的文件进行相应的操作。

2. 路由器的分类

路由器的种类很多，可按照不同的方法进行分类。

1）从功能上划分，可将路由器分为骨干级路由器、企业级路由器和接入级路由器。

骨干级路由器是实现企业级网络互联的关键设备，它的特点是数据吞吐量较大、速度快、可靠性高。

企业级路由器连接许多终端系统，连接对象较多，但系统相对简单，且数据流量较小，对这类路由器的要求是以尽量便宜的方法实现尽可能多的端点互联，同时还要求能够支持不同的服务质量。

接入级路由器主要应用于连接家庭或 ISP 内的小型企业客户群体。

2）从所处网络位置上划分。可将其分为内部路由器和边界路由器。

内部路由器处于网络的中间，通常用于连接不同网络，起到一个数据转发的桥梁作用。

边界路由器处于由多个互联的 LAN 所组成的网络与外界广域网相连的位置。由于它可能要同时接受来自许多不同网络路由器发来的数据，所以这就要求这种边界路由器的背板带宽要足够宽。

3）按协议的支持情况可分为单协议器和多协议路由器。单协议路由器只能针对单一的协议进行传输。比如 IP 路由器只接受 IP 协议，不支持 IPX 协议。

多协议路由器可完成多个协议的传输。这种多协议路由器的性能相对较低。用户在购买路由器时，可根据自己的需要选购不同的路由器。

7.5.2 路由器的选择

在选择路由器的时候，应注意以下几点。

1）对于用户来讲，要根据自己的实际使用情况，首先确定是选择接入级、企业级还是骨干级路由器。这是用户选择的大方向。然后，再根据路由器选择方面的基本原则，来确定产品的基本性能要求。

2）路由器作为网络中比较关键的设备，其可靠性至关重要。路由器的可靠性主要体现在接口故障和网络流量增大时的适应能力，保证这种适应能力的方式就是备份。此外，路由器的可靠性也包括多个方面，如硬件冗余、模块热插拔等。

3）路由器的性能也是我们在选择路由器时所要考虑的因素之一。性能方面除了要考察具体指标外，是否具有真正的线速处理能力也在很大程度上影响着网络的性能。在选购时，不要片面听信一些厂商对产品性能的夸大其词，在这方面可以参考一下第三方的评测报告进行判断。

7.5.3 配置路由器

用超级终端通过 Console 端口完成路由器的基本配置，如图 7-13 所示，具体步骤如下。

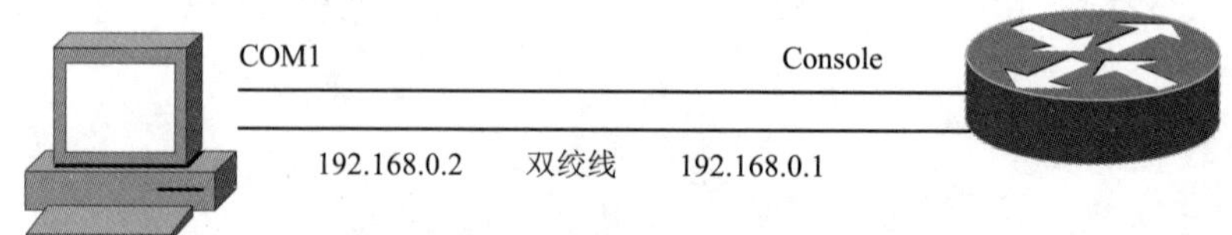

图 7-13 用超级终端配置路由器

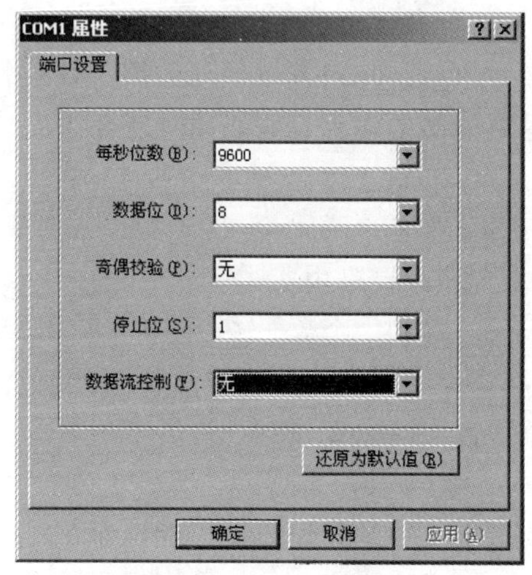

图 7-14 设置相关参数

01 在关机状态下用控制台电缆连接路由器和 PC 机。其中控制台电缆一端的 RJ-45 端口连接路由器控制台端口，另一端的 RJ-45 端口连接到 PC 机的 COM1 端口。

02 启动超级终端程序，并参照图 7-14 对相关参数进行设置。

03 打开路由器电源，观察路由器启动信息。

04 登录路由器。

```
User Access Verification
Please Enter Password:
User login successful.
Router>
```

05 进入特权模式。

```
Router>enable
```

06 显示命令。

查看版本信息和引导信息:

```
sho version
```

查看运行配置:

```
sho running-config
```

查看开机设置:

```
sho startup-config
```

显示端口信息:

```
sho interfaces f0/0
```

显示路由信息:

```
sho ip route
```

07 基本配置命令。

设置访问用户及密码:

```
user temp pass cisco
```

激活端口:

```
no shut
```

设置静态路由:

```
ip route 0.0.0.0 0.0.0.0 192.168.12.254
```

启动 IP 路由:

```
ip routing
```

设置 f0/0 端口的 IP 地址:

```
ip address 192.168.12.100 255.255.255.0
```

启动登录进程:

```
login
```

设置登录密码:

```
enable pass cisco
```

修改 VTY 超时时间:

```
sho line vty 0
```

信息显示默认超时为 10 分钟:

```
Timeouts: Idle EXEC Idle Session Modem Answer Session Dispatch
00:10:00 never none not set
line vty 0
exec-timeout 20 0
logg synchronous
sho line vty 0
```

信息显示超时时间为20分钟:

```
Timeouts: Idle EXEC Idle Session Modem Answer Session Dispatch
00:20:00 never none not set
```

设置IP地址:

```
Router> (config)#interface ethernet 2/1
Router> (config-if-e1000-2/1)#ip address 192.168.0.1/24
Router> (config-if-e1000-2/1)#exit
Router> (config)#
Router> (Config)#interface vlan 1
Router> (Config-If-Vlan1)#ip address 192.168.0.1 255.255.255.0
```

将系统映像复制到FTP服务器上:

```
sho flash
```

显示信息:

```
System flash directory:
File Length Name/status
1 5850064 c2600-i-mz.122-8.T10.bin
[5850128 bytes used, 10402800 available, 16252928 total]
16384K bytes of processor board System flash (Read/Write)
copy flash tftp
```

显示信息:

```
Source filename [c2600-i-mz.122-8.T10.bin]?
Address or name of remote host []? 192.168.12.38
Destination filename [c2600-i-mz.122-8.T10.bin]?
```

将IOS写到路由器上:

```
copy tftp flash
```

显示信息:

```
Address or name of remote host []? 192.168.12.38
Source filename []? c2600-i-mz.122-8.T10.bin
Destination filename [c2600-i-mz.122-8.T10.bin]?
%Warning:There is a file already existing with this name
Do you want to over write? [confirm]
```

08 清除启动文件，恢复出厂设置，在特权模式下键入下列命令:

```
set default
write
reload
```

单元小结

通过本单元的学习，可以掌握计算机网络设备的相关基础知识，掌握常见网络设备交换机、路由器的功能、分类、使用方法，掌握交换机、路由器的配置方法，以及虚拟局域网 VLAN 的划分。

巩固与提高

一、选择题

（1）交换机工作于 OSI 模型的（　　）。

A．数据链路层　　B．网络层　　C．传输层　　D．应用层

（2）路由器运行于 OSI 模型的（　　）。

A．数据链路层　　B．网络层　　C．传输层　　D．应用层

（3）企业 Intranet 要与 Internet 互联，必需的互联设备是（　　）。

A．中继器　　B．调制解调器　　C．交换器　　D．路由器

（4）英文单词 Hub、Switch、Bridge、Router、Gateway 代表着网络中常用的设备，它们分别表示（　　）。

A．集线器、网桥、交换机、路由器、网关

B．交换机、集线器、网桥、网关、路由器

C．集线器、交换机、网桥、网关、路由器

D．交换机、网桥、集线器、路由器、网关

（5）在互联网中，以下（　　）设备需要具备路由选择功能。

A．路由器　　B．具有多网卡的主机

C．具有单网卡的主机　　D．以上都需要

二、问答题

（1）交换机可以分为哪几类？

（2）在选择局域网交换机时，应注意哪几方面？

（3）什么是路由选择？

读书笔记

单元八 网络安全与病毒防治

单元导读

网络安全是一个关系国家安全和社会稳定的重要问题，它涉及计算机科学、网络技术、通信技术、密码技术等多门学科。确保网络上的信息安全，具体是指确保网络系统的硬件、软件及其系统中的数据不被偶然或者恶意地破坏、篡改和泄露，并保证网络系统能连续稳定正常地工作。本单元主要介绍现有的网络安全技术，包括身份认证、防火墙技术、加密技术等，以及网络安全解决方案。

学习要点

- 了解计算机网络安全的基本概念
- 掌握常用的网络安全技术的使用

8.1 网络安全技术

8.1.1 网络安全威胁

影响计算机网络安全的因素很多，有人为因素，也有自然因素，其中人为因素的危害最大。归结起来，针对网络安全的威胁主要有以下三个方面。

1. 人为的无意失误

如操作员安全配置不当造成的安全漏洞；不合理地设定资源访问控制，一些资源就有可能被偶然或故意地破坏；用户安全意识不强，用户口令选择不慎，用户将自己的帐号随意转借他人或与别人共享等都会对网络安全带来威胁。

2. 人为地恶意攻击

这是计算机网络所面临的最大威胁，敌手的攻击和计算机犯罪就属于这一类。此类攻击又可以分为以下两种：一种是主动攻击，它以各种方式有选择地破坏信息的有效性和完整性，这就是纯粹的信息破坏，这样的网络侵犯者被称为积极侵犯者，积极侵犯者截取网上的信息包，并对其进行更改使它失效，或者故意添加一些有利于自己的信息，起到信息误导的作用，或者登录进入系统使用并占用大量网络资源，造成资源的消耗，损害合法用户的利益，积极侵犯者的破坏作用最大；另一类是被动攻击，它是在不影响网络正常工作的情况下，进行截获、窃取、破译以获得重要机密信息，这种仅窃听而不破坏网络中传输信息的侵犯者被称为消极侵犯者。这两种攻击均可对计算机网络造成极大的危害，并导致机密数据的泄漏。

3. 网络软件的漏洞和“后门”

网络软件不可能是百分之百的无缺陷和无漏洞的，这些漏洞和缺陷恰恰是黑客进行攻击的首选目标，黑客攻入网络内部的事件大部分就是因为网络软件有漏洞，导致安全措施不完善所招致的苦果。另外，软件的“后门”都是软件公司的编程人员为了自便而设置的，一般不为外人所知，但一旦“后门”洞开，造成的后果将不堪设想。

由于网络所带来的诸多不安全因素，使得网络使用者必须采取相应的网络安全技术来堵塞安全漏洞和提供安全的通信服务。如今，快速发展的网络安全技术能从不同角度来保证网络信息不受侵犯，网络安全的基本技术主要包括网络加密技术、防火墙技术、网络地址转换技术、操作系统安全内核技术、身份验证技术、网络防病毒技术。

8.1.2 网络安全技术

1. 网络加密技术

网络信息加密的目的是保护网内的数据、文件、口令和控制信息，保护网上传输的数据。网络加密常用的方法有链路加密、端点加密和节点加密三种。链路加密的目的是保护网络节点之间的链路信息安全；端点加密的目的是对源端用户到目的端用户的数据提供加密保护；节点加密的目的是对源节点到目的节点之间的传输链路提供加密保护。用户可根据网络情况选择上述三种加密方式。

信息加密过程是由形形色色的加密算法来具体实施的，它以很小的代价提供很牢靠的安全保护。在多数情况下，信息加密是保证信息机密性的唯一方法。据不完全统计，到目前为止，已经公开发表的各种加密算法多达数百种。如果按照收发双方的密钥是否相同来分类，可以将这些加密算法分为常规密码算法和公钥密码算法。

在实际应用中，人们通常将常规密码和公钥密码结合在一起使用，比如，利用 DES 或者 IDEA 来加密信息，而采用 RSA 来传递会话密钥。如果按照每次加密所处理的比特来分类，可以将加密算法分为序列密码算法和分组密码算法，前者每次只加密一个比特而后者则先将信息序列分组，每次处理一个组。

网络加密技术是网络安全最有效的技术之一。一个加密网络，不但可以防止非授权用户的搭线窃听和入网，而且也是对付恶意软件（或病毒）的有效方法之一。

2. 防火墙技术

防火墙是用一个或一组网络设备（计算机系统或路由器等），在两个或多个网络间加强访问控制，以保护一个网络不受来自另一个网络攻击的安全技术。防火墙的组成可以表示为：防火墙=过滤器＋安全策略（＋网关），它是一种非常有效的网络安全技术。在 Internet 上，通过它来隔离风险区域（即 Internet 或有一定风险的网络）与安全区域（内部网，如 Intranet）的连接，但不妨碍人们对风险区域的访问，如图 8-1 所示。防火墙可以监控进出网络的通信数据，从而完成仅让安全、核准的信息进入，同时又抵制对企业构成威胁的数据进入的任务。

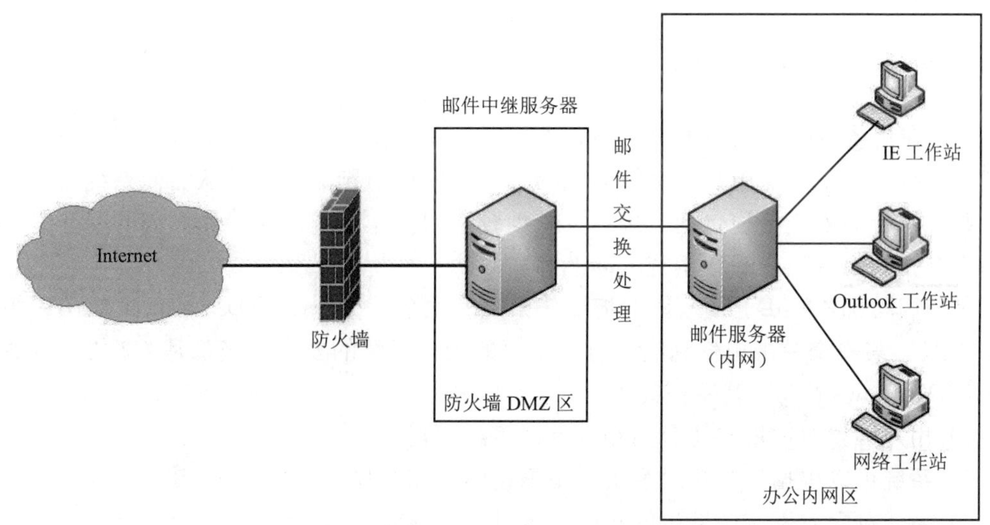

图 8-1　防火墙示意图

通常，防火墙服务于以下几个目的：

1）限制他人进入内部网络，过滤掉不安全服务和非法用户。

2）限定人们访问特殊站点。

3）为监视 Internet 安全提供方便。

由于防火墙是一种被动技术，它假设了网络边界和服务，因此，对内部的非法访问难以有效地控制。因此，防火墙适合于相对独立的网络，例如 Intranet 等种类相对集中的网络。

防火墙的主要技术类型包括网络级数据包过滤和应用代理服务。

虽然防火墙技术是在内部网与外部网之间实施安全防范的最佳选择，但也存在一定的局限性：

1）不能完全防范外部人为的刻意攻击。

2）不能防范内部用户攻击。

3）不能防止内部用户因误操作而造成口令失密受到的攻击。

4）很难防止病毒或者受病毒感染的文件的传输。

由于两种类型的防火墙系统各有优缺点，因而在实际的使用中常常须根据实际需求结合起来使用，目前市场上的最新防火墙产品都结合了网络级数据包过滤和应用代理服务的功能。

3. 网络地址转换技术（NAT）

网络地址转换器也称为地址共享器或地址映射器，设计它的初衷是为了解决 IP 地址不足，现多用于网络安全。内部主机向外部主机连接时，使用同一个 IP 地址；相反，外部主机要向内部主机连接时，必须通过网关映射到内部主机上。它使外部网络看不到内部网络，从而隐藏内部网络，达到保密作用，使系统的安全性提高，并且节约从 ISP 得到的外部 IP 地址。

4. 操作系统安全内核技术

除了在传统网络安全技术上着手，人们开始在操作系统的层次上考虑网络安全性，尝试把系统内核中可能引起安全性问题的部分从内核中剔除出去，从而使系统更安全。操作系统平台的安全措施包括：采用安全性较高的操作系统；对操作系统的安全配置；利用安全扫描系统检查操作系统的漏洞等。

美国国防部（DOD）技术标准把操作系统的安全等级分成了 D1、C1、C2、B1、B2、B3、A 级，其安全等级由低到高。目前主要的操作系统的安全等级都是 C2 级（例如，UNIX、Windows NT），其特征如下。

1）用户必须通过用户注册名和口令让系统识别。

2）系统可以根据用户注册名决定用户访问资源的权限。

3）系统可以对系统中发生的每一件事进行审核和记录。

4）可以创建其他具有系统管理权限的用户。

B1 级操作系统除上述机制外，还不允许文件的拥有者改变其许可权限。

B2 级操作系统要求计算机系统中所有对象都加标签，且给设备（如磁盘、磁带或终端）分配单个或多个安全级别。

5. 身份验证技术

身份验证是用户向系统出示自己身份证明的过程。身份认证是系统查核用户身份证明的过程。这两个过程是判明和确认通信双方真实身份的两个重要环节，人们常把这两项工作统称为身份验证（或身份鉴别）。

（1）数字签名——基于公共密钥的身份验证

公开密钥的加密机制虽提供了良好的保密性，但难以鉴别发送者，即任何得到公开密钥的人都可以生成和发送报文，数字签名机制则在此基础上提供了一种鉴别方法，以解决伪造、抵赖、冒充和篡改等问题。

数字签名一般采用不对称加密技术（如 RSA），通过对整个明文进行某种变换，得到一个值，作为核实签名。接收者使用发送者的公开密钥对签名进行解密运算，如其结果为明文，则签名有效，证明对方的身份是真实的。当然，签名也可以采用多种方式，例如，将签名附在明文之后。数字签名普遍用于银行、电子商务等的身份验证。

（2）Kerberos 系统——基于 DCE/Kerberos 的身份验证

Kerberos 系统是美国麻省理工学院为 Athena 工程而设计的，为分布式计算环境提供一种对用户双方进行身份验证的方法。

它的安全机制在于首先对发出请求的用户进行身份验证，确认其是否是合法的用户，如是合法的用户，再审核该用户是否有权对他所请求的服务或主机进行访问。从加密算法上来讲，其身份验证是建立在对称加密的基础上的。

6. 网络防病毒技术

在网络环境下，计算机病毒具有不可估量的威胁性和破坏力。CIH 病毒及爱虫病毒就足以证明，如果不重视计算机网络防病毒，那可能给社会造成灾难性的后果，因此计算机病毒的防范也是网络安全技术中重要的一环。

网络防病毒技术包括预防病毒、检测病毒和消除病毒等三种技术。

（1）预防病毒技术

预防病毒技术通过自身常驻系统内存，优先获得系统的控制权，监视和判断系统中是否有病毒存在，进而阻止计算机病毒进入计算机系统和对系统进行破坏。

（2）检测病毒技术

该技术是通过对计算机病毒的特征来进行判断的技术，如自身校验、关键字、文件长度的变化等。

（3）消毒技术

消毒技术通过对计算机病毒的分析，开发出具有删除病毒程序并恢复原文件的软件。

网络反病毒技术的具体实现方法包括对网络服务器中的文件进行频繁地扫描和监测；在工作站上用防病毒芯片和对网络目录及文件设置访问权限等。

8.2 硬件防火墙的配置

防火墙的英文名为“FireWall”，它是目前一种最重要的网络防护设备。从专业角度讲，防火墙是位于两个（或多个）网络间，实施网络之间访问控制的一组组件集合。

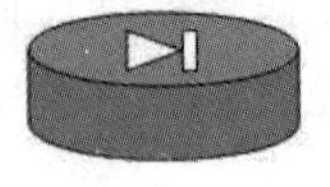

图 8-2 防火墙图标

防火墙在网络中经常是以如图 8-2 所示的两种图标出现的。左边那个图标非常形象，真正像一堵墙一样。而右边那个图标则是从防火墙的过滤机制来形象化的，在图标中有一个二极管图标。而我们知道，二极管具有单向导电性，这样也就形象地说明了防火墙具有单向导通性。这看起来与现在防火墙过滤机制有些矛盾，不过它却完全体现了防火墙初期的设计思想，同时也在相当大程度上体现了当前防火墙的过滤机制。因为防火最初的设计思想是对内部网络总是信任的，而对外部网络却总是不信任的，所以最初的防火墙是只对外部进来的通信进行过滤，而对内部网络用户发出的通信不作限制。当然，目前的防火墙在过滤机制上有所改变，不仅对外部网络发出的通信连接要进行过滤，对内部网络用户发出的部分连接请求和数据包同样需要过滤，但防火墙仍只对符合安全策略的通信通过，也可以说具有“单向导通”性。

防火墙的本义是指古代构筑和使用木制结构房屋的时候，为防止火灾的发生和蔓延，人们将坚固的石块堆砌在房屋周围作为屏障，这种防护构筑物就被称之为“防火墙”。其实与防火墙一起起作用的就是“门”。如果没有门，各房间的人如何沟通呢，这些房间的人又如何进去呢？当火灾发生时，这些人又如何逃离现场呢？这个门就相当于我们这里所讲的防火墙的“安全策略”，所以在此我们所说的防火墙实际并不是一堵实心墙，而是带有一些小孔的墙。这些小孔就是用来留给那些允许进行的通信，在这些小孔中安装了过滤机制，也就是上面所介绍的“单向导通性”。

我们通常所说的网络防火墙是借鉴了古代真正用于防火的防火墙的喻义，它指的是隔离在本地网络与外界网络之间的一道防御系统。防火墙可以使企业内部局域网（LAN）网络与 Internet 之间或者与其他外部网络互相隔离、限制网络互访用来保护内部网络。

如果从防火墙的软、硬件形式来划分的话，防火墙可以分为软件防火墙和硬件防火墙以及芯片级防火墙。

（1）软件防火墙

软件防火墙运行于特定的计算机上，它需要客户预先安装好的计算机操作系统的支持，一般来说这台计算机就是整个网络的网关。俗称“个人防火墙”。软件防火墙就像其他的软件产品一样需要先在计算机上安装并做好配置才可以使用。防火墙厂商中做网络版软件防火墙最出名的莫过于 Checkpoint。使用这类防火墙，需要网管对所工作的操作系统平台比较熟悉。

(2) 硬件防火墙

这里说的硬件防火墙是指"所谓的硬件防火墙"。之所以加上"所谓"二字是针对芯片级防火墙说的了。它们最大的差别在于是否基于专用的硬件平台。目前市场上大多数防火墙都是这种所谓的硬件防火墙，它们都基于 PC 架构，就是说，它们和普通的家庭用的PC没有太大区别。在这些PC架构计算机上运行一些经过裁剪和简化的操作系统，最常用的有老版本的 UNIX、Linux 和 FreeBSD 系统。值得注意的是，由于此类防火墙采用的依然是别人的内核，因此依然会受到 OS（操作系统）本身的安全性影响。

传统硬件防火墙一般至少应具备三个端口，分别接内网，外网和 DMZ 区（非军事化区），现在一些新的硬件防火墙往往扩展了端口，常见四端口防火墙一般将第四个端口作为配置口或管理端口。很多防火墙还可以进一步扩展端口数目。

(3) 芯片级防火墙

芯片级防火墙的使用芯片级防火墙基于专门的硬件平台，没有操作系统。专有的 ASIC 芯片促使它们比其他种类的防火墙速度更快，处理能力更强，性能更高。生产这类防火墙最出名的厂商有 NetScreen、FortiNet、Cisco 等。这类防火墙由于是专用 OS（操作系统），因此防火墙本身的漏洞比较少，不过价格相对比较高昂。

8.3 配置软件防火墙

1. 实训目的

1）防火墙软件的安装。
2）防火墙软件的参数设置。

2. 实训内容

防火墙的安装与设置。

3. 实训步骤

基本步骤描述：安装防火墙软件→安装过程→启动天网防火墙→应用程序规则→设置规划→警告信息→自定义 IP 规则→系统设置→网络访问监控功能。

01 安装防火墙软件。

首先，双击天网防火墙个人版 V2.73 的 setup 安装程序，出现欢迎界面，选中"我接受协议"，并单击"下一步"按钮，出现"选择安装的目标文件夹"界面，如图 8-3 所示。

选择安装的路径，系统会显示一个预设的安装路径，也可以通过单击其右侧的"浏览"按钮来自行设置安装的路径。单击"下一步"按钮，出现"选择程序管理器程序组"界面，如图 8-4 所示。

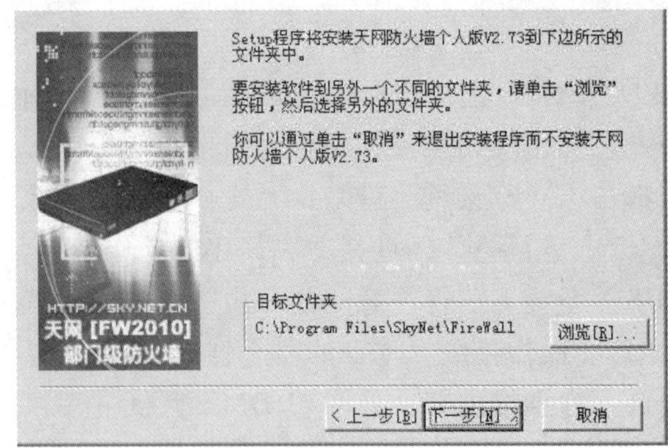

图 8-3 选择安装路径

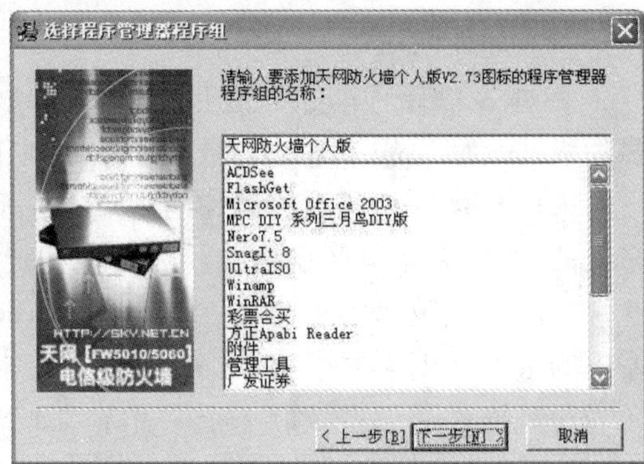

图 8-4 选择程序管理器程序组

02 安装过程。

接下来是一个复制文件的过程，如图 8-5 所示，在复制文件完成后，安装结束，系统会提示用户必须重新启动计算机，才能使防火墙生效，真正完成安装。

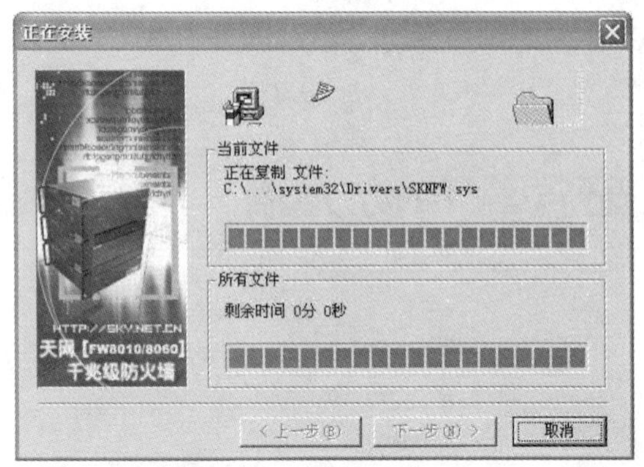

图 8-5 复制安装文件

03 启动天网防火墙。

重新启动计算机，单击菜单“开始”/“程序”/“天网防火墙个人版”，启动天网防火墙。

第一次运行天网防火墙个人版时，会弹出一个注册码的窗口，按照弹出窗口的指示填入注册码。注册成功后，就可以正常运行天网防火墙个人版了。天网防火墙运行后会自动缩为任务栏右下角的一个小图标，单击这个小图标就会出现如图 8-6 所示的界面。可以根据个人计算机的安全需要设置天网防火墙。天网防火墙提供了应用程序规则设置、自定义 IP 规则设置、系统设置、安全级别设置等功能。

04 应用程序规则。

天网防火墙增加了对应用程序数据包进行底层分析拦截功能，它能控制应用程序发送和接收数据包的类型、通信端口，并能确定程序是被拦截还是通过，这是天网防火墙所具有的独特功能。单击“天网防火墙”控制面板中的“应用程序规则”，出现如图 8-7 所示界面。

05 设置规则。

单击该面板中每一个应用程序的“选项”按钮，即可设置该应用程序的数据通过规则，可以设置该应用程序禁止使用TCP 协议或由 UDP 协议传输，以及设置端口过滤，让应用程序只能通过几个固定的通信端口或者一个通信端口接收和传输数据。做这些设置时，可以选择询问和禁止操作。

06 警告信息。

在天网防火墙打开的情况下，任何应用程序只要有通信数据包发送和接收，都会先被天网防火墙截获分析，并弹出“天网防火墙警告信息”窗口，如图 8-8 所示。

07 自定义 IP 规则。

IP 规则是针对整个系统的网络层数据包监控而设置的。利用自定义 IP 规则，可以对个人不同的网络状态，设置自己的 IP 安全规则，使防御手段更周到、更实用。可以单击“自定义 IP 规则”进入 IP 规则设置界面，如图 8-9 所示。

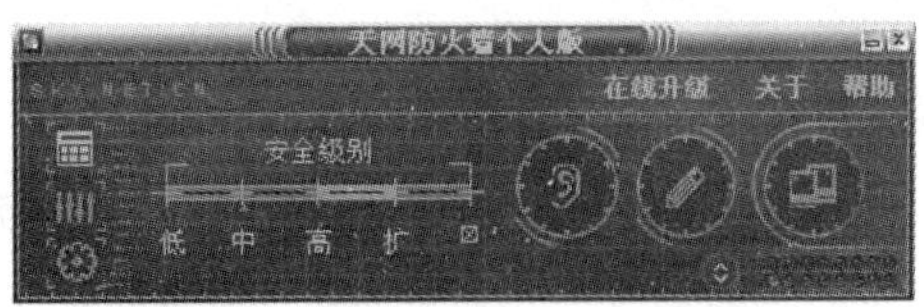

图 8-6 “天网防火墙”界面

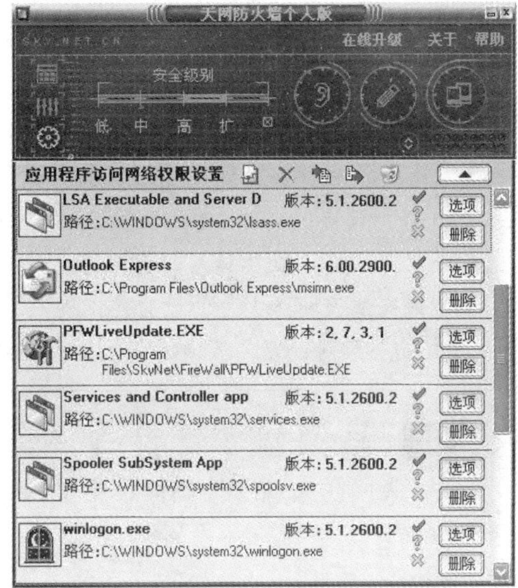

图 8-7 应用程序规划

图 8-8 拦截到数据包

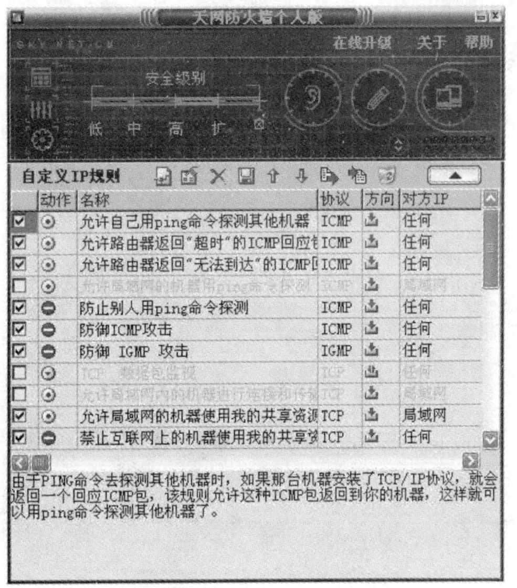

图 8-9 设置 IP 规则

提 示

1）启动设置。选中“开机后自动启动防火墙”，天网防火墙将在操作系统启动的时候自动启动，否则天网防火墙需要手工启动。

2）应用程序权限设置。选中该选项后，所有的应用程序对网络的访问都是默认为通行不拦截。这适合在某些特殊情况下，一般不选中。

3）局域网地址。设置个人计算机在局域网内的地址。单击“刷新”按钮即可输入当前的 IP 地址。

4）报警声音。单击“浏览”按钮，可以自行选择一个声音文件作为天网防火墙预警的声音。初始状态是没有设置报警声音的，单击“重置”按钮将采用天网防火墙默认的报警声音。

5）规则设定。单击“重置”按钮，天网防火墙会把防火墙的安装规则全部恢复为初始设置，对安全规则的修改以及加入的规则将会全部被清除掉。单击“向导”按钮，用户可随设置向导一步步地完成天网防火墙的设置。

6）安全级别设置。天网防火墙的安全级别分为高、中、低三个等级，系统默认为中级。

08 系统设置。

在“天网防火墙”控制面板中单击“系统设置”选项，出现“系统设置”界面，如图 8-10 所示，进行有关设置。

09 网络访问监控功能。

利用此功能可以很方便地监控计算机的应用程序对网络的运用，一旦发现有非法的进程访问网络，可以及时制止，在“天网防火墙个人版”主界面下单击“应用程序网络状态”图标即可，如图 8-11 所示。

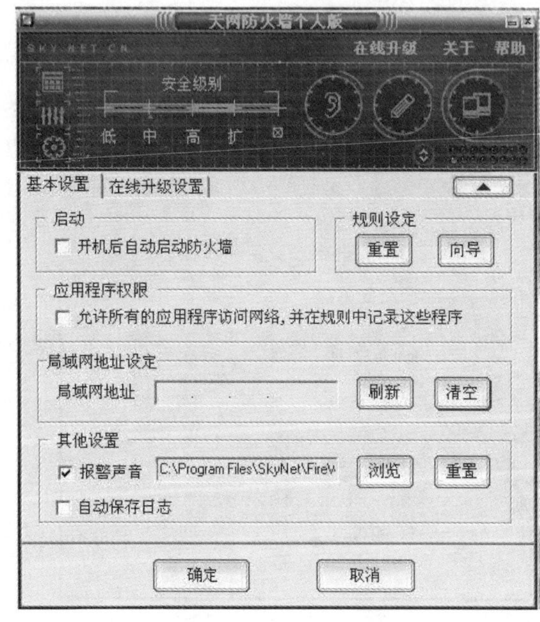

图 8-10 系统设置

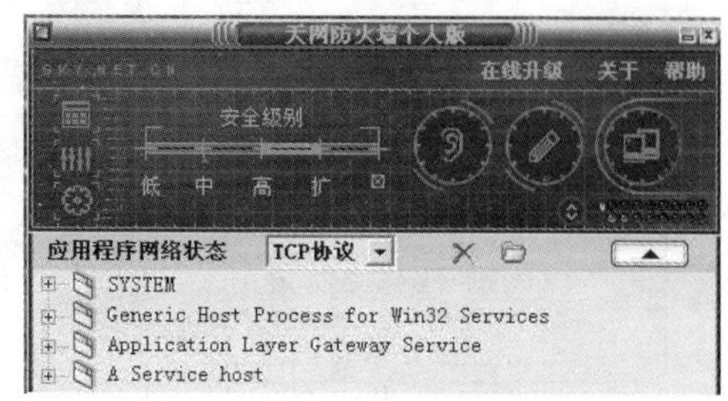

图 8-11 应用程序网络状态

8.4 网络安全解决方案

一个完整的网络安全解决方案所考虑的问题应当是非常全面的。保证网络安全需要靠一些安全技术，但是最重要的是要有详细的安全策略和良好的内部管理。在确立网络安全的目标和策略之后，还要确定实施网络安全所应付出的代价，然后选择确实可行的技术方案，方案实施完成之后最重要的是要加强管理，制订培训计划和网络安全管理措施。

1. 完整的安全解决方案

完整的安全解决方案应该覆盖网络的各个层次，并且与安全管理相结合。

1）物理层的安全防护：在物理层上主要通过制订物理层面的管理规范和措施来提供安全解决方案。

2）链路层安全保护：主要是链路加密设备对数据加密保护。它对所有用户数据一起加密，用户数据通过通信线路送到另一节点后解密。

3）网络层和安全防护：网络层的安全防护是面向 IP 包的。网络层主要采用防火墙作为安全防护手段，实现初级的安全防护；在网络层也可以根据一些安全协议实施加密保护；在网络层也可实施相应的入侵检测。

4）传输层的安全防护：传输层处于通信子网和资源子网之间，起着承上启下的作用。传输层也支持多种安全服务：对等实体认证服务、访问控制服务、数据保密服务、数据完整性服务、数据源点认证服务等。

5）应用层的安全防护：原则上讲所有安全服务均可在应用层提供。在应用层可以实施强大的基于用户的身份认证；在应用层也是实施数据加密、访问控制的理想位置；在应用层还可加强数据的备份和恢复措施；应用层可以对资源的有效性进行控制，资源包括各种数据和服务。应用层的安全防护是面向用户和应用程序的，因此可以实施细粒度的安全控制。

要建立一个安全的内部网，一个完整的解决方案必须从多方面入手。首先要加强主机本身的安全，减少漏洞；其次要用系统漏洞检测软件定期对网络内部系统进行扫描分析，找出可能存在的安全隐患；建立完善的访问控制措施，安装防火墙，加强授权管理和认证；加强数据备份和恢复措施；对敏感的设备和数据要建立必要的隔离措施；对在公共网络上传输的敏感数据要加密；加强内部网的整体防病毒措施；建立详细的安全审计日志等。

2. 操作系统安全使用

操作系统是网络管理与控制的系统软件，是使用网络的入口点，因此操作系统的安全使用对于网络安全来说是至关重要的。而且网络的漏洞大多数都是因为操作系统引起的，网络的安全问题也大都是因为操作系统没有正确地配置和使用引起的。因此，安全地使用操作系统是一个不容忽视的问题。

（1）安全使用

以 Windows Server 2000 为例，正确地使用操作系统应该注意：设置好超级用户的口令，采用 NTFS 文件系统，关闭不需要的服务程序、端口等，尽量不用操作系统的新版本，关闭 Guest 用户，降低 Everyone 的权限，正确设置文件夹、文件等资源访问的权限等。

（2）消除漏洞

Windows Server 2000 等操作系统一般都存在许多漏洞，在使用某种操作系统时，应经常进行安全检测及查找漏洞，关注系统漏洞的发布以及补丁程序的发布，并及时下载、安装在系统中。

（3）安全策略配置

以 Windows Server 2000 为例，运行“开始程序管理工具本地安全策略”，进入安全策略设置界面进行安全策略设置，包括帐户密码策略、帐户锁定策略、审核策略、用户权力指派、安全选项等。

3. 网络的安全防范建议

Internet 是一个公共网络，网络中有很多不安全的因素。一般局域网和广域网应该有以下安全措施。

1）系统要尽量与公网隔离，要有相应的安全连接措施。

2）不同工作范围的网络既要采用防火墙、安全路由器、保密网关等相互隔离，又要在政策允许时保证互通。

3）为了提供网络安全服务，各相应的环节应根据需要配置可单独评价的加密、数字签名、访问控制、数据完整性、业务流填充、路由控制、公证、鉴别审计等安全机制，并有相应的安全管理。

4）远程客户访问重要的应用服务要有鉴别服务器严格执行鉴别过程和访问控制。

5）网络和网络安全设备要经受住相应的安全测试。

6）在相应的网络层次和级别上设立密钥管理中心、访问控制中心、安全鉴别服务器、授权服务器等，负责访问控制以及密钥、证书等安全材料的产生、更换、配置和销毁等相应的安全管理活动。

7）信息传递系统要具有抗监听、抗截获能力，能对抗传输信息的篡改、删除、插入、重放、选取明文密码破译等主动攻击和被动攻击，保护信息的机密性，保证信息和系统的完整性。

8）涉及保密的信息在传输过程中，在保密装置以外不以明文形式出现。

8.5 网络病毒防治

当我们坐在办公室或者家用电脑前，可以很方便地从公司的局域网中使用其他同事的共享资源，通过互联网，还可以快速地下载最新的共享软件，得到最全面的资讯。通过电子邮件和即时通信软件，更可以与世界各地的网友进行沟通与联系。在网络的帮助下，我们的沟通变得越来越简便，我们的生活越来越数字化。虽然互联网带来了无尽的精彩，但同时也将电脑病毒从单机传播扩展到互联网传播。如果有一天你发现自己的电脑变得很慢很慢，或者不能启动，甚至数据丢失、机器瘫痪，很有可能就是电脑病毒所造成的，而且更可怕的是一些病毒侵入到你的计算机后，将你的重要文件以群发邮件方式发送出去，造成商业机密外泄，后果更加是不堪设想。怎样才可以在享受互联网数据交流无限制的同时，减少我们中“毒”的机会？来进行全面禁“毒”吧!

1. 病毒来源

要预防电脑病毒，我们先来了解一下电脑病毒的可能来源。我们知道，从单机时代开始，我们就可以通过软盘、光盘（特别是盗版光盘）等载体来感染电脑病毒，那时候的影响是局部的。但是在互联网时代，电脑病毒大规模泛滥成为可能。互联网带来了两种不同的安全威胁。一种威胁是来自文件下载。这些被浏览的或是通过 FTP 下载的文件中可能存在病毒。而共享软件和各种可执行的文件，如格式化的介绍性文件已经成为病毒传播的重要途径。而且，互联网上还出现了 Java 和 Active X 形式的恶意小程序。另一种主要威胁来自于电子邮件。大多数的互联网邮件系统提供了在网络间传送附带格式化文件邮件的功能。这些附带的文件中往往就含有病毒，而且这些信件通常以友善的方式要求你打开附件，使人很容易上当。当自己的机器上中了这种病毒，病毒会利用邮件的群发功能自动以你的名字发送给一个或一组收信人，这些收信人看到是你的名字发给他们的邮件，就继续打开附件，然后又中毒了。同时，这些受病毒感染的文档或文件就可能通过网关和邮件服务器涌入企业网络或互联网中，例如曾流行的 SirCam 病毒，正是通过这种方式得到非常广泛传播的。

2. 预防方法

既然知道了电脑病毒的主要传播方法，我们就可以有针对性地进行预防，对于防止单机上传播的病毒，我们可以采用以下几点预防方法。

1）不使用来历不明的软盘和光盘，更不要轻易将软盘、光盘上的文件复制到硬盘中。非用不可的时候，必须要经过病毒检测后才使用。现在的防毒软件都有即时监控病毒功能，一定不要关闭此功能。

2）及时备份重要的资料和数据，以防受到病毒攻击后可以减少损失。

3）尽量不要使用别人的硬盘来传递文件或引导系统。

4）不要随意使用盗版光盘，通常这是病毒的一大载体。

5）定期用杀毒软件对机器进行查杀病毒。

6）发现机器有异常表现，立即关机，用最新的杀毒软件进行清查。

除了上面提到的 6 点，针对病毒在互联网和局域网的传播，我们还应该注意以下几点。

1）不要随意从网上下载软件，下载后的软件必须要经过病毒检测后再安装。

2）购买最新的反病毒软件和个人信息安全防护软件，经常检测系统并及时通过网络来进行升级病毒库。

3）不要打开可疑的电子邮件，更不能随意运行邮件附件中的程序。

4）局域网中不要随便运行其他机器上的文件，也不要随意将自己的目录或者文件完全共享，可以设置成只读形式。

3. 构建安全网络

刚才我们提到的只是每台电脑在局域网、互联网中如何预防病毒。但在更多的时候，我们需要在一个企业或者一个办公室的局域网中来对付病毒，以防止病毒攻击到每一台局域网中的电脑，显然，这要比每台机器单独预防来得高效，当然，技术难度也是比较大的。

我们知道在企业中，重要的数据往往保存在位于整个网络中心节点的文件服务器上，这也是病毒攻击的首要目标。为保护这些数据，网络管理员必须在网络的多个层次上设置全面保护措施。而且这个措施应该是多层次的，适当的防毒部件在适当的位置分发出去，最大限度地发挥作用，而又不会影响网络负担。

下面我们来看看网络系统中通常包括哪些部件，如何才能做好预防病毒工作。

（1）网关和防火墙

这是网络中联系的交接点，可以在网关上安装防病毒软件，这样可能阻止任何病毒进入企业网络系统。但这种做法存在两个问题。一是严重影响网关和路由器的性能；二是在文件进出网络时造成严重的瓶颈现象。

（2）文件服务器

文件服务器是网络中最普遍存在的，这里存放着大量重要的文件。我们知道，在网络中任何存放文件和数据库的地方都可能出问题，因此需要保护好这些地方。在服务器上安装防病毒软件是头等重要的。同时，上载和下载不带有病毒的文件也是非常重要的。

（3）邮件服务器

刚才我们已经提到，邮件成为传播病毒的一大手段，因此在邮件服务器中安装防病毒软件是最好不过的了。因为邮件在发往其目的地前，首先进入邮件服务器并被存放在邮箱内，所以在这里安装防病毒软件是十分有效的。假设工作站与邮件服务器的数量比是100:1，那么这种做法显而易见节省费用。但是，这还不是防止病毒进入的全部途径。由于有的工作站通过单独的调制解调器或直接连接网络中的其他工作站，其传输就可能绕过企业邮件服务器。因此，必须注意病毒可能进入网络的所有其他途径。

（4）备份服务器

在网络系统中通常都有备份服务器，这是用来保存重要数据的服务器，如果备份服务器也崩溃了，那么整个系统也就彻底瘫痪了。而且，在备份服务器中受破坏的文件将不能被重新恢复使用，甚至会反过来感染系统。因此要好好保护备份服务器，这可以通过安装防病毒软件加以防范。但要注意的是，防病毒软件与备份软件会有些冲突，我们知道，备份软件在日常运行中需要多次打开同一个文件，这就迫使防病毒软件多次检查同一个文件。而更为复杂的是，当病毒被发现时，备份工作就必须停下来直到病毒被清除。这无疑大大降低了备份效率，影响网络系统的正常工作。

这些基本的网络设备再加上分支上的电脑或者无盘工作站，便组成了完整的网络系统。如果一个企业的网络系统非常庞大的话，那么防病毒系统就必须统一管理好众多的服务器和工作站才能真正发挥作用。这种管理必须要考虑到每台电脑受病毒攻击的所有可能性以及病毒可能进入网络的每一种途径。可以进行整个域的防病毒管理的基础是实行集中的管理和控制。在一台或几台电脑上安装的防病毒系统控制程序，可以对整个网络或其中任何一个节点的变化作出反应和控制，可以获取病毒信息，进行设置和操作。例如，在整个网络系统中有其中一台电脑被感染了，可以通过网络防病毒控制将有问题的电脑立即隔离并进行根源追踪。

刚才我们提到在网络系统中和单机系统中如何预防电脑病毒的感染。如果大家不幸地已经被感染了，那怎么办呢？工欲善其事必先利其器，最方便的方法莫过于使用杀毒软件来进行清除，不过有一些最新的病毒刚开始流行的时候，杀毒软件并没有更新，那就只能用手动的方法来进行清除。

我们可以经常留意一下病毒厂商网站的消息，如果有新的病毒出现了，在这些网站中很快就会有相关的手动清除公告。通常手动清除的方法包括修改注册表、删除病毒源文件和相关的文件等，这种方法虽然可能使病毒失去部分的破坏能力，但有时候由于操作上的问题而没有完全清除病毒。所以最好还是使用国内外有名的杀毒软件，而且要适时进行升级病毒库等工作。

单 元 小 结

通过本单元的学习，可以掌握计算机网络安全的相关基础知识，网络的安全要求、理解访问控制、理解防火墙技术，以及硬件防火墙和软件防火墙的配置与使用方法，了解网络安全的防卫。

巩 固 与 提 高

一、选择题

（1）在企业内部网与外部网之间，用来检查网络请求分组是否合法，保护网络资源不被非法使用的技术是（　　）。

A. 防病毒技术　B. 防火墙技术　C. 差错控制技术　D. 流量控制技术

（2）网络安全机制主要解决的是（　　）。

A. 网络文件共享　　B. 因硬件损坏而造成的损失

C. 保护网络资源不被复制、修改和窃取　　D. 提供更多的资源共享服务

（3）为了保证计算机网络信息交换过程的合法性和有效性，通常采用对用户身份的鉴别。下面不属于用户身份鉴别的方法是（　　）。

A. 报文鉴别　B. 身份认证　C. 数字签名　D. 安全扫描

二、问答题

（1）网络安全的含义是什么？

（2）什么是防火墙？防火墙能防病毒吗？

（3）威胁网络安全的因素有哪些？

（4）简述网络安全的解决方案。

（5）防火墙分为哪几种，在保护网络的安全性方面，它们各起什么作用？

9

单元九　网络建设与管理

单元导读

网络工程是一项复杂的系统工程，它不仅涉及很多技术问题，同时也涉及管理、组织、经费、法律等很多其他方面的问题，因此必须遵守一定的网络系统分析和设计方法。网络规划的主要任务是对一些指标给出尽可能准确的分析和评估，包括需求分析、网络规模、网络结构、网络管理、网络扩展、网络安全及外部网络的互联等方面。本单元主要介绍网络规划知识、综合布线系统知识等。

学习要点

- 了解网络的规划方法，能根据用户的要求进行合理的网络方案规划设计
- 了解综合布线系统的概念，掌握综合布线系统 6 个子系统之间的联系
- 掌握网络故障诊断与分析

9.1 网络规划概述

在网络建设中，网络的规划非常重要，进行网络工程建设的首要工作就是要进行总体规划。进行细致深入的规划是网络工程成功建设的保证，一个好的规划能够起到事半功倍的作用。缺乏规划和粗略规划的网络，其扩展性、安全性、可管理性及可用性都得不到保证，在实际的实施工程中会遇到很多的问题，不仅不能保证工期，工程质量也难以保证。

网络工程是一项复杂的系统工程，它不仅涉及很多技术问题，同时也涉及管理、组织、经费、法律等很多其他方面的问题，因此必须遵守一定的网络系统分析和设计方法。网络规划的主要任务是对一些指标给出尽可能准确的分析和评估，包括需求分析、网络规模、网络结构、网络管理、网络扩展、网络安全及外部网络的互联等方面。

1. 网络需求分析

网络需求分析是网络规划设计的第一步。网络需要分析是在网络设计过程中用来获取和确定系统需求的方法。网络需求指明必须实现的网络规格参数，需求分析是网络设计的基础，良好的需求分析有助于为后续工作建立一个稳定的根基。

为了更深入地了解客户的网络需求，需要与各方面进行必要的沟通和交流，了解客户所需所想，并且分析人员要学习相应的客户方的业务知识。例如，要对一个校园网进行规划设计，就要与学校的有关人员进行多次的研讨和分析，真正了解学校需要什么，学校有什么样的计划，对以后的发展有何规划，并且要求设计人员学习和了解有关教育教学方面的知识和学校的业务状况。

网络需求分析一般包括网络建设目标分析、网络应用约束分析和网络技术分析等方面。分析时一般采用系统调查的方法，包括了解应用背景、查询技术文档和与客户交流等手段。

（1）设计目标分析

了解客户的网络应用目标是网络设计中的重要方面，只有对客户的设计目标进行全面的分析，才能提出得到客户认可的网络设计方案。

例如，某中学校园网建设的总体目标如下。

1）运用信息技术的成果，体现高性能、高可靠性、极好的可扩展性和可管理性，同时兼顾到技术的成熟性和实用性，建设性能价格比高的校园网络信息系统。

2）以校园网大楼综合布线为基础，建立高速、实用的校园网平台，为学校教师的备课、课件制作、教学演示，学生的交互式学习、练习、考试和评价提供网络环境。

3）形成一个定位整个中学教育的资源中心，并成为面向全市的、先进的计算机远程教育信息网络系统。

（2）了解客户需求的方法

网络的总体目标设计中所确定的问题还比较笼统，不够具体，所以需要对现有系统进行较为详细的调查，以便对目标进行详细的描述。一般可以通过下面的手段进行。

1）查询技术文档的背景资料。通过查询以前的技术报告、文档及客户所在行业的背景资料，可以更深入地了解客户已有的网络及设备状况，了解客户的发展目标和方向。

2）与客户全方位交流。与客户全方位交流可以帮助设计者准确地把握现有的数据处理的需求，确定当前存在的问题。这里的重点是那些与网络的规划设计过程有关的信息，包括终端或工作站的位置，现有通信设施的类型，主计算机系统以及网络客户所希望的未来的数据处理和通信需求等。

3）使用问卷调查。如果无法进行大范围的客户面对面交流，可以使用问卷调查表收集信息。问卷调查技术与面谈方法结合，可以收集并更正有关现有网络的数据，有利于网络规划设计的成功，可以更详细地了解客户的需求。

（3）具体分析

在确定了客户的总体设计目标并与客户进行了多方面的交流后，就可以进入具体的分析阶段。在这个阶段主要是完成对所收集数据的分析，并在些基础上确定对所要采用的网络的功能和性能方面的要求或需求，分析结果应尽可能量化。

由于网络要为多种类型的应用服务，必须将所有的应用信息综合在一起才能决定最后的网络设计。在分析工作完成之后，要形成一份报告，该报告要说明网络必须完成的功能和要达到的性能要求。分析报告一般包括以下几部分：网络解决方案描述、网络的规模、该方案的优点、现有网络状况、网络的运行方式、安全性要求、网络可提供的应用、响应时间、可靠性、节点的分布和扩展性等。

（4）需求分析案例

下面是某校园网设计方案的需求分析。

随着计算机、通信和多媒体技术的发展，使得网络上的应用更加丰富。同时在多媒体教育和管理等方面的需求，对校园网络也提出了进一步的要求。因此需要一个高速的、具有先进性的、可扩展的校园计算机网络以适应当前网络技术发展的趋势并满足学校各方面应用的需要。信息技术的普及教育已经越来越受到人们的关注。学校领导、广大师生们已经充分认识到这一点，学校未来的教育方法和手段，将构筑在教育信息化发展战略之上，通过加大信息网络教育的投入，开展网络化教学、开展教育信息服务和远程教育服务等将成为未来建设的具体内容。

学校现有几栋建筑需纳入局域网，其中原有计算机教室将并入整个校园网络。根据校方要求，总的信息点将达到3000个左右。信息节点的分布比较分散，将涉及到图书馆、实验楼、教学楼、宿舍楼、食堂等。主控室可设在教学楼的一层，图书馆、实验楼和教学楼为信息点密集区。

校园网最终必须是一个集计算机网络技术、多项信息管理、办公自动化和信息发布等功能于一体的综合信息平台，并能够有效促进现有的管理体制和管理方法，提高学校办公质量和效率，以促进学校整体教学水平的提高。

2. 网络系统设计

网络系统设计主要完成网络系统的结构和组成设计，确定网络方案。在设计工作完成之后，要形成设计报告。该报告作为网络实现管理、维护、升级等的基础或基本框架。

网络系统性能要求高、技术复杂、涉及面广，在其规划和设计过程中，为使整个网络系统更合理、更经济、性能更良好，须遵守以下设计原则：性价比高，统一建网模式，统一网络协议，保证可靠性和稳定性，保证先进性和实用性，具有良好的开放性和扩充性，在一定程度上保证安全性和保密性，具有良好的可维护性等。

由于不同单位的网络发展水平和应用需求差异很大，而且网络的组网方法和备选设备种类繁多，因此设计时必须根据具体情况进行规划。例如，某中学校园网的系统设计原则如下。

1）高性能的网络系统：速度快，延迟低，无阻塞，尤其是要求对多媒体系统及教学系统的高性能支持，以实现真正的全多媒体网络教学。

2）安全、稳定的网络系统：网络系统的各个环节都必须具有高度的安全性和良好的防灾难特性。

3）整个网络系统必须易管理和扩展升级：网络系统必须具有良好的可管理性，并且在满足现有校园应用的同时，为以后的扩展升级奠定基础。

4）产品成熟：网络系统中使用的产品必须是在其他网络系统中经过使用且有第三方测试报告证明是成熟的能准时交货的产品。

5）具备良好的可扩充性，能够适应中小学将来发展的需要。

6）具有一定的技术超前性，适合学校的办学特色。

3. 网络设计

（1）系统需要分析

要进行网络系统的设计，设计者必须拥有关于网络所有需求的详细说明，并根据优先级高低，将这些网络需求进行分类。

例如，某中学的系统需求分析如下：该中学校园网将覆盖全校的工作区。以学校的网络中心为全网中心，采用千兆以太网技术，将全校的计算机及已有的局域网全部联网，对于数据、图形、图像、语音和视频等信息都有较好的传输效果，使得教学、科研、管理等网络应用能够高效地在校园网上运行。整个网络要求设计成为Intranet/Internet应用模式，具有高速、开放、安全和易于管理的特点。

对用户的需求分析如下：在校园网内部，以位于实验楼的网络中心为核心，通过光纤，采用多级星形辐射至各楼宇，从而构成整个校园网的主干，主干网要求采用千兆以太网技术。全校信息点大致为1000个，各信息点的网络带宽将视其应用的性质，进行合理的分配，分为100Mb/s以及1000Mb/s等量级。

该中学校园网既是学校园区网，而且该中学也需要能够通过光纤或专线与CERNET连接，以开通全部的Internet网络服务。从内部校园网到外部Internet的访问都要有安全审查和流量管理的功能。

（2）网络体系结构设计

网络体系结构设计是网络设计中最重要的内容之一。网络体系结构的确定，与系统要求、现有系统的状况、网络技术的现状和发展、现有网络产品及其特点密切相关。

网络体系结构设计的主要内容是确定网络的层次结构，并确定各层采用的协议。常用的网络体系结构主要有 ISO/OSI、TCP/IP、SNA 和 DNA 等。

ISO/OSI 和 TCP/IP 是两大有影响的体系结构。ISO/OSI 是国际标准，TCP/IP 是 Internet 的事实标准。两者既有区别又有联系。网络工程中采用的体系结构一般是两者的结合标准，即在底层结构采用 ISO/OSI 的标准和协议，在高层结构采用 TCP/IP 的标准和协议。

与网络体系结构设计有关的内容包括以下几个方面：传输方式、客户端口、服务器、网络划分和互联设备等。设计完毕后，应该用一张图表示网络体系结构和设计结果。

（3）网络拓扑结构设计

网络拓扑结构设计是网络的逻辑设计的第一步，它主要是确定各种设备以什么方式相互连接起来。在设计时应考虑网络的规模、网络的体系结构、所采用的协议、扩展和升级管理维护等各方面因素。

为了满足网络用户的可扩展性和适应性，在选择具体产品之前构造一个逻辑拓扑是很重要的。网络的逻辑拓扑设计首先要确定网络和互联点，明确网络的大小范围及所需要的网络互联类型。

通常一个规模较大的网络系统往往被分为不同层次的部分，它们之间既相对独立又相互关联，这就是层次型网络结构设计。

使用层次模型设计具有以下好处：减轻网络设备处理器的负载、降低网络成本、简化设计元素、可充分发挥互联设备的特性等。

1）可扩展性：网络可模块化增长而不会遇到问题。

2）简单性：通过将网络分成许多小单元。降低了网络的整体复杂性，使故障排除更容易，能隔离广播风暴的传播、防止路由循环等潜在的问题。

3）设计的灵活性：使网络容易升级到最新的技术，升级任意层次的网络不会对其他层次造成影响，无须改革整个环境。

4）可管理性：层次结构使单个设备的配置的复杂性极大地降低，更易管理。

通常网络拓扑的分层结构包括 3 个层次，即核心层、分布层和访问层。

1）核心层。核心层为下两层提供优化的数据传输功能，它是一个高速的交换骨干，其作用是尽可能快地交换数据包而不应卷入到具体的数据包的运算中（ACL、过滤等），否则会降低数据包的交换速度。

2）分布层。分布层提供基于统一策略的互连性，它是核心层和访问层的分界点，定义了网络的边界，对数据包进行复杂的运算。在园区网络环境中，分布层主要提供如下功能：地址的聚集、部门和工作组的接入、广播域/多目传输域的定义、Inter VLAN 路由、介质的转换和安全控制。

3）接入层。接入层的主要功能是为最终用户提供对园区网络访问的途径。本层也可以提供进一步的调整，如 Access-list Filtering 等。在园区网络环境中，接入层主要提供如下功能：分解带宽冲突、MAC 层过滤等。在广域网环境中，接入层主要提供通过帧中继、ISDN、租用数字线路连入远程节点。

（4）网络安全性设计

不重视网络的安全是危险的，但是夸大安全威胁的防范措施是不理智的。网络的攻击将可能带来巨大的损失，过度的安全性措施将会严重浪费网络资源，降低网络性能，甚至会使网络产生错误结果。

网络安全的设计要用科学的方法，对网络上的各种数据进行风险评估，然后选择适当的网络安全机制和方法。网络安全的设计与网络应用目标密切相关。

安全性设计主要包括以下几个方面。

1）网络层安全：核心问题是网络能否得到控制，即是不是任何一个客户都能进入网络。用于解决网络层安全性问题的主要方法是防火墙和虚拟专用网（VPN）。

2）系统安全：主要考虑的问题有两个，一是病毒对于网络的威胁，二是黑客对网络的破坏和侵入。

3）客户安全：对客户进行分级管理，根据不同的安全级别，将客户分成若干等级，每一等级的客户只能访问到与其等级相对应的系统资源和数据。并采取强有力的身份认证措施，确保客户的密码不被他人猜测到。

4）应用程序的安全：涉及两方面的问题，一是应用程序对数据的合法权限，二是应用程序对客户的合法权限。

5）数据安全：在数据的传输过程中，对其进行加密处理，这是一种比较被动的安全手段，但往往能收到最好的效果。

网络安全性设计的一般步骤如下：确定网络资源，分析网络资源的安全性威胁，分析安全性需求和折中方案，开发安全性方案，定义安全策略，开发实现安全策略，选用适当的技术实现安全策略，得到用户认可，培训用户，实现技术策略，测试安全性发现问题并改正，最后要通过制订周期性的独立审计，阅读审计日志，响应突发事件，阅读最后的文献，不断测试和培训，更新安全计划和策略。

（5）网络设计案例

下面是某中学校园网的网络设计情况。

整个网络按园区网结构设计，分为局域网和广域网部分。局域网部分通过连接校园内各楼（包括科学楼、教学楼、功能楼、办公室、图书馆、学生楼和体育馆等）的网络设备和信息点构成，广域网部分包括远程接入部分和连接国际互联网部分及接入教育网部分。

中小学局域网部分分为内网和外网，内网中网络主干采用快速交换以太网，中心交换机采用 10/100/1000Mb/s 的可堆叠交换机或模块式交换机，要求其支持第三层交换，能划分虚拟网段，网络中心服务器和多媒体服务器及网管工作站都直接接在该交换机上，并设置为全双工工作方式，各楼配备 10/100Mb/s 可堆叠交换机，通过多模光纤或超 5 类双绞线上行联到中心交换机上，下行直接交换到桌面或下接 100 集线器到桌面；外网交换机通过防火墙接到内网交换机上，该交换机接 Web 服务器和路由器。

广域网部分中远程接入通过代理服务器和访问服务器实现，线路可选用 ISDN 或 PSTN，访问服务器选择专用访问路由器来实现，代理服务器可由 Web 服务器兼作；接入 Internet 可申请 DDN 专线或 ADSL 线路通过接外网交换机的路由器实现。

根据系统应用软件和各级系统互联的要求，建议采用通用的、标准的技术来构造学校网络系统，网络总体结构按 Intranet 模式构造。

9.2 网络综合布线介绍

1. 综合布线技术基础

综合布线是一种模块化的、灵活性极高的建筑物内或建筑群之间的信息传输通道。它既能使语音、数据、图像设备和交换设备与其他信息管理系统彼此相连，也能使这些设备与外部相连接。它还包括建筑物外部网络或电信线路的连接点与应用系统设备之间的所有线缆及相关的连接部件。综合布线由不同系列和规格的部件组成，其中包括传输介质、相关连接硬件(如配线架、连接器、插座、插头、适配器)以及电气保护设备等。这些部件可用来构建各种子系统，它们都有各自的具体用途，不仅易于实施，而且能随需求的变化而平稳升级。

（1）综合布线的发展过程

回顾历史，综合布线的发展与建筑物自动化系统密切相关。传统布线如电话、计算机局域网都是各自独立的。各系统分别由不同的厂商设计和安装，传统布线采用不同的线缆和不同的终端插座。而且，连接这些不同布线的插头、插座及配线架均无法互相兼容。办公布局及环境改变的情况是经常发生的，需要调整办公设备或随着新技术的发展，需要更换设备时，就必须更换布线。这样因增加新电缆而留下不用的旧电缆，天长日久，导致了建筑物内一堆堆杂乱的线缆，造成很大的隐患。维护不便，改造也十分困难。

随着全球社会信息化与经济国际化的深入发展，人们对信息共享的需求日趋迫切，就需要一个适合信息时代的布线方案。

美国电话电报（AT&T）公司的贝尔（Bell）实验室的专家们经过多年的研究，在办公楼和工厂试验成功的基础上，于 20 世纪 80 年代末期率先推出 SYSTIMATMPDS（建筑与建筑群综合布线系统），现时已推出结构化布线系统 SCS。经中华人民共和国国家标准 GB/T 50311—2000 命名为综合布线 GCS（Generic Cabling System）。

综合布线是一种预布线，能够适应较长一段时间的需求。

（2）综合布线的特点

综合布线同传统的布线相比较，有着许多优越性，是传统布线所无法相比的。其特点主要表现为它具有兼容性、开放性、灵活性、可靠性、先进性和经济性。而且在设计、施工和维护方面也给人们带来了许多方便。

1）兼容性：综合布线的首要特点是它的兼容性。所谓兼容性是指它自身是完全独立的而与应用系统相对无关，可以适用于多种应用系统。

过去，为一幢大楼或一个建筑群内的语音或数据线路布线时，往往是采用不同厂家生产的电缆线、配线插座以及接头等。例如用户交换机通常采用双绞线，计算机系统通常采用粗同轴电缆或细同轴电缆。这些不同的设备使用不同的配线材料，而连接这些不同配线的插头、插座及端子板也各不相同，彼此互不相容。一旦需要改变终端机或电话机位置时，就必须敷设新的线缆，以及安装新的插座和接头。

综合布线将语音、数据与监控设备的信号线经过统一的规划和设计，采用相同的传输媒体、信息插座、交互设备、适配器等，把这些不同信号综合到一套标准的布线中。由此可见，这种布线比传统布线大为简化，可节约大量的物资、时间和空间。

在使用时，用户可不用定义某个工作区的信息插座的具体应用，只把某种终端设备（如个人计算机、电话、视频设备等）插入这个信息插座，然后在管理间和设备间的交互设备上做相应的接线操作，这个终端设备就被接入到各自的系统中了。

2）开放性：对于传统的布线方式，只要用户选定了某种设备，也就选定了与之相适应的布线方式和传输媒体。如果更换另一设备，那么原来的布线就要全部更换。对于一个已经完工的建筑物，这种变化是十分困难的，要增加很多投资。

综合布线由于采用开放式体系结构，符合多种国际上现行的标准，因此它几乎对所有著名厂商的产品都是开放的，如计算机设备、交换机设备等；并对所有通信协议也是支持的，如 ISO/IEC 8802-3，ISO/IEC 8802-5 等。

3）灵活性：传统的布线方式是封闭的，其体系结构是固定的，若要迁移设备或增加设备，是相当困难而麻烦的，甚至是不可能。

综合布线采用标准的传输线缆和相关连接硬件，模块化设计。因此所有通道都是通用的，每条通道可支持终端、以太网工作站及令牌环网工作站。所有设备的开通及更改均不需要改变布线，只需增减相应的应用设备以及在配线架上进行必要的跳线管理即可。另外，组网也可灵活多样，甚至在同一房间可有多用户终端，以太网工作站、令牌环网工作站并存，为用户组织信息流提供了必要条件。

4）可靠性：传统的布线方式由于各个应用系统互不兼容，因而在一个建筑物中往往要有多种布线方案。因此建筑系统的可靠性要由所选用的布线可靠性来保证，当各应用系统布线不当时，还会造成交叉干扰。

综合布线采用高品质的材料和组合压接的方式构成一套高标准的信息传输通道。所有线槽和相关连接件均通过 ISO 认证，每条通道都要采用专用仪器测试链路阻抗及衰减率，以保证其电气性能。应用系统布线全部采用点到点端接，任何一条链路故障均不影响其他链路的运行，这就为链路的运行维护及故障检修提供了方便，从而保障了应用系统的可靠运行。各应用系统往往采用相同的传输媒体，因而可互为备用，提高了备用冗余。

5）先进性：综合布线，采用光纤与双绞线混合布线方式，极为合理地构成一套完整的布线。

所有布线均采用世界上最新通信标准，链路均按八芯双绞线配置。5 类双绞线带宽可达 100MHz，6 类双绞线带宽可达 200MHz。对于特殊用户的需求可把光纤引到桌面。语音干线部分用钢缆，数据部分用光缆，为同时传输多路实时多媒体信息提供足够的带宽容量。

6）经济性：综合布线比传统布线具有经济性优点，主要综合布线可适应相当长时间的需求，传统布线改造很费时间，耽误工作造成的损失更是无法用金钱计算。

2. 综合布线系统的组成和适用场合

（1）综合布线系统的组成

目前，各国生产的综合布线系统的产品较多，其产品的设计、制造、安装和维护中所遵循的基本标准主要有两种，一种是美国标准 ANSI/EIA/TIA 568A：1995《商务建筑电信布线标准》；另一种是国际标准化组织/国际电工委员会标准 ISO/IEC 11801：1995《信息技术——用户房屋综合布线》。上述两种标准有极为明显的差别，如从综合布线系统的组成来看，美国标准把综合布线系统划分为建筑群子系统、干线（垂直）子系统、配线（水平）子系统、设备间子系统、管理子系统和工作区子系统 6 个独立的子系统。国际标准则将其划分为建筑群主干布线子系统、建筑物主干布线子系统和水平布线子系统 3 部分，并规定工作区布线为非永久性部分，工程设计和施工也不涉足为用户使用时临时连接的部分。当综合布线系统刚刚引入我国时，因为都采用美国产品，所以国内书籍、杂志和资料，甚至有些标准一般都以美国标准为基础介绍综合布线系统的有关技术，但上述系统组成与国际标准规定不符，且与我国国情和习惯做法并不一致，在具体工作时感到不便，主要是设备间子系统和管理子系统与干线子系统和配线子系统分离另立，造成系统性不够明确，界限划分不清、子系统过多，出现支离破碎的情况，与我国过去通常将通信线路和接续设备组成整体的系统概念不一致，在工程设计、施工安装和维护管理工作中都极不方便。因此，建议不以美国标准为准绳，从长远发展来看，综合布线系统的标准应向国际标准靠拢，不以某个国家标准为主，这是必然的发展趋势。

1）工作区子系统及其网络设计。工作区子系统由终端设备连接到信息插座的连线，以及信息插座所组成。信息点由标准 RJ-45 插座构成。信息点数量应根据工作区的实际功能及需求确定，并预留适当数量的冗余。例如，对于一个办公区内的每个办公点可配置 2～3 个信息点，此外应为此办公区配置 3～5 个专用信息点用于工作组服务器、网络打印机、传真机、视频会议等。若此办公区为商务应用，则信息点的带宽为 100Mb/s 可满足要求；若此办公区为技术开发应用，则每个信息点应为交换式 100mb/s 甚至是光纤信息点。

工作区的终端设备（如电话机、传真机）可用公司 FutureCom 超 5 类或 6 类双绞线直接与工作区内的每一个信息插座相连接，或用适配器（如 ISDN 终端设备）、平衡/非平衡转换器进行转换连接到信息插座上。

2）水平子系统。水平子系统主要是实现信息插座和管理子系统，即中间配线架（IDF）间的连接。水平子系统指定的拓扑结构为星型拓扑。水平干线的设计包括水平子系统的传输介质与部件集成。选择水平子系统的线缆，要根据建筑物内具体信息点的类型、容量、带宽和传输速率来确定。在水平子系统中推荐采用的双绞电缆及光纤型号为：康宁公司 FutureCom 超 5 类或 6 类非屏蔽双绞线，FutureLink 室内单模或多模光纤。

双绞线水平布线链路中，水平电缆的最大长度为 90m。若使用 100ω UTP 双绞线作为水平子系统的线缆，可根据信息点类型的不同采用不同类型的电缆，例如，对于语音信息点和数据信息点可采用FutureCom超5类或6类双绞线，甚至使用FutureLink光缆；对于电磁干扰严重的场合应尽量采用康宁公司FutureCom6类屏蔽双绞线。但是从系统的兼容性和信息点的灵活互换性角度出发，建议水平子系统采用同一种布线材料。

3）管理子系统。管理子系统由交连、互连和输入输出组成，实现配线管理，为连接其他子系统提供手段。包括配线架、跳线设备及光配线架等组成设备。设计管理子系统时，必须了解线路的基本设计原理，合理配置各子系统的部件。康宁公司的Lanscape综合布线解决方案拥有搭配科学、管理简便的成套产品用于管理子系统。

4）干线子系统。干线子系统指提供建筑物的主干电缆的路由，实现主配线架与中间配线架，计算机、PBX、控制中心与各管理子系统间的连接。干线传输电缆的设计必须既满足当前的需要，又适应今后的发展。干线子系统布线走向应选择干线线缆最短、最安全和最经济的路由。干线子系统在系统设计施工时，应预留一定的线缆做冗余信道，这一点对于综合布线系统的可扩展性和可靠性来说是十分重要的。

干线子系统可以使用的线缆主要有：HAY三类大对数电缆；超5类或6类双绞线；室内单模或多模光纤。

超5类双绞线可以支持1000Base-T，但如要求支持1000Base-TX则必须使用6类双绞线。如果已安装的电缆仅满足5类线标准(1995)，那么在连接1000Base－T设备之前，应对布线系统按照新增加的布线参数（如回波损耗、等效远端串扰（ELFEXT）、传播延迟和延时畸变等）进行测量和认证。

5）设备间子系统及其网络设计。设备间子系统由设备室的电缆、连接器和相关支持硬件组成，把各种公用系统设备互联起来。设备间的主要设备有数字程控交换机、计算机网络设备、服务器、楼宇自控设备主机等。它们可以放在一起，也可分别设置。在较大型的综合布线中，可以将计算机设备、数字程控交换机、楼宇自控设备主机分别设置机房，把与综合布线密切相关的硬件设备放置在设备间，计算机网络设备的机房放在离设备间不远的位置。

6）建筑群子系统及其网络设计。建筑群子系统是实现建筑之间的相互连接，提供楼群之间通信设施所需的硬件。建筑群之间可以采用有线通信的手段，也可采用微波通信、无线电通信的手段。

我国原邮电部于1997年9月发布了通信行业标准《大楼通信综合布线系统》（YD/T 926.1-3），该标准非等效采用国际标准化组织/国际电工委员会标准ISO/IEC 11801：1995《信息技术——用户房屋综合布线》。在制定行业标准时，对国际标准中收录的产品品种系列进行优化筛选，同时参考了美国ANSI/EIA/TIA568A:1995《商务建筑电信布线标准》，并根据我国具体情况予以吸收和完善，它的组成和子系统划分与国际标准是完全一致的。因此，我国通信行业标准既密切结合我国国情，又符合国际标准，是综合布线系统工程中必须执行的权威性法规。综合布线系统的结构组成如图9-1所示。

（2）综合布线系统的运用场合

由于现代化的智能建筑和建筑群体的不断涌现，综合布线系统的适用场合和服务对

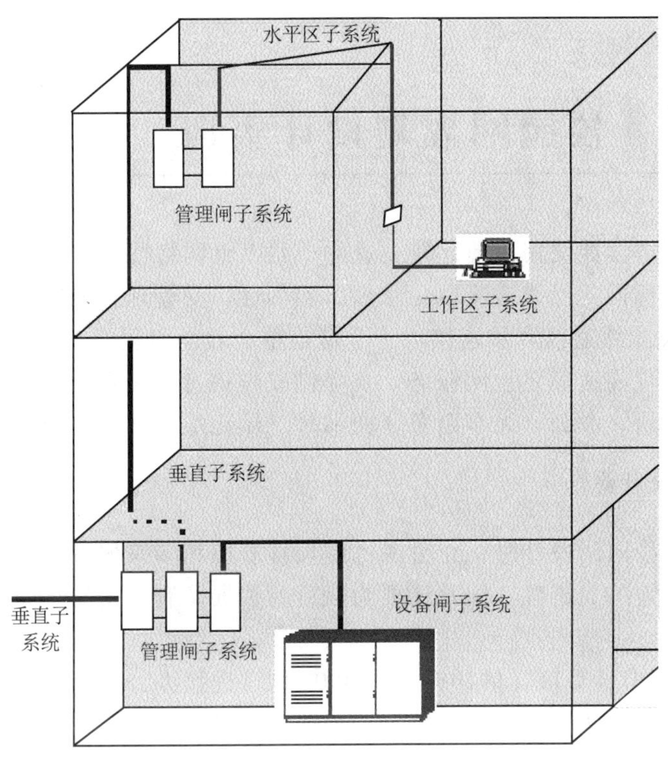

图 9-1 综合布线系统的结构组成

象逐渐增多，目前主要有以下几类。

1）商业贸易类型：如商务贸易中心、金融机构（如银行和保险公司等）、高级宾馆饭店、股票证券市场和高级商城大厦等高层建筑。

2）综合办公类型：如政府机关、群众团体、公司总部等办公大厦，办公、贸易和商业兼有的综合业务楼和租赁大厦等。

3）交通运输类型：如航空港、火车站、长途汽车客运枢纽站、江海港区（包括客货运站）、城市公共交通指挥中心、出租车调度中心、邮政枢纽楼、电信枢纽楼等公共服务建筑。

4）新闻机构类型：如广播电台、电视台、新闻通讯社、书刊出版社及报社业务楼等。

5）其他重要建筑类型：如医院、急救中心、气象中心、科研机构、高等院校和工业企业的高科技业务楼等。

从以上所述和建设规划来看，综合布线系统具有广泛的使用前景，为智能化建筑中实现传送各种信息创造有利条件，以适应信息化社会的发展需要，这已成为时代发展的必然趋势。

9.3 校园网规划设计实训

某中学校园网络设计使用目前比较先进的千兆以太网络技术和 Intranet 技术所构成的大型 Intranet 校园网，网络方案以可靠性、实用性、易管理扩充性为原则，全校计算机通过超 5 类线及光纤通信介质连接成一个覆盖整个教学园区的 Intranet 校园网络。校园网近期目标为实现高速稳定上网服务，及提供校内信息发布和检索平台，远期目标为实现学校教学、科研、办公、人事财务、图书等一体化综合计算机管理。

1. 校园网络设计要求

在进行某中学校园网设计时，充分考虑到教育管理和多媒体教学的要求，并且网络技术上应该具有一定的先进性，同时还要为以后的扩展留有一定的空间。为此附中校园网设计目标如下。

1）支持全校现有计算机（估计容量为 400 台），连接办公楼、教学楼、实验楼、留学生楼等主要建筑物，连接教室、办公室、教研组等校内各部门，保证教学区内每一个房间都能有一个以上的网络接口。

2）支持先进的网络技术、多媒体技术；能够保证系统软件和应用软件正常运行。

3）网络具有先进性、可靠性、可扩充性和良好的兼容性。

4）网络资源的访问提供完善的权限控制；具有防止及便于捕杀病毒的功能，以保证网络使用安全。

5）高带宽专线接入 Internet，实现校园网内所有用户高速访问广域网。校园网与 Internet 网联网后，应具有“防火墙”过滤功能，以防止网络黑客入侵网络系统；可对接入 Internet 的各网络用户进行权限控制。

2. 校园网络系统规划和设计

（1）网络结构设计

在某中学校园网络中，一、二级交换机间的数据通信通过超 5 类线或光纤介质，由一级节点的中心网络设备华为公司的1000Mb/s主干级交换机与二级局域网中的带千兆以太网接口的 Cisco 二级交换机相连接而实现，校园网络实现主干千兆、百兆接口到桌面。

图 9-2 所示为某中学校园网络的拓扑图。

（2）综合布线设计

计算机网络中心机房设在网络中心楼 5 楼，弱电竖井设在网络中心楼东侧，在实验楼、教学楼、留学生楼都配置一个网络布线配线间，安置楼层交换机和网络布线配线架。其中实验楼用光纤连接，教学楼及留学生楼都用超 5 类线连接网络中心。所有楼层及桌面布线均采用超 5 类线铺设。

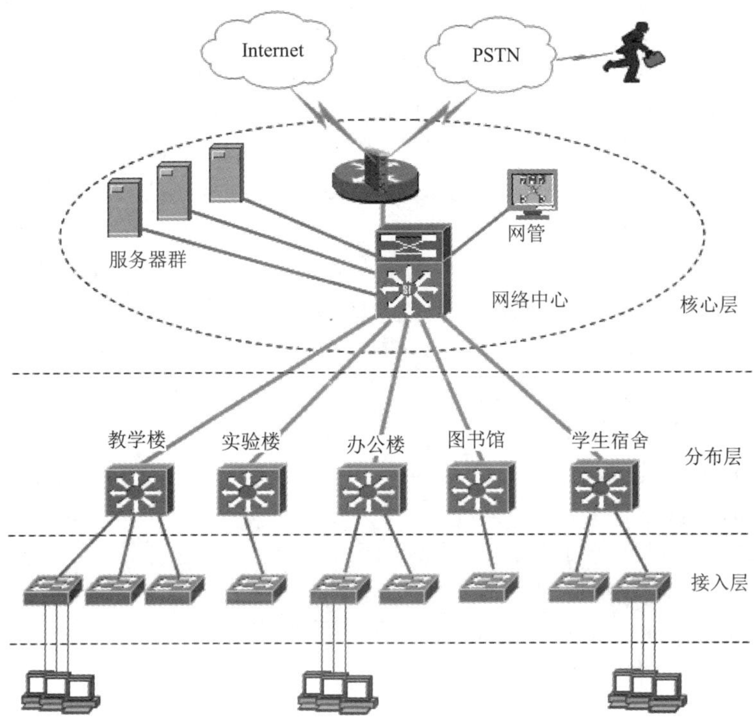

图 9-2 某中学校园网络的拓扑图

（3）网络安全与系统容错设计

采用 Symantec Antiviaus 企业版正版杀毒软件来实在整个校园网的病毒防护，定时杀毒功能，每天中午 12:00 开始，为校园网所有计算机自动清查病毒。

采用磁带作为备份介质来为重要用户数据提供备份服务，服务器状态及重要管理和用户数据，使用专用数据备份服务器，定时远程异地数据备份。

（4）计算机网络中心机房设计

对网络中心机房按国家有关标准进行了改造，所有服务器均放入机柜，实现统一管理。夏季可以保证温度在摄氏 23 度左右，湿度 45%～65%，冬季可以保证在摄氏 20 度，湿度 40%～70%。为确保系统安全，网络中心机房配备了一台 5kV 的 APC 不间断电源，为主交换机和重要数据服务器供电，并进行了设置，保证在发生断电情况时可以提供 2 个小时的电源支持，并自动通知管理人员。防雷和接地保护设施也进行了重新设计。地板全部采用防静电地板，全部线缆都铺设在地板下。

（5）校园网用户管理

校园网络使用购买的正版 Windows 2000 Server+SP4 版服务器平台，构建活动目录服务，以支持企业级的用户认证，分级管理和安全存储。

全校统一使用学校申请的国际域名 ZZZZ.cn 为主目录域名，兼容 Windows 98/NT 客户机的 NetBIOS 名为 ZZZZ。校内网络计算机可以使用上述任意一种名称标识校园网络，加入校园网络的计算机，计算机名后缀都会加上 ZZZZ.cn。

所有校内用户都列入 ZZZZ 容器中，并按部门进行分组，所有计算机都加入至

computer 组中。

每位用户有各自独立的配置文件及主目录，初始用户配置文件均复制自 AD 服务器中 snowzheng 的用户模板文件，该模板文件已经创立了各种学校网络设置及重定向了“我的文档”的链接，将其指向为 z:\（用户主文件夹）映射驱动器。

每用户配置文件及主目录使用磁盘配额来限制其容量，容量为 200MB，当使用空间到 150MB 时系统将自动提醒用户。

用户初始密码为 888888，第一次登录后必须更改密码。用户有权利登录终端服务器，没有时间和 IP 限制。用户名将使用英文名，新旧系统登录名相同。

网络设备清单如下。

1）DELL PE2600 服务器 2 台。

2）专用 PC 服务器 2 台。

3）HP LP1000R 机架式服务器 2 台。

4）HPML150 服务器 1 台。

5）CISCO 2600 路由器 1 台。

6）CISCO catalysta 2950 交换机 1 台。

7）华为 5516 千兆交换机 1 台。

8）华为 3026E 交换机 7 台。

9）标准服务器机柜 2 个。

10）APC SMART 5000 型 UPS 1 台，带电池柜。

9.4 网络管理概述

1. 网管系统建设思路要清晰、目的要明确

要想做好企业的网络管理工作，首先要从源头抓起。这一点，对于中小企业中的网络管理工作非常重要。就是说，网管员要从参与企业的网络管理系统的建设工作入手。

（1）明确网络管理的目的

在建设网管系统前首先应确定网络管理的目的。在一般情况下，企业网络管理的主要目的是为了提高网络可用性、改进网络性能、减少和控制网络费用以及增强网络安全性等。网管员应根据自身情况进行补充与调整。在目的尚不明确的情况下，去搭建网管系统会造成资金的浪费和管理成本的无谓增加，就像“不量体就裁衣”，做出的衣服能合适吗？

（2）掌握网络管理的要素

网络管理平台的建设要注意与企业业务需求的结合。完整而理想的网络管理解决方案，应该根据应用环境和网络对业务流程，以及用户需求的端到端关联关系，来管理网络及其所有设备。除向网管员报告服务器上的流程受阻，路由器上的流量过载或网络出现瓶颈外，理想的解决方案应该提供更多的功能。

（3）明晰管理的网络资源

网络资源就是指网络中的硬件设备、整个环境中运行的软件（包括服务与计算机的

应用软件）以及所提供的服务等。网络管理系统必须将它们表示出来，才能对其进行管理。在好的网管软件中，当前的网络拓扑和各个硬件系统都以图形的方式显示在一个图上，而且各种信息都会动态地在上面显示，非常方便监视与管理。

（4）注重软件资源管理和软件分发

网络管理系统的软件资源管理和软件分发功能，是指优化管理信息的收集，此外软件资源管理是对企业所拥有的软件授权数量和安装地点进行管理。软件分发则是通过网络把新软件分发到各个站点，并完成安装和配置工作。

（5）应用管理不容忽视

应用管理用于测量和监督特定的应用软件及其对网络传输流量的影响。网络管理员通过应用管理可以跟踪网络用户和运行的应用软件，改善网络的响应时间。

2. 网络管理要具备5大基本功能

网络管理一般包括性能、故障、配置、计费和安全5方面功能。

（1）性能管理

主要考察网络运行的好坏。性能管理使网络管理员能够监视网络运行的参数，如吞吐率、响应时间、网络的可用性等。

（2）故障管理

检测、定位和排除网络硬件和软件中的故障。当出现故障时，该功能确认故障，并记录故障，找出故障的位置并尽可能地排除这些故障。

（3）配置管理

掌握和控制网络的状态，包括网络内各个设备的状态及其连接关系。配置管理的典型方法是，用逻辑图来描绘所有的网络设备及其逻辑关系，并将网络的确切物理布局，以适当的比例映射到这个逻辑图上。用精心设计的各种图标来表示各种网络对象，而这些图标又往往涂上不同颜色表示相应设备的不同状态。

（4）计费管理

记录各个用户和应用程序对网络资源的使用情况。计费管理提供计算一个特定网络或网段的运行成本的手段。

（5）安全管理

安全管理是对网络资源及其重要信息访问的约束和控制，包括验证网络用户的访问权限和优先级、检测和记录未授权用户企图进行的不应有的操作。

3. 借助网管软件发挥管理效能

网管软件是网络管理员的眼睛、耳朵、手和脚，只有充分调动起各个“器官”，才能有效地发挥出网管的效能。

网管软件是网络管理员的眼睛、耳朵、手和脚，这么说一点也不过分。一个好的网管软件可以监控各个部分的运行情况，而不必经常去查看；在某个位置发生了变化时（像设备无响应、配置变化、软件安装/卸装等），网管软件可以实时地报告，并且可以支持中心的管理，不必跑到每个被管理对象的物理位置去处理。但是，在选择网管软件时，应该注意以下几个方面的问题。

（1）企业需要哪些管理功能

“企业需要哪些管理功能”是中小企业的网管最应该注意的问题。网管软件都是价格不菲的，所以在为企业选择网管软件时，一定要考虑到目前与未来企业网络环境发展的需要。一个好的网络管理系统必须是适合企业业务发展的需要的。

（2）网络管理软件支持哪些标准

至少应支持 SNMP 和 RMON。SNMP（Simple Network Management Protocol，简单网络管理协议）是一项广泛使用的网管协议，帮助网管人员管理 TCP/IP 网络中各种装置，没有繁复的指令，概念上只有“存/取”两种命令，其优点是简单、稳定和灵活，也是目前网管的基础标准，绝大多数的网络设备、软件都会支持。

（3）RMON

RMON（Remote Monitor）MIB 由一组统计数据、分析数据和诊断数据构成，利用许多供应商生产的标准工具都可以显示出这些数据，因而它具有独立于供应商的远程网络分析功能。RMON 探测器和 RMON 客户机软件结合在一起在网络环境中实施 RMON。RMON 的监控功能是否有效，关键在于其探测器要具有存储统计数据历史的能力，这样就不需要不停地轮询才能生成一个有关网络运行状况趋势的视图。“RMON MIB 功能组”功能框可以对通过 RMOM MIB 收集的网络管理信息类型进行描述。

如果可能的话，最好还支持 RMON II。RMON II 没有取代 RMON，而是它的补充技术。RMON II 在 RMON 标准基础上提供一种新层次的诊断和监控功能。RMON II 标准能将网管员对网络的监控层次，提高到网络协议栈的应用层。因而，除了能监控网络通信与容量外，RMON II 还提供有关各应用所使用的网络带宽量的信息，这是在客户机/服务器环境中进行故障排除的重要因素。

（4）支持各种硬件、软件的范围

一般应可支持 Sun、IBM、HP、NT、AT&T (NCR)、DEC、 Linux、Data General、Silicon Graphics、Motorola、Sequent、Pyramid、SCO UNIX、Unisys、Windows 3.x / 95 / NT、OS/2 和 Novell。在企业规模不大的情况下，至少可以支持 Windows 平台与三大主流 UNIX 厂商 Sun、IBM 和 HP。

除了硬件和操作系统（这是主机环境中系统管理工具的强项），还包括数据库和应用。

（5）可管理性如何

网络设备的可用性和状态、性能测量和管理，是当今网络管理的重要组成部分。其中，性能测量和管理应当是网管软件的一个重要指标。

（6）可扩展性如何

灵活地支持不可预测的扩展，如网络的大小，变更的速度或厂商的数量，而不用增加更多的人员和专门技术。同时，还要注意减少各厂商独有的操作规程或定制的脚本程序，来缩短学习过程，提高经理级管理人员的效率；对来自各方的系统管理工具的集成能力，还要考虑到企业预计要采用的管理工具。

（7）协议的支持

对 TCP/IP 的支持是一个基本的要求，这里要注意的是，自己的局域网中是否有其他类型的协议，如 IPX、SNA 和 DECnet 等，企业所面对的网管软件是否支持。

9.5 网络故障诊断与分析

1. 网络故障的排查分析

由于计算机局域网中包括计算机网卡、网线、集线器等许多网络设备，因此网络的故障也是多种多样的，有时可能会影响一台计算机或某一个网络功能的实现，有时可能会影响整个网络的运行，因此掌握正确的故障诊断思路在排除网络故障的过程中十分重要。

可以将网络的故障分成 4 类：第一类是由于硬件故障引起的；第二类是由于传输线路的故障引起的；第三类是由于网络配置错误造成的；第四类是病毒及软件故障。

（1）硬件故障

硬件故障主要是指网络中的主要硬件设备，如计算机、网卡、集线器、交换机、路由器等。这些硬件设备连接在网络中由于维护、使用不当或者因设备本身器件老化，常常会造成设备不能正常工作，从而引起网络故障。通常，这类故障现象较为明显且查找起来也相对容易，一般通过观察设备自身运行状态或替换验证的方法就可以找到故障部件。如网络的集线器不能开启而造成该区域与该集线连接的设备不能正常通信，从表面上发现该集线器的开关指示灯不亮，开启开关无任何反应，即可初步断定是集线器故障；又如网络中的一台计算机不能启动而造成在网络上找不到该节点，致使某机器中文件和信息无法共享。如果该机器直接控制网络打印，则还会导致网络打印功能无效。综上所述，可以看出这类故障一般可以通过故障现象逐点查找故障源。

（2）线路故障

在局域网中所有网络设备大都是依靠双绞线、同轴电缆、光纤等网络传输介质进行连接的。因此线路故障也是网络中的常见故障。例如，网线插头松动、插接错误，或者线路受到强电磁干扰时会引起故障。这类故障一般都为传输故障，所出现的故障现象不十分明显，查找起来有一定的难度，尤其是许多局域网中所使用的网线都是自行端接的，人为也是造成故障的原因之一。所以在检查线路故障时通常需要一些专用的线路测试工具对线路进行检查。

（3）配置错误

要通过网络实现网络传输、资源共享等网络功能，还必须对入网的设备进行配置，其中包括网卡驱动程序的安装、安装配置网络协议，配置交换机/路由器以及网络服务设置等。这一系列过程大都需要人为设置完成。任何的配置错误或设置不当都可以造成网络不能传输或不能访问等故障。

(4) 软件故障

软件故障可以分为两种情况：一种是由于网络应用程序错误而造成的，另一种是病毒引起的。

网络应用程序错误造成的故障与配置不当的故障类似，多是由于人为参数设置不正确、程序操作不规范或误操作而引起网络应用程序不能正常工作，机器死机或系统瘫痪等故障现象。

另外，在网络故障中还有很多故障是由于病毒引起的，因为在网络中许多计算机或终端设备都可以通过局域网接入 Internet，在获得巨大资源的同时系统也在时刻面临着病毒的威胁，尤其是近几年随着网络化的普及，病毒的传播速度越来越快，而且许多恶意的病毒所造成的后果也越来越严重。因此，许多网络的故障都是由于病毒入侵而造成的，故障的现象也因病毒的不同而表现也不同。目前，大多数病毒还是以破坏软件系统为主，也有一些病毒可以直接对硬件造成损害，因此病毒故障仍然可以列为软件故障的范畴。对于这类故障，防范永远重于维修，只要规范操作流程，提高防范病毒的意识，采用有效的防范手段就可以极大地减少这类故障的发生。

在进行故障排查分析时首先要根据故障现象查找故障部位，大多数情况都可以从表面上判断出是否是网络设备本身的故障，这个过程可以采用直接观察或者是用其他设备替换的方法进行判断。如果不属于网络设备本身的问题，就要进一步分析该故障的范围，如是局部故障还是单点故障或是整个网络都存在的全局故障。一般如果整个网络都存在故障，如整个网络中的计算机都无法与外部网络进行连接，这类故障大都是由于路由器或主干交换机引起的，应仔细对这些设备进行检查，看连接、设置是否存在问题。同理，如果是局部网络的整体问题，如网络中的一个子网无法与其他子网进行通信，这时应重点检查该子网中的集线器或交换机。如果是单点故障，如网络中的一台计算机无法实现网络功能，这时就要对网卡驱动以及服务配置逐一进行检查。首先排除掉硬件故障及线路故障，然后再对系统进行病毒检测，确认是否是病毒影响，最后对各项设置和参数设置进行核对，找出故障原因。这期间可以借助一些专用的测试工具和测试软件。如网线测试仪，可以检测网线连接是否正常。如图 9-3 所示为网线测试仪的外形结构。系统自带的 ping 命令可以校验机器的连接状态。ipconfig/winipcfg 命令可以查看网络终端与 TCP/IP 协议的相关配置等。

2. 网线的检测

网线是局域网的重要的组成部分，网线连接质量对局域网的传输性能有着直接的影响，在对网络故障进行排查时，对网线进行测试是诊断与排除局域网故障很重要的环节。

当网络出现故障时，首先应收集可用的信息并进行分析，将网络故障的范围缩小到一个网段或一个节点，在确定了故障网段或节点后就要开始检测网络的物理层，因为数据的传送是从本机的应用层到物理层，再到目的机的物理层，之后才是目的机应用层。所以对网络的检查要先从物理层开始，检查物理层就是检查物理设备，也就是首先要排除网线的故障，其次才是集线器和交换机。

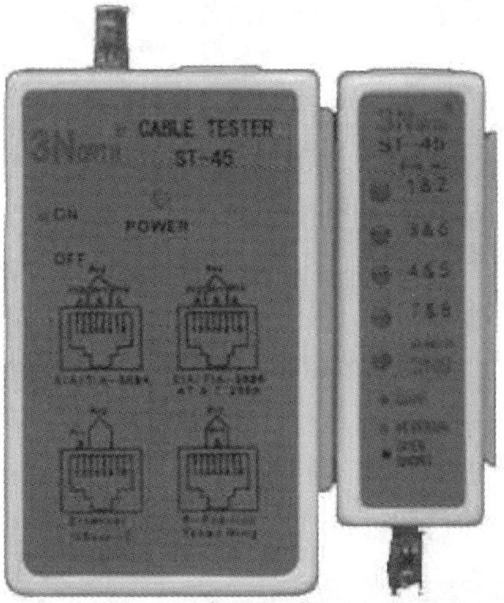

图 9-3 网线测试仪

网线的故障一般分为网线制作不良和网线接头部位或中间线路有断线两种。其中网线制作不良又分为网线的制作方法不当和网线接头制作不良两种情况，这两种情况也是网络传输故障中最容易发生的故障。

对于网线的检测，以双绞线为例，首先将确定故障网段的网线拔下，观察两端的水晶头是否完好，有无裂痕或变形。

检查水晶头外观无误后，使用压线钳将网线两端的水晶头重新压一次，因为有时水晶头前端的金属片未能与线芯良好接触而造成网线不通。重新压好后即可用网线测试仪进行测试。将网线两端的水晶头分别插入主测试仪和远程测试端的 RJ-45 端口，将开关按钮拨到“ON”，这时如果测试的是直通网线，那么当开关打开后主测试仪的指示灯应该从 1～8 逐个顺序闪亮，而远程测试端的指示灯也应该从 1～8 逐个顺序闪亮。这说明直通线是连通的。

如果测试的是交叉线，当打开后主测试仪的指示灯也应该从 1～8 逐个顺序闪亮，而远程测试端的指示灯应该是按着 3、6、1、4、5、2、7、8 的顺序逐个闪亮。如果是这样，说明交叉线的连通性没问题。

如果测试时主测试仪和远程测试端的某个或几个指示灯对应不闪亮。说明网线中有线路不通。当网线中有 7 根或 8 根导线断路时，主测试仪和远程测试端的指示灯全都不会闪亮。用压线钳再次夹压水晶头，若还不通，则需要重新制作水晶头。

如果测试时主测试仪和远程测试端的指示灯闪亮的顺序不对应，例如，测直通时，主测试仪 2 号指示灯闪亮，远程测试端的 3 号指示灯对应闪亮。这说明网线中有接线错误的情况，应剪掉重新制作水晶头。

3. 常用的网络测试工具

网络故障的诊断与排除很多时候都要使用网络测试软件来辅助进行，Windows 操作系统中就附带了许多用于网络测试的工具软件如 ping、ipconfig 、winipcfg、netstat、 nbtstat 等都是在网络检测中经常使用的检测软件。下面就着重介绍以下几种常用网络测试软件的使用方法。

（1）IP 测试工具 ping

1）ping 的基本功能 ping 命令的主要功能是校验与远程计算机或本地计算机的连接。它通过向计算机发送 ICMP 回应报文并且监听回应报文的返回，以校验与远程计算机或本地计算机的连接。对于每个发送报文，ping 最多等待 1s，并打印发送和接收报文的数量。比较每个接收报文和发送报文，以校验其有效性。默认情况下，发送 4 个回应报文，每个报文包含 32B 的数据。下面来具体的介绍一下 ping 命令的基本功能。

在 Windows 系列操作系统的桌面选择“开始”→“程序”→“命令提示符”命令并输入“ping”或“ping/?”命令，系统就会在 DOS 模式下运行该命令。如图 9-4 所示即为执行“ping/?”后所显示的所有 ping 命令的参数信息。

```
C:\WINDOWS\system32\cmd.exe

C:\Documents and Settings\ku>ping /?

Usage: ping [-t] [-a] [-n count] [-l size] [-f] [-i TTL] [-v TOS]
            [-r count] [-s count] [[-j host-list] | [-k host-list]]
            [-w timeout] target_name

Options:
    -t             Ping the specified host until stopped.
                   To see statistics and continue - type Control-Break;
                   To stop - type Control-C.
    -a             Resolve addresses to hostnames.
    -n count       Number of echo requests to send.
    -l size        Send buffer size.
    -f             Set Don't Fragment flag in packet.
    -i TTL         Time To Live.
    -v TOS         Type Of Service.
    -r count       Record route for count hops.
    -s count       Timestamp for count hops.
    -j host-list   Loose source route along host-list.
    -k host-list   Strict source route along host-list.
    -w timeout     Timeout in milliseconds to wait for each reply.

C:\Documents and Settings\ku>
```

图 9-4 ping 命令参数

根据 Windows 2000 系统提示，可知完整的 ping 命令语法格式，它由 13 个命令参数构成，分别是 [-t][-a][-n count][-1 size][-f][-i TTL][-v TOS][-r count][-s count][-j host-list][-k host-list][-w timeout] destination-list。从它的构成就可以看出此命令的复杂程序，它各参数的含义如下。

[-t]：校验与指定计算机的连接，直到用户中断。

[-a]：将地址解析为计算机名。

[-n count]：发送由 count 指定数量的 ECHO 报文，默认值为 4。

[-1 size]：发送包含由 length 指定数据长度的 ECHO 报文。默认值为 64B，最大值为 8 192B。

[-f]：在包中发送“不分段”标志。该包将不被路由上的网关分段。

[-i TTL]：将“生存时间”字段设置为 TTL 指定的数值。

[-v tos]：将“服务类型”字段设置为 TOS 指定的数值。

[-r count]：在“记录路由”字段中记录发出报文和返回报文的路由。指定的 count 值最小可以是 1，最大可以是 9。

[-s count]：指定由 count 指定的转发次数的时间邮票。

[-j host-list]：经过由 host-list 指定的计算机列表的路由报文。中间网关可能分隔连续的计算机（松散的源路由）。允许的最大 IP 地址数目是 9。

[-k host-list]：经过由 host-list 指定的计算机列表的路由报文。中间网关可能分隔连续的计算机。允许的最大 IP 地址数目是 9。

[-w timeout]：以毫秒为单位指定超时间隔。

destination-list：指定要校验连接的远程计算机。

2）ping 的基本使用。ping 命令主要用于测试网络是否通畅，也可以使用 ping 命令测试计算机名和 IP 地址。

网络连接通畅的测试：已知局域网中目的计算机的 IP 地址为 192.168.1.1。测试本地机与该机的网络连接是否通畅，则在 Windows 系列操作系统的桌面选择“开始”→“程序”→“命令提示符”命令并输入“ping 192.168.1.1”命令。

若畅通系统会反馈如图 9-5 所示的相关信息。从系统反馈的信息可知，本机共向目的计算机发出了 4 个大小为 32B 的数据包，并得到了 4 个回应报文，没有数据的丢失。所以表明本地机与目的计算机连接通畅。

若与目的计算机连接不通，则系统反馈信息如图 9-6 所示。从反馈结果可知，本机对目的机共发出了 4 个大小为 32B 的数据包，但没有得到回应报文。所以表明本地计算机与目的计算机没有连接，网络不通。

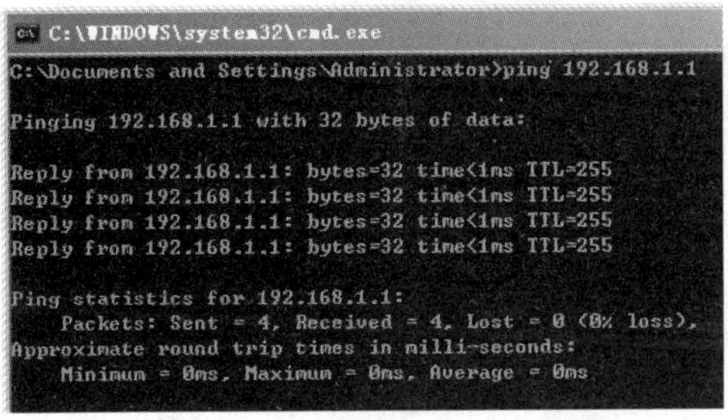

```
C:\WINDOWS\system32\cmd.exe
C:\Documents and Settings\Administrator>ping 192.168.1.1

Pinging 192.168.1.1 with 32 bytes of data:

Reply from 192.168.1.1: bytes=32 time<1ms TTL=255
Reply from 192.168.1.1: bytes=32 time<1ms TTL=255
Reply from 192.168.1.1: bytes=32 time<1ms TTL=255
Reply from 192.168.1.1: bytes=32 time<1ms TTL=255

Ping statistics for 192.168.1.1:
    Packets: Sent = 4, Received = 4, Lost = 0 (0% loss),
Approximate round trip times in milli-seconds:
    Minimum = 0ms, Maximum = 0ms, Average = 0ms
```

图 9-5　ping 192.168.1.1 成功

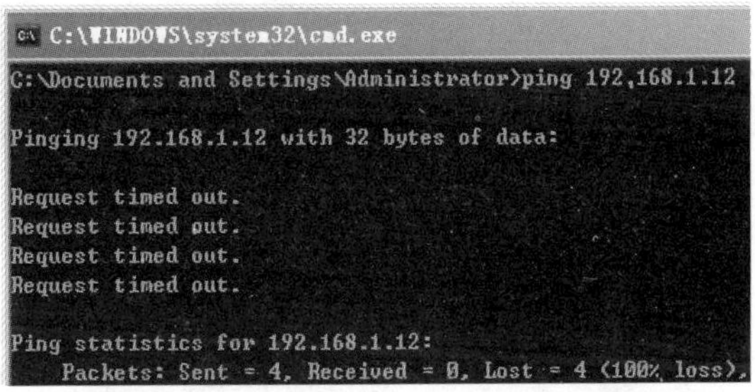

```
C:\WINDOWS\system32\cmd.exe
C:\Documents and Settings\Administrator>ping 192,168.1.12

Pinging 192.168.1.12 with 32 bytes of data:

Request timed out.
Request timed out.
Request timed out.
Request timed out.

Ping statistics for 192.168.1.12:
    Packets: Sent = 4, Received = 0, Lost = 4 (100% loss),
```

图 9-6　ping 192.168.1.12 网络不通

出现网络故障时应仔细分析可能出现故障的原因和可能出现问题的网段和节点，主要可从以下几个方面来检测。

物理设备的检测：网卡是否正确安装，网卡的 I/O 地址是否与其他设备发生冲突，网线是否良好，网卡以及交换机（集线器）的显示灯是否亮。

软件协议的检测：查看 IP 地址是否被占用。查看是否安装 TCP/IP 协议，若已安装则在“命令提示符”中输入“ping 127.0.0.1”命令，若不同说明 TCP/IP 协议不正常，删除后重装。检测网络协议绑定和网络设置是否有问题。

（2）测试 TCP/IP 配置工具 ipconfig/winipcfg

ipconfig/winipcfg 命令的主要功能是查看网络中本地计算机与 TCP/IP 协议有关的配置，如 IP 地址、子网掩码、DNS 服务器等信息。ipconfig/winipcfg 的基本功能一样，但 ipconfig 是以 DOS 的字符形式显示的，winipcfg 是以 Windows 的图形界面显示的。在

Windows 9X 和 Windows ME 系统中两个命令都能用，而 Windows 2000 以上版本中只有在 DOS 模式下的 ipconfig 能用。

01 测试 TCP/IP 配置工具 ipconfig 的基本功能。

选择“开始”→“程序”→“命令提示符”命令并输入“ipconfig/?”命令，系统提示如图 9-7 所示。

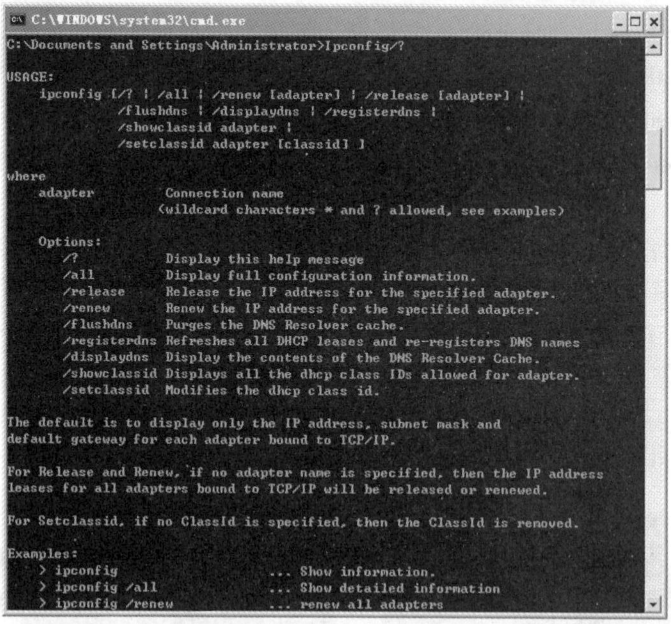

```
C:\WINDOWS\system32\cmd.exe
C:\Documents and Settings\Administrator>Ipconfig/?

USAGE:
    ipconfig [/? | /all | /renew [adapter] | /release [adapter] |
              /flushdns | /displaydns | /registerdns |
              /showclassid adapter |
              /setclassid adapter [classid] ]

where
    adapter         Connection name
                   (wildcard characters * and ? allowed, see examples)

    Options:
       /?           Display this help message
       /all         Display full configuration information.
       /release     Release the IP address for the specified adapter.
       /renew       Renew the IP address for the specified adapter.
       /flushdns    Purges the DNS Resolver cache.
       /registerdns Refreshes all DHCP leases and re-registers DNS names
       /displaydns  Display the contents of the DNS Resolver Cache.
       /showclassid Displays all the dhcp class IDs allowed for adapter.
       /setclassid  Modifies the dhcp class id.

The default is to display only the IP address, subnet mask and
default gateway for each adapter bound to TCP/IP.

For Release and Renew, if no adapter name is specified, then the IP address
leases for all adapters bound to TCP/IP will be released or renewed.

For Setclassid, if no ClassId is specified, then the ClassId is removed.

Examples:
    > ipconfig                   ... Show information.
    > ipconfig /all              ... Show detailed information
    > ipconfig /renew            ... renew all adapters
```

图 9-7 系统提示

根据图 9-7 的系统提示，可知完整的 ipconfig 命令参数。ipconfig 的语法格式为[/all][/batch file][/renew all][/release all][/renew n][/release n]，其含义如下。

[all]：显示与 TCP/IP 协议相关的所有细节信息，包括测试的主机名、IP 地址、子网掩码等信息。

[batch file]：将测试结果存入指定的文件中，便于逐项查看。如果省略文件名，系统会把测试的结果保存在系统文件中。

[renew all]：更新全部适配器的通信情况，所有的测试重新开始。

[release all]：释放全部适配器的通信情况。

[renew n]：更新第 n 号适配器的通信情况，所有的测试重新开始。

[release n]：释放第 n 号适配器的通信情况。

02 ipconfig/winipcfg 命令的基本使用。

1）ipconfig 是网络侦测的好工具，运行 ipconfig 命令就可以显示本地计算机所有网卡的 IP 地址配置，查看校验 IP 地址是否正确，使管理员更为方便地了解 IP 的实际配置的情况。选择“开始”→“程序”→“命令提示符”命令并输入“ipconfig/all”命令，系统就会自动提示结果如图 9-8 所示。系统就会给出网卡 IP 的配置信息，如主机名（Host

Name）为 TAOTAO4、Description（网卡种类）为 Realtek PCIe GBE Family Controller IP 地址为 192.168.8.137 等信息。

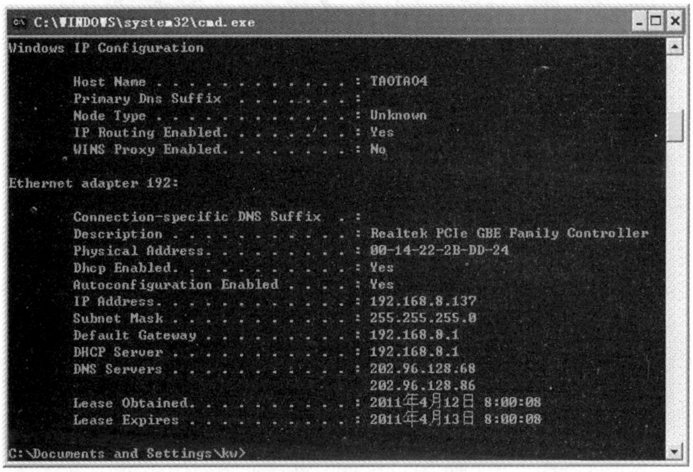

```
C:\WINDOWS\system32\cmd.exe
Windows IP Configuration

        Host Name . . . . . . . . . . . . : TAOTAO4
        Primary Dns Suffix  . . . . . . . :
        Node Type . . . . . . . . . . . . : Unknown
        IP Routing Enabled. . . . . . . . : Yes
        WINS Proxy Enabled. . . . . . . . : No

Ethernet adapter 192:

        Connection-specific DNS Suffix  . :
        Description . . . . . . . . . . . : Realtek PCIe GBE Family Controller
        Physical Address. . . . . . . . . : 00-14-22-2B-DD-24
        Dhcp Enabled. . . . . . . . . . . : Yes
        Autoconfiguration Enabled . . . . : Yes
        IP Address. . . . . . . . . . . . : 192.168.8.137
        Subnet Mask . . . . . . . . . . . : 255.255.255.0
        Default Gateway . . . . . . . . . : 192.168.8.1
        DHCP Server . . . . . . . . . . . : 192.168.8.1
        DNS Servers . . . . . . . . . . . : 202.96.128.68
                                            202.96.128.86
        Lease Obtained. . . . . . . . . . : 2011年4月12日 8:00:08
        Lease Expires . . . . . . . . . . : 2011年4月13日 8:00:08

C:\Documents and Settings\kw>
```

图 9-8 ipconfig 命令的应用

2）winipcfg 命令的使用方法。winipcfg 命令与 ipconfig 命令基本相同，winipcfg 在操作上更为方便是以图形方式显示结果。它只能运行在 Windows 9X 和 Windows ME 操作系统中。

4. 网络协议统计工具 netstat/nbtstat

netstat 和 nbtstat 可以说都是 Windows 下的网络检测工具，它们的输入形式很相似，而且都是需要安装了 TCP/IP 协议后才可以使用的，但两者的功能却不同。netstat 命令主要用于显示有关统计信息和当前的 TCP/IP 网络连接情况，通过它可以得到非常详尽的统计结果；nbtstat 命令用于查看当前基于 NetBIOS 和 TCP/IP 连接状态，通过该工具可以获得远程或本地计算机的组名和计算机名。

（1）网络协议统计工具 netstat 的基本功能

选择“开始”→“程序”→“命令提示符”命令并输入“netstat -h”命令，系统就会自动提示如图 9-9 所示。

根据图 9-9 所示的系统提示，可知完整的 netstat 命令参数。netstat 的语法格式为 [-a][-b][-e][-n][-o] [-p proto][-r] [-s][-v] [interval]，其含义如下。

[-a]：显示出当前所开放的所有端口，其中包括 TCP 端口和 UDP 端口。有经验的管理员会经常地使用它，以此来查看计算机的系统服务是否正常，是否被“黑客”留下后门、木马等。

[-b]：显示包含于创建每个连接或监听端口的可执行组件。

[-e]：显示以太网统计。该参数可以与-s 选项组合使用。

[-n]：这个参数基本上是-a 的参数数字形式，它是用数字的形式显示以上信息，这个参数通常在检查自己 IP 时使用。

```
C:\WINDOWS\system32\cmd.exe

NETSTAT [-a] [-b] [-e] [-n] [-o] [-p proto] [-r] [-s] [-v] [interval]

  -a            显示所有连接和监听端口。
  -b            显示包含于创建每个连接或监听端口的
                可执行组件。在某些情况下已知可执行组件
                拥有多个独立组件，并且在这些情况下
                包含于创建连接或监听端口的组件序列
                被显示。这种情况下，可执行组件名
                在底部的 [] 中，顶部是其调用的组件，
                等等，直到 TCP/IP 部分。注意此选项
                可能需要很长时间，如果没有足够权限
                可能失败。
  -e            显示以太网统计信息。此选项可以与 -s
                选项组合使用。
  -n            以数字形式显示地址和端口号。
  -o            显示与每个连接相关的所属进程 ID。
  -p proto      显示 proto 指定的协议的连接；proto 可以是
                下列协议之一：TCP、UDP、TCPv6 或 UDPv6。
                如果与 -s 选项一起使用以显示按协议统计信息，proto 可以是下列协议
之一：
                IP、IPv6、ICMP、ICMPv6、TCP、TCPv6、UDP 或 UDPv6。
  -r            显示路由表。
  -s            显示按协议统计信息。默认地，显示 IP、
                IPv6、ICMP、ICMPv6、TCP、TCPv6、UDP 和 UDPv6 的统计信息；
                -p 选项用于指定默认情况的子集。
  -v            与 -b 选项一起使用时将显示包含于
                为所有可执行组件创建连接或监听端口的
                组件。
  interval      重新显示选定统计信息，每次显示之间
                暂停时间间隔(以秒计)。按 CTRL+C 停止重新
                显示统计信息。如果省略，netstat 显示当前
                配置信息(只显示一次)
```

图 9-9 输入“netstat -h”命令的结果

[-o]: 显示拥有进程的 ID 与每个连接的关系。

[-p proto]: 显示由 proto 指定的协议的连接，proto 可以是 TCP 或 UDP。如果与-s 选项一同使用显示每个协议的统计，proto 可以是 TCP UDP、ICMP 或 IP 等。这个参数可以指定查看什么协议的连接状态。

[-r]; 显示路由表的内容。

[-s]: 显示每个协议的统计。默认情况下，显示 TCP、UDP、ICMP 和 IP 的统计。-p 选项可以用来指定默认的子集。

[interval]: 每隔“interval”秒重复显示所选的配置情况，直到按 Ctrl+C 中断键。

(2) 网络协议统计工具 nbtstat 的基本功能

选择“开始”→“程序”→“命令提示符”命令并输入“nbtstat -h”命令，系统就会自动提示如图 9-10 所示。

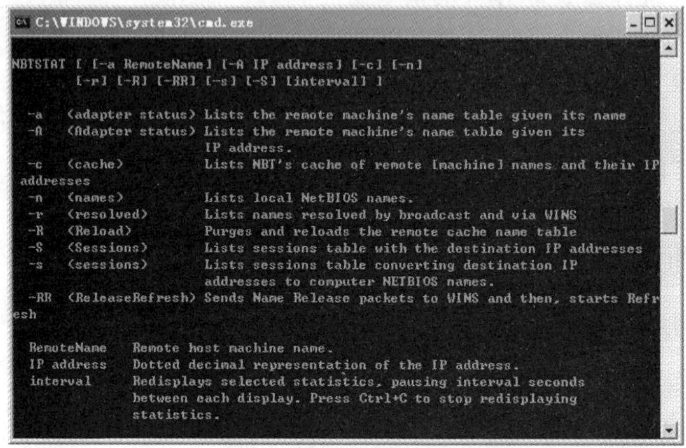

```
C:\WINDOWS\system32\cmd.exe

NBTSTAT [ [-a RemoteName] [-A IP address] [-c] [-n]
        [-r] [-R] [-RR] [-s] [-S] [interval] ]

  -a   (adapter status) Lists the remote machine's name table given its name
  -A   (Adapter status) Lists the remote machine's name table given its
                        IP address.
  -c   (cache)          Lists NBT's cache of remote [machine] names and their IP
 addresses
  -n   (names)          Lists local NetBIOS names.
  -r   (resolved)       Lists names resolved by broadcast and via WINS
  -R   (Reload)         Purges and reloads the remote cache name table
  -S   (Sessions)       Lists sessions table with the destination IP addresses
  -s   (sessions)       Lists sessions table converting destination IP
                        addresses to computer NETBIOS names.
  -RR  (ReleaseRefresh) Sends Name Release packets to WINS and then, starts Refr
esh

  RemoteName   Remote host machine name.
  IP address   Dotted decimal representation of the IP address.
  interval     Redisplays selected statistics, pausing interval seconds
               between each display. Press Ctrl+C to stop redisplaying
               statistics.
```

图 9-10 输入“nbtstat -h”命令的结果

根据图 9-10 所示的系统提示，可知完整的 nbstat 命令参数。nbtstat 的语法格式为[-a RemoteName][-A IP address][-c][-n][-r][-R][-RR][-s][-S][interval]，其含义如下。

[-a RemoteName]：使用远程计算机的名称列出其名称表。此参数也可以通过远程计算机的 NetBIOS 名来查看它的当前状态。

[-A IP address]：使用远程计算机的 IP 地址并列出名称表。这个和-a 不同的就是这个只能使用 IP，其实-a 就包括了-A 的功能了。

[-c]：给定每个名称的 IP 地址并列出 NetBIOS 名称缓存的内容。

[-n]：列出本地 NetBIOS 名称。此参数和 netstat –a 类似，只是这个是检查本地的，如果把 netstat –a 后面的 IP 换为自己的就和 netstat –n 的效果是一样的了。

[-r]：列出 Windows 网络名称解析的名称解析统计。在配置使用 WINS 的 Windows 2000 计算机上，此选项返回要通过广播或 WINS 来解析和注册的名称数。

[-R]：消除 NetBIOS 名称缓存中的所有名称后，重新装入 Lmhosts 文件。这个参数就是消除 netstat –c 所能看见的 Cache 里的 IP 缓存的。

[-RR]：释放在 WINS 服务器上注册的 NetBIOS 名称，然后刷新它们的注册。

[-s]：显示客户端和服务器会话。尝试将远程计算机 IP 地址转换成使用主机文件的名称。此参数和-s 差不多，只是这个会把对方的 NetBIOS 名给解析出来。

[-S]：显示客户端和服务器会话，只通过 IP 地址列出远程计算机。此参数可以查看计算机当前正在会话的 NetBIOS。

[interval]：每次显示之间暂停“interval”秒。按 Ctrl+C 组合键停止重新显示统计。

（3）netstat/nbtstat

计算机处于网络中时，常会有“黑客”的入侵使本地的计算机的资源遭到损失。下面就通过 netstat/nbtstat 命令和 ping 命令的结合使用，调查一下计算机是否被“黑客”留下了后门或木马。

首先选择“开始”→“程序”→“命令提示符”命令并输入“netstat –a”命令显示出当前计算机有什么人的 IP 正连接着该计算机，如图 9-11 所示。通过对系统提示的查询发现本地计算机打开了一个端口与一台 IP 地址为 192.168.8.128 的计算机相连。

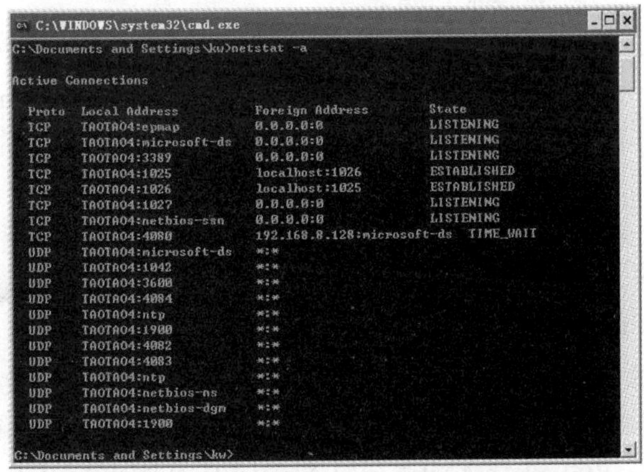

图 9-11　netstat 命令查询打开的连接

下面查看 IP 地址为 192.168.8.128 的计算机的主机名是否与本地计算机属于一个域或工作组。若属于同一个域或工作组则说明不是“黑客”的行为，要是不属于那就危险了。在“命令提示符”窗口中输入“ping –a 192.168.8.128”命令，系统会自动提示它的计算机名“taotao7”。

查看“taotao7”的工作组就需要在“命令提示符”窗口中输入“nbtstat –a taotao7”命令，系统会自动提示它的工作组为“taotao”，如图 9-12 所示，与本地计算机为同一工作组，检测完毕。

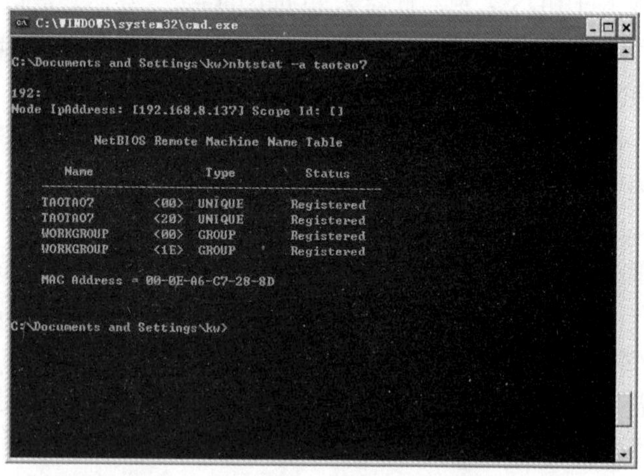

图 9-12 nbtstat 命令查询工作组

5. 信息管理工具 net

Windows 系统里有一个非常强大的命令那就是 net 命令，许多 Windows NT 网络命令以 net 开始，想必大家对它不会感到陌生吧，这里综合 Windows 98，Windows Workstation 和 Windows Server 三个操作系统关于 net 命令的解释，希望可以使大家对它的使用能够有所了解。

（1）信息管理工具 net 的基本功能

net 命令是一个命令行命令，它可以指定共享目录，限制访问共享资源的用户量，断开本地计算机和与之连接的客户端的会话等功能。Windows 98，Windows Workstation 和 Windows NT 都内置了 net 命令，但 Windows 98 的 net 命令和 Windows Workstation、Windows NT 的 net 命令不同，Windows Workstation 和 Windows NT Server 中的 net 命令基本相同。它对管理网络环境、服务、用户、登录等信息十分有用。

选择“开始”→“程序”→“命令提示符”命令并输入“net”或“net/?”命令，系统就会自动提示如图 9-13 所示。

根据图 9-13 所示的系统提示，可知完整的 net 命令参数。net 的语法格式 [ACCOUNTS]、[COMPUTER]、[CONFIG]、[CONTINUE]、[FILE]、[GROUP]、[HELP]、[HELPMSG]、[LOCALGROUP]、[NAME]、[PAUSE]、[PRINT]、[SEND]、[SESSION]、[SHARE]、[START]、[STATISTICS]、[STOP]、[TIME]、[USE]、[USER]、[VIEW]，其含义如下。

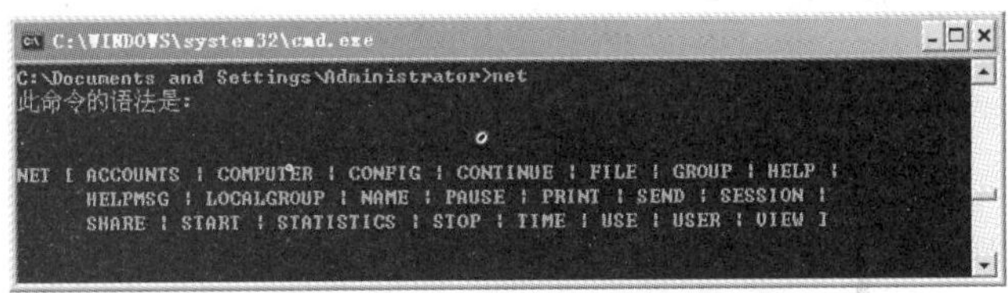

图 9-13　输入“net”命令的结果

[ACCOUNTS]：更新用户账号数据库、更改密码及所有账号的登录要求。必须要在更改账号参数的计算机上运行网络登录服务。

[COMPUTER]：从域数据库中添加或删除计算机。该命令仅在运行 Windows NT Server 的计算机上可用。

[CONFIG]：显示当前运行的可配置服务，或显示并更改某项服务的设置。

[CONTINUE]：重新激活挂起服务。

[FILE]：显示某服务器上所有打开的共享文件名及锁定文件数。该命令也可以关闭个别文件并取消文件锁定。

[GROUP]：在 Windows NT Server 域中添加、显示或更改全局组。该命令仅在 Windows NT Serve 域使用。

[HELP]：提供网络命令列表及帮助主题，或提供指定命令或主题的帮助。

[HELPMSG]：提供 Windows NT 错误信息的帮助。

[LOCALGROUP]：添加、显示或更改本地组。

[NAME]：添加或删除消息名（有时也称别名），或显示计算机接收信息的名称列表。要使用 net name 命令，计算机中必须运行信使服务。

[PAUSE]：暂停正在运行的服务。

[PRINT]：显示或控制打印作业及打印队列。

[SEND]：向网络的其他用户、计算机或通信名发送信息。要接收信息，必须运行信使服务。

[SESSION]：列出或断开本地计算机和与之连接的客户端的会话。

[SHARE]：创建、删除或显示共享资源。

[START]：启动服务，或显示已启动服务的列表。如果服务名是两个或两个以上的词，如 Net Logon 或 Computer Browser，则必须用引号（“”）引住。

[STATISTICS]：显示本地工作站或服务器服务的统计记录。

[STOP]：停止 Windows NT 网络服务。

[TIME]：使计算机的时钟与另一台计算机或域的时间同步。

[USE]：连接计算机或断开计算机与共享资源的连接，或显示计算机的连接信息。该命令也控制永久网络连接。

[USER]：添加或更改用户账号或显示用户账号信息。

[VIEW]：显示域列表、计算机列表或指定计算机的共享资源列表。

（2）net 命令的基本使用

网络就是信息和服务的共享，计算机网络就是计算机之间通过通信工具进行信息共享和设备的共享。在计算机之间资源共享可以提高信息资源的利用率，但从而也增加了本地计算机的安全隐患，在 net 命令中参数 share 就是专门查看、打开和关闭这些资源，下面来具体分析一下。

在“命令提示符”窗口中输入“net share”命令，系统就会自动提示如图 9-14 所示。

从图 9-14 中可以看到此台计算机共享的有驱动器、文件夹、打印机等设备，其中 E$是人为共享，D$、E$、F$为默认共享。默认共享是本地计算机自动共享的资源，在操作系统中是无法关闭这些共享的，那么这些共享就可能成为本地计算机的安全隐患。下面就用“net share”参数去掉这些共享资源。

首先在命令提示符中输入“net share?”查看该命令语法，如图 9-15 所示。从中可以看到 net share{share|name|device|name|drive:path}/DELETE 命令是关闭共享的命令。

下面的命令提示符对话框中输入“net share D$ /DELETE”命令并回车，系统就会提示“D$已经删除”，则表明 D$的默认共享已被删除。

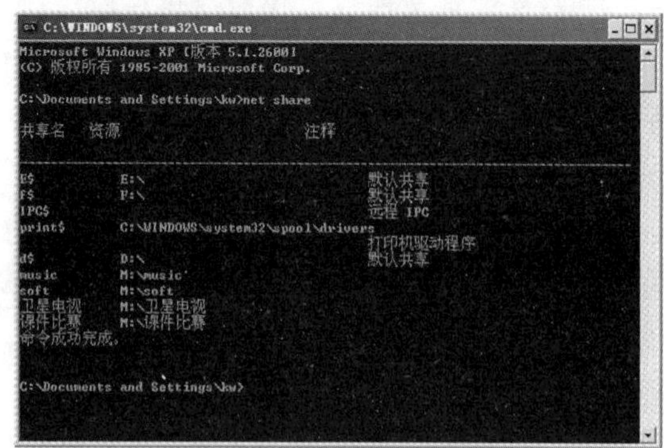

图 9-14　net share 命令

图 9-15　net share 命令参数

6. 路由跟踪工具 tracert

tracert 是一种网络跟踪程序，利用它可以查看从本地计算机到目的计算机经过的全部路由。通过 tracert 显示的信息，可以掌握一个数据包信息的传送过程，了解网络堵塞发生的环节，为网络管理员判断网络的性能提供了依据。

（1）路由跟踪工具 tracert 的基本功能

选择“开始”→“程序”→“命令提示符”命令并输入“tracert”命令，系统就会自动提示如图 9-16 所示。

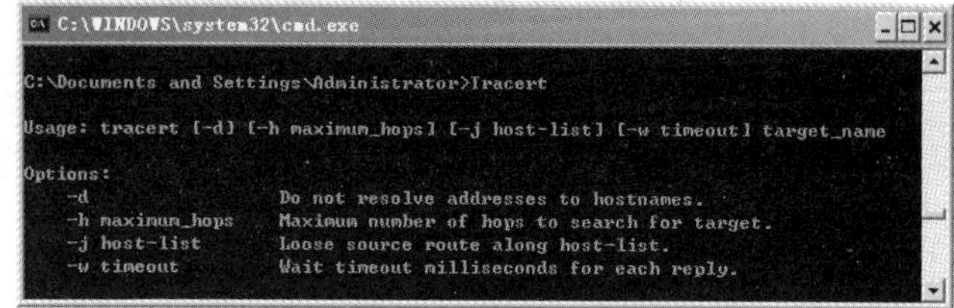

图 9-16　输入“tracert”命令的结果

根据图 9-16 所示的系统提示，可知完整的 tracert 命令参数。tracert 的语法格式为[-d]、[-h maximum-hops]、[-j host-list]、[-w timeout]，其含义如下。

[-d]：防止 tracert 试图将中间路由器的 IP 地址解析为它们的名称，这样可以加速 tracert 的显示结果。

[-h maximum- hops]：指定搜集目标的路径中存在的跃点的最大数。默认值为 30 个跃点。

[-j host-list]：指定“回显请求”消息使用 IP 报头中的“松散源路径”选项。使用松散路由时，连续的中间目标可以由一个或多个路由器分隔开。host-list 中的地址或名称的最大数为 9。host-list 是一系列由空格分隔的 IP 地址。

[-w timeout]：指定等待“ICMP 以超时”或“回显答复”消息的时间。如果超时时间内未收到消息，则显示一个星号。默认的超时时间为 4 000ms。

（2）tracert 命令的基本使用

tracert 命令一般是用来检测故障的位置，虽然不能确定是什么问题，但它能检测出在哪个环节出现了问题，下面来检测一下本地计算机到达目的计算机所经过的路由列表。在“命令提示符”窗口中输入“tracert [主机名]”命令，系统就会提示本地计算机到达目的计算机所经过的路由列表了。

9.6 网络故障检测实训

1. 实训目的

能够熟练掌握基本的 TCP/IP 工具，利用 TCP/IP 工具了解网络连接情况，并进一步诊断网络的故障。

2. 实训内容

1）使用 hostname 查看主机名。
2）使用 ipconfig 查看网络配置。
3）使用 ping 与远程计算机进行通信。
4）利用 tracert 进行路由检测。

3. 实训步骤

01 利用 arp 工具检验 MAC 地址。

arp –a：查看本机的 arp 缓存内容。

arp –d：清空本机的 arp 缓存。

注：arp 缓存在本机的保存时间为 120s。

arp –s IP MAC：添加一条静态缓存，此缓存除非手工清除，否则不会丢失。

02 利用 hostname 工具查看主机名。

在 DOS 下输入“hostname”可查看这台计算机的主机名。

03 利用 ipconfig 工具检测网络配置。

ifconfig /?: 命令帮助。

ifconfig/all: 显示本机的 TCP/IP 配置的详细信息。

ifconfig /release: DHCP 客户端手工释放 IP 地址。

ifconfig /renew: DHCP 客户端手工向服务器刷新请求。

ifconfig /flushdns: 清空本地 DNS 缓存内容。

ifconfig /displaydns: 显示本地的 DNS 内容。

ifconfig /registerdns NS 客户端手工向服务器进行注册。

ifconfig /showclassid: 显示网络适配器的 DHCP 类别信息。

ifconfig /setclassid: 设置网络适配器的 DHCP 类别。

04 利用 Nbtstat 工具查看 NetBios 使用情况。

nbtstat –n: 查看客户机所注册的 netbios 名称。

nbtstat –c: 显示本机 netbios 缓存信息。

nbtstat –r: 显示本机 netbios 统计信息。

nbtstat -a 192.168.0.88: 显示远程主机的 NetBIOS 信息，并能获得远程主机的 MAC 地址。

05 利用 netstat 工具查看协议统计信息。

在 DOS 下输入“netstat”命令可查看本地计算机和其他计算机进行通信时所用的协议信息。

> **注意**
>
> Destination host unreachable 表示目标主机不可到达，Request tinmed out 表示请求超时。

06 利用 ping 工具检测网络连通性。

ping 127.0.0.1: 检查本机的 TCP/IP 协议安装是否正确。

Ping 本机 IP: 检测本机的服务和网络适配器绑定是否正确。

Ping 网关 IP: 检测本机和网关连接是否正常。

Ping 远程主机 IP: 检测网关是否能转发数据包。

Ping 主机名: 检测 DNS 服务器是否能正常解释。

07 利用 telnet 工具进行远程管理。

1）telnet 服务器进行配置。

在 DOS 下输入“tlntadmn”命令，输入“3”更改注册表设置，输入“7”对“NTLM”选项进行设置，将 NTLM 的值改为“0”。NTLM 是设置身份验证选项，有 3 个可选值，分别代表如下含义。

0: 不使用 NTLM 身份验证，只使用用户名和密码。如果要在运行 Windows NT 或 Windows 2000 的计算机和运行其他操作系统的计算机之间建立连接，则选此项。

1: 先尝试 NTLM 身份验证，如果失败，再用用户名和密码。如果要在运行 Windows NT 或 Windows 2000 的计算机和运行其他操作系统的计算机之间建立连接，则选此项。

2: 只使用 NTLM 身份验证，如果要在运行 Windows NT 或 Windows 2000 的计算机和运行其他操作系统的计算机之间建立连接，则选此项。

2）用 telnet 登录服务器。在客户端 DOS 下输入“telnet 192.168.0.25”命令连接服务器。输入用户名和密码，此时运行各种命令可对服务器进行管理，就像管理本机一样。

08 利用 tracert 进行路由检测。

可利用“tracert 目标地址”命令工具来检测到达目的地址所经过的路由器的 IP 地址。

pathping 命令是进行路由跟踪的工具。pathping 命令首先检测路由结果，然后会列出所有路由器之间转发数据包的信息。

单元小结

通过本单元的学习，可以掌握计算机网络规划的相关基础知识，掌握综合布线系统的概念及其组成，6 个子系统的关系，通过案例了解典型校园网规划与设计，掌握计算机网络故障诊断与分析。

巩固与提高

一、选择题

（1）综合布线系统共分为（　　）个子系统。

A．5　　B．6　　C．7　　D．8

（2）综合布线系统中，其中将用户的终端设备连接到布线系统的子系统称为（　　）。

A．工作区子系统　　B．水平子系统

C．垂直子系统　　D．管理子系统

（3）用于连接各层配线室，并连接主配线室的子系统为（　　）。

A．工作区子系统　　B．水平子系统

C．垂直子系统　　D．管理子系统

（4）在网络综合布线中，工作区子系统的主要传输介质是（　　）。

A．单模光纤　　B．5 类 UTP

C．同轴电缆　　D．多模光纤

（5）ping 实用程序使用的是（　　）协议。

A．TCP/IP　　B．ICMP　　C．PPP　　D．SLIP

（6）网络管理的功能包括（　　）。

A．故障管理、配套管理、性能管理、安全管理和费用管理

B．人员管理、配套管理、质量管理、黑客管理和审计管理

C．小组管理、配置管理、特殊管理、病毒管理和统计管理

D. 故障管理、配置管理、性能管理、安全管理和计费管理

二、问答题

（1）简述综合布线系统的基本概念。

（2）简述网络故障诊断排除的过程。

（3）简述网络管理的功能。

附录　芯片级防火墙的使用

这里以 Cisco PIX 防火墙为例介绍芯片级防火墙的使用。

1）同样是用一条串行电缆从电脑的 COM 口连到 Cisco PIX 525 防火墙的 Console 口。

2）开启所连电脑和防火墙的电源，进入 Windows 系统自带的“超级终端”，通信参数可按系统默认方式设置。进入防火墙初始化配置，主要设置有：Date（日期）、time（时间）、hostname 主机名称、inside ip address（内部网卡 IP 地址）、domain（主域）等，完成后也就建立了一个初始化设置了。此时的提示符为：pix255>。

3）输入 enable 命令，进入 Pix 525 特权用户模式，默认密码为空。

如果要修改此特权用户模式密码，则可用 enable password 命令，命令格式为：enable password password [encrypted]，这个密码必须大于 16 位。Encrypted 选项用来确定所加密码是否需要加密。

4）定义以太网端口：必须先用 enable 命令进入特权用户模式，然后输入 configure terminal（可简化为 config t）命令，进入全局配置模式。具体配置为

```
pix525>enable
Password:
pix525#config t
pix525 (config)#interface ethernet0 auto
pix525 (config)#interface ethernet1 auto
```

在默认情况下 ethernet0 属于外部网卡 outside，ethernet1 属于内部网卡 inside，inside 在初始化配置成功的情况下已经被激活生效了，但是 outside 必须使用命令配置激活。

5）clock。配置时钟也是非常重要的，这主要是为防火墙的日志记录而准备的，如果日志记录时间和日期都不准确，也就无法正确分析记录中的信息。这必须在全局配置模式下进行。

时钟设置命令格式有两种，主要是日期格式不同，分别为

```
clock set hh:mm:ss month day month year
clock set hh:mm:ss day month year
```

前一种格式为小时：分钟：秒　月　日　年；而后一种格式为小时：分钟：秒　日　月　年，主要在日、月份的前后顺序不同。在时间上如果为 0，可以为一位，如 21:0:0。

6）指定接口的安全级别。指定接口安全级别的命令为 nameif，分别为内、外部网络接口指定一个适当的安全级别。在此要注意，防火墙是用来保护内部网络的，外部网络是通过外部接口对内部网络构成威胁的，所以要从根本上保障内部网络的安全，需要对外部网络接口指定较高的安全级别，而内部网络接口的安全级别稍低，这主要是因为内部网络通信频繁、可信度高。在 Cisco PIX 系列防火墙中，安全级别的定义是由 security() 这个参数决定的，数字越小，安全级别越高，所以 security0 是最高的，随后通常是以 10 的倍数递增，安全级别也相应降低，如

```
pix525(config)#nameif ethernet0 outside security0 # outside是指外部接口
pix525(config)#nameif ethernet1 inside security100 # inside是指内部接口
```

7）配置以太网接口 IP 地址所用命令为：ip address，如要配置防火墙上的内部网接

口 IP 地址为

```
192.168.1.0 255.255.255.0
```

外部网接口 IP 地址为

```
220.154.20.0 255.255.255.0
```

配置方法如下:

```
pix525(config)#ip address inside 192.168.1.0 255.255.255.0
pix525(config)#ip address outside 220.154.20.0 255.255.255.0
```

8）绑定控制列表 access-group 命令是把访问控制列表绑定在特定的接口上。必须在配置模式下进行配置。命令格式为

```
access-group acl_ID in interface interface_name
```

其中，acl_ID 是指访问控制列表名称，interface_name 为网络接口名称，例如

```
access-group acl_out in interface outside
```

表示在外部网络接口上绑定名称为 acl_out 的访问控制列表。

clear access-group：清除所有绑定的访问控制绑定设置。

no access-group acl_ID in interface interface_name：清除指定的访问控制绑定设置。

show access-group acl_ID in interface interface_name: 显示指定的访问控制绑定设置。

9）配置访问列表所用配置命令为：access-list，合格格式比较复杂。

标准规则的创建命令为

```
access-list [ normal  special ] listnumber1 { permit  deny } source-addr
[ source-mask ]
```

扩展规则的创建命令为

```
access-list [ normal   special ] listnumber2 { permit  deny } protocol
source-addr source-mask [ operator port1 [ port2 ] ] dest-addr dest-mask
[ operator port1 [ port2 ]   icmp-type [ icmp-code ] ] [ log ]
```

它是防火墙的主要配置部分，上述格式中带[]部分是可选项，listnumber 参数是规则号，标准规则号(listnumber1)是 1~99 之间的整数，而扩展规则号(listnumber2)是 100~199 之间的整数。它主要通过访问权限 permit 和 deny 来指定的，网络协议一般有 IP TCP UDP ICMP 等。如只允许访问通过防火墙对主机:220.154.20.254 进行 www 访问，则可按以下配置:

```
pix525(config)#access-list 100 permit 220.154.20.254 eq www
```

其中的 100 表示访问规则号，根据当前已配置的规则条数来确定，不能与原来规则的重复，也必须是正整数。关于这个命令还将在下面的高级配置命令中详细介绍。

10）地址转换（NAT）。防火墙的 NAT 配置与路由器的 NAT 配置基本一样，首先也必须定义供 NAT 转换的内部 IP 地址组，接着定义内部网段。

定义供 NAT 转换的内部地址组的命令是 nat，它的格式为：nat [(if_name)] nat_id local_ip [netmask [max_conns [em_limit]]]，其中 if_name 为接口名；nat_id 参数代表内部地址组号；而 local_ip 为本地网络地址；netmask 为子网掩码；max_conns 为此接口上所允许的最大 TCP 连接数，默认为“0”，表示不限制连接；em_limit 为允许从此端口发出的连接数，默认也为“0”，即不限制，如

```
nat (inside) 1 10.1.6.0 255.255.255.0
```

表示把所有网络地址为 10.1.6.0，子网掩码为 255.255.255.0 的主机地址定义为 1 号

NAT 地址组。随后再定义内部地址转换后可用的外部地址池，它所用的命令为 global，基本命令格式为

```
global [(if_name)] nat_id global_ip [netmask [max_conns [em_limit]]]
```

各参数解释同上，如

```
global (outside) 1 175.1.1.3-175.1.1.64 netmask 255.255.255.0
```

将上述 nat 命令所定的内部 IP 地址组转换成 175.1.1.3~175.1.1.64 的外部地址池中的外部 IP 地址，其子网掩耳盗铃码为 255.255.255.0。

11）将配置保存

```
wr mem
```

12）几个常用的网络测试命令

```
#ping
#show interface 查看端口状态
#show static 查看静态地址映射
```

主要参考文献

龚尚福. 2007. 计算机网络技术与应用 [M]. 北京：中国铁道出版社.

庞淑英. 2009. 网络信息安全技术基础与应用 [M]. 北京：冶金工业出版社.

田增国等. 2009. 组网技术与网络管理 [M]. 北京：清华大学出版社.

王相林. 2010. 计算机网络——原理、技术与应用 [M]. 北京：机械工业出版社.

张文祥，肖四友. 2010. 计算机网络技术与应用——精选范例解析与习题 [M]. 杭州：浙江大学出版社.